职业能力考试指南
JYPC 全国职业资格考试认证中心指定教材

总 主 编：刘占山　丁晓昌
顾　　问：黄　维　康　凯
主　　编：丁晓昌

职业素养职业能力考试指南

南京大学出版社

图书在版编目（CIP）数据

职业素养职业能力考试指南 / 丁晓昌主编. -- 南京：
南京大学出版社, 2017.10
职业能力考试指南
ISBN 978-7-305-19335-4

Ⅰ. ①职… Ⅱ. ①丁… Ⅲ. ①职业道德—高等职业教
育—教学参考资料 Ⅳ. ①B822.9

中国版本图书馆CIP数据核字（2017）第247630号

出 版 发 行　南京大学出版社
地　　　　址　南京市汉口路22号　邮编 210093
出　版　人　金鑫荣

丛　书　名　职业能力考试指南
书　　　名　**职业素养职业能力考试指南**
主　　　编　丁晓昌
责 任 编 辑　黄　榕　蔡文彬　　　　编 辑 热 线　（025）84725763
审 读 编 辑　李建国

照　　　排　江苏凤凰印刷数字技术有限公司
印　　　刷　南京理工大学资产经营有限公司
开　　　本　889×1194　1 / 16　印张　15.5　字数　440千
版　　　次　2017年10月第1版　2017年10月第1次印刷
印　　　数　1～10000
ISBN 978-7-305-19335-4
定　　　价　100.00元

网址：http://www.njupco.com
官方微博：http://weibo.com/njupco
官方微信号：njupress
销售咨询热线：（025）83594756

朱士中　常熟理工学院党委书记、教授

朱双平　海南省教育厅高等教育处处长、海南省学位委员会办公室主任

朱林生　淮阴师范学院院长、教授、博士、博导

庄绪春　黑龙江能源职业学院院长、教授

刘　伟　云南省高等职业院校实践教学指导委员会主任、昆明工业职业技术学院常务副院长、教授

刘　陈　南京邮电大学党委书记、教授、博导

刘金存　扬州工业职业技术学院党委书记、研究员

许顺亭　河北工程技术学院董事长、教授

孙　进　江苏建筑职业技术学院党委书记、教授、博士

纪志成　江南大学副校长、教授、博导

纪德臻　烟台职业学院党委书记

严　燕　江苏省高等教育学会秘书长、教授、硕导

严世清　苏州工业园区服务外包职业学院党委书记、院长、教授、博导

苏益南　苏州工业职业技术学院院长、研究员

巫建华　江苏农林职业技术学院院长、研究员、博士

李　群　南京审计大学副校长、教授、博士

李少夫　湖南应用科技学院董事长、党委副书记

李文虎　常州工学院校长、教授、博士

李北群　南京信息工程大学校长、教授、博士

李庆荣　江苏卫生健康职业学院院长、高级健康管理师

李　忠　安徽商贸职业技术学院院长

李炳泽　云南民族大学副校长、教授

邵汉强　无锡工艺职业技术学院院长、副教授

杨名权　江西工程学院董事长、副教授

杨劲松　常州轻工职业技术学院院长、教授、高级工程师

吴访升　常州工程职业技术学院院长、教授、博士

吴学敏　南京工业职业技术学院党委书记、研究员

吴延红　长春建筑学院党委书记、副教授

何正东　江苏农牧科技职业学院院长、高级畜牧师

何学军　南京科技职业学院院长、研究员、博士

余大杭　黎明职业大学副校长、副教授

余皖生　安徽三联学院董事长、教授

宋　军　山西煤炭职业技术学院院长、高级工程师

张方明　甘肃广播电视大学校长、二级教授、硕导

张云青　长春信息技术职业学院副院长、党委副书记

张　波　南京晓庄学院副校长、教授、博导

张亚娟　江苏英才职业技能鉴定集团常务理事长、高级教育咨询师

陆　鑫　辽东学院服装与纺织学院院长、教授

陆为群　淮阴工学院副校长、研究员、硕导

陆锦军　江苏工程职业技术学院院长、二级教授、硕导

陈昌萍　厦门海洋职业技术学院院长、教授

陈　群　常州大学校长、研究员、博导

金秋萍　无锡太湖学院理事长、党委书记、研究员

周　胜　扬州市职业大学党委书记、二级教授、博士、硕导

周　勇　常州信息职业技术学院院长、博士、研究员、硕导

周国庆　中国矿业大学副校长、教授、博士、博导

郑伟光　广东机电职业技术学院院长、副教授

郑　锋　南京工程学院副校长、研究员、硕导

郑家茂　东南大学党委副书记、教授、博导

孟　琦　中国煤炭教育协会秘书长

侯长林　铜仁学院校长、教授、双博士

封　野　江苏警官学院副校长、教授

赵驰轩　苏州经贸职业技术学院院长、研究员

姜朋明　盐城工业职业技术学院党委书记、教授、博士后

祝木伟　徐州工业职业技术学院党委书记、研究员

姚文兵　中国药科大学副校长、教授、博导

姚冠新　扬州大学党委书记、二级教授、博导

袁银男　江苏省内燃机学会理事长、教授、博导

胡剑锋　江西科技学院副校长、教授、硕导、博士

贾俐俐　南京交通职业技术学院党委书记、教授

夏　莉　宿州职业技术学院院长、教授

夏成满　江苏联合职业技术学院党委书记、研究员、硕导

顾菊平　南通大学副校长、教授、硕导

钱　红　江阴职业技术学院党委书记、院长

钱吉奎　南京铁道职业技术学院院长、研究员

钱勤元　昆山登云科技职业学院党委书记、院长、研究员

徐龙海　聊城职业技术学院党委委员、副院长

徐　红　山东商业职业技术学院副院长、二级教授、硕导

徐向明　苏州农业职业技术学院党委书记、二级教授、博士、博导

徐建春　江苏安全技术职业学院院长、高级工程师

徐祥华　扬州技师学院党委书记、博士、高级工程师、高级经济师

高小涵　大连科技学院董事长、博士生、高级教育咨询师

陶　珑　南京森林警察学院党委副书记、纪委书记、研究员

陶书中　江苏食品药品职业技术学院党委书记、教授、研究员

秦　和　吉林华侨外国语学院院长、教授、博士、博导

《职业素养职业能力考试指南》

序

我国职业科学研究相对薄弱，职业分类、职业标准制定的技术准备和理论支持严重不足。产业现场的工作分析进展缓慢，远不能适应新型工业化发展过程中生产、训练、教育和人力资源开发与管理的需要。其他国家例如欧盟已建立专门机构研究职业发展和统一职业标准。因此，加强我国职业研究工作的重要性和迫切性更加凸显出来。

只关注教育科学，常常就只知道认知规律，就只会在教育的、学校的、学历的圈子里转悠；而有了职业科学，就会关注另一个规律——职业成长规律，就会思考产业、行业和企业。但两者如何融合，如何跨界思考，需要认真研究。职业是一个人融入社会的载体，就职业资格证书加以研究，需要寻求教育学历证书与职业资格证书的契合点，找到两者合理的覆盖关系，也就是相互的比例或集成关系，如此才能实现两者的非同类却等值。如此看来，我国亟需职业科学研究，这是现代高等教育体系构建的基本依据。

职业能力是高等教育培养目标的重要组成部分。目前，作为高等教育的重要指导思想，以职业能力为基础（本位）已经被我国高等教育与培训界普遍接受，职业能力也成为高等教育研究和高校课程与教学改革中使用频率最高的概念之一。这说明人们更加关注社会和技术发展对劳动者素质的要求，因此需要对职业能力进行科学的研究。

为了帮助广大考生了解职业能力考试的特点和要求，更好地掌握考试的范围和重点，以便开展有效的复习和备考，同时也为了帮助相关高校和教育培训机构进行有效的培训，我们组织了全国范围内的不同层次的高等院校的专家学者，来共同完成职业能力考试指南丛书的编写，以期为我国职业科学研究和职业能力建设添砖加瓦。

编写组成员来自全国多个本科院校及高等职业院校，同时邀请了江苏英才职业技能鉴定集团的多名职业资格认证专家参与策划。本丛书在编写过程中得到了众多高等院校的大力支持和不同院校领导和专家的指导和帮助，特别得到了中国高等教育学会、中国职业技术教育学会和江苏省高等教育学会的鼎力支持，在此表示衷心的感谢。

由于时间紧迫以及编者水平所限，本书难免有不足之处，恳请读者不吝指正。

JYPC 全国职业资格考试认证中心

2017 年 10 月

JYPC

全国职业资格考试认证中心

National Vocational Qualification Examination Certification Center

目 录

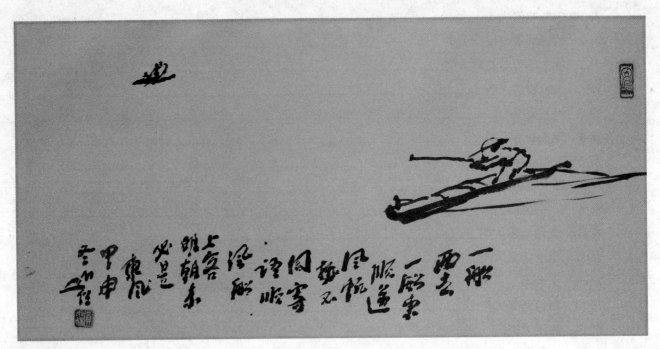

圆霖 绘

第一章　职业素养考试大纲

职业素养是职业内在的规范和要求，是在先天遗传基础上通过教育和环境的影响形成的从事社会职业所具有的综合品质。它既包括从事任何职业都应该具有的基本职业素养（如职业道德、职业意识、职业礼仪等）、关键职业素养（如信息处理、问题解决、人际沟通、学习与创新等）等跨职业的一般素养，又包括与特定职业有关的专业素养。

本职业素养考试旨在测查应试者在职业情境下所具备的一般职业素养的综合水平。

一、考试目的

职业素养考试致力于为所有希望提高职业素养的应试者提供服务，并为教育培训机构，为政府机关和企事业用人单位提供最优的人力资源解决方案。其主要目的包括：①为求职人员和在职人员了解、发展自身职业素养提供依据；②为高等院校培养学生综合素养、提升毕业生就业率提供有效的教育培养与综合评价手段，为培训机构的素养培训与开发提供评估手段；③为用人单位在人员招聘、选拔、任免等决策过程中评价相关人员职业素养水平提供参考依据，为用人单位培训与人才测评提供权威而高效的测评方案。

二、考试对象

专科学历以上（含大专毕业）文化程度的即将就业和已就业人群。

三、考试基本要求

在新经济时代背景下，提高职业素养的要求比以往任何时候都更要受到人们的重视。具备组织和行业发展需要的职业素养成为社会对人才的基本要求，现代职业要求从业人员应该学习职业素养的相关基本概念，掌握一些常用的职业素养理论知识和跨职业的核心技能。这能为个人的职业发展奠定良好基础，为组织的发展提供贡献。

本职业素养考试要求考生达到：熟悉职业素养基础理论知识；熟悉职业道德知识和规范要求，并能熟练应用于职业活动；掌握职业意识相关知识，并能熟练应用于职业发展规划与管理；熟悉职业行为和职业礼仪知识，并能熟练应用于个人行为习惯的培养；掌握跨职业所需的核心技能知识和应用。

四、考试题型和试卷结构

职业素养考试主要考查应试者的职业素养基础知识、职业道德、职业意识、职业行为和职业核心技能。这五个部分的知识和能力测试的权重各自约占20%。试卷题型主要包括单项选择题、多项选择题、名词解释题、简答题、论述题和案例分析题等。职业素养考试题型与试卷结构如表一所示。

表一 考试题型和试卷结构

考试题型	试题数量	小题分值	大题分值	权重	备注
单项选择题	10	1	10	10%	侧重面上知识与能力考查
多项选择题	5	2	10	10%	侧重重点知识与能力考查
名词解释题	5	3	15	15%	侧重基础知识考查
简答题	5	5	25	25%	侧重核心知识应用考查
论述题	2	10	20	20%	侧重综合知识的应用能力考查
案例分析题	2	10	20	20%	侧重核心技能、综合能力考查

五、组织机构与成绩认证

JYPC 全国职业资格考试认证中心负责组织考务培训、命题、考试、阅卷和认证工作，并有来自相关行业及高校的专家组成专家委员会，指导考试和认证工作。通过考试中心资质认证的各地高校和教育培训机构可以申请设立考点，考试中心对各地考点实行年审和动态管理。

考试为闭卷笔试，考试时间为 120 分钟，分值为 100 分，成绩 60 分以上（含 60 分）为通过。笔试考试通过者可获得 JYPC 全国职业资格考试认证中心颁发的职业素养从业资格证书。

六、考试内容

(一)职业素养基础知识

1. 职业与职业化过程中的职业素养相关基础知识
2. 职业素养的特征、构成因素与内容体系
3. 职业素养的形成机制（包括教化、内化机制、两者的关系等）
4. 职业素养的影响因素、策略、方法知识及其应用

(二)职业道德

1. 道德、道德失范、职业道德等相关概念与特征
2. 职业道德的构成要素、职业道德规范的内容要求及其应用
3. 职业道德伦理决策的影响因素和职业道德的发展阶段
4. 职业道德风险的概念、特征、成因及其规避的激励机制和约束机制
5. 职业道德的功能，职业道德建设的意义、概念和途径（包括制度途径与人员途径）

(三)职业意识

1. 意识、职业意识的概念、内容与功能
2. 职业价值观的概念、功能
3. 职业兴趣的概念、重要理论（人格理论和阶段理论）和影响因素
4. 职业定位与职业规划理论（主要包括职业锚理论和职业生涯阶段理论）和方法
5. 职业自我意识的相关概念、结构和知识应用

6. 心理契约与组织承诺的概念、结构和影响因素等知识及应用

(四)职业行为

1. 职业行为的概念、内容及人性假设
2. 职业行为的需求特征、约束与本质
3. 工作职责行为的基础知识（包括职业责任、工作职责、岗位说明书等）
4. 职责外行为的基础知识（组织公民行为和反生产行为的概念、内容和影响因素）
5. 职业礼仪的相关概念、内容与培养应用

(五)职业核心能力

1. 职业核心能力的概念与内容等基础知识
2. 信息处理与问题解决能力的相关知识与应用
3. 情商和人际沟通能力的概念、内容等相关知识与应用
4. 创新能力、创业能力与自主学习能力的相关知识与应用
5. 时间管理、执行力与领导力的相关知识与应用

圆霖 绘

第二章 职业素养基础

第一节 职业、职业化与职业素养

一、职业的概念、条件与功能

职业作为一种社会现象,不是在人类诞生之初就有的,它是生产发展和社会分工的产物,随着生产力的提高和生产需要的增加而不断发展。在漫长的原始社会里,人类的劳动最早只按性别进行分工,男的去打猎、捕鱼,女的采摘果实、挖掘茎块,所以不存在职业。到原始社会末期,出现了畜牧业和种植业、手工业和农业之间的两次社会大分工,真正意义上的职业随之产生,出现了农民、牧民、渔民以及各类工匠等。

伴随着科学技术的进步,生产力水平不断提高,生产工具不断改进,生产社会化和专业化程度越来越高,社会分工越来越细,涉及人类社会生产生活方方面面的各行各业也随之出现。在现代社会里,由于新科技领域的不断涌现和服务产业的飞速发展,许多新职业也应运而生,如家政员、软件工程师、旅游体验师等。1999 年,我国人力资源和社会保障部组织制定的《中华人民共和国职业分类大典》将我国执业分为 8 个大类、66 个中类、413 个小类、1838 个细类。

(一)职业的概念

尽管职业化现象在英、美、法、德等国家已经被关注了 100 多年,职业(profession)、职业主义(professionalism)、职业化(professionalization)等意识形态已被看作现代社会文明的重要组成部分,但对于职业的定义,一直是困扰职业社会学家的理论问题,国内外至今未达成一致意见。

职业可分为一般性职业和专门性职业。一般性职业,是不需要从业者经过专门的培训与教育,相当于中文里通常所说的"工作",英语可用 occupation 一词表示;而专门性职业要求从业者经过专门的训练与教育,具有较高深的和独特的专门知识和技能,中文里通常也称为"专业",英语可用 profession 一词表示。一般性职业随着其专业水平的不断提高,会逐渐发展为专门性职业,这是一个发展过程。所以,在外延上,职业包含了专业，专门性职业即是专业。

美国人力资源管理协会知识体系（SHRM Learning System，2003）认为，从工作中识别出职业需要具备五个条件：①能代表成员的声音、扶植专业发展的全国性组织或者其他类似机构；②一套判断公平、公正、信任和社会责任感等行为标准的道德信条；③通过研究成果的实际运用发展专业领域；④系统的知识体系；⑤设定职业标准的认证组织。Timothy Belcourt 和 Victor Catano（2006）提出，从工作中识别职业的核心标准是：①正式的专业或技术培训以及相关的专业知识体系；②持续的技能发展；③确保持续的胜任力并融入社会责任意识。

《中华人民共和国职业分类大典》（2008）把"职业"定义为："从业人员为获得主要生活来源所从事的社会工作类别"。其特征是：①目的性，即职业以获得报酬为目的；②社会性，即职业是从业人员在特定生活环境中所从事的一种与其他社会成员相互关联、相互服务的社会活动；③稳定性，即职业在一定历史时期内形成，并具有较长的生命周期；④规范性，即职业获得必须符合国家法律和社会道德规范；⑤群体性，职业必须具有一定的从业人数。

概而言之，本书将职业定义为：有认证组织，需要系统的知识体系和道德标准，作为从业人员获得主要生活来源的稳定的社会工作类别。

(二)职业的条件与功能

1. 职业的条件

现实生活中，每个成年公民都应该从事某种职业。职业是指由于社会分工的不同，人们长期从事的、具有专门业务和特定职责并以此作为主要生活来源的社会活动。

就一般性职业而言，职业通常应当满足以下三个基本条件：(1) 职业能够给予就业者以合理的报酬，满足就业者的基本生活需求。(2) 职业能够赋予就业者一定的社会角色，使其在履行义务和职责的过程中发展其个性和才能；(3) 职业能够提供给就业者体现个人价值的机会和舞台，使其在工作中赢得尊严、荣誉、声望和影响力，达到自我实现的目的。

就专业性职业而言，职业社会学的判断标准有多种观点。主要的派别有两个：一是特质理论学派。该学派认为，专业性职业具有一套普遍性的专业性职业特质：①是一个全日制职业；②具有专业组织和伦理法规；③有一个科学知识体系及传授获得知识的教育训练机制；④有极大的社会和经济效益；⑤具有国家的市场保护；⑥具有高度自治功能。二是权力模式学派。该学派认为，职业化的本质取决于职业群体对本身职业的控制权。他们把专业性职业看成一个职业群体，观察他们在社会职业结构的权力安排中，能否成功获取及保持专业性职业这个头衔，并取得因这个头衔而得以合法化的自治权。

从事各种职业活动的人们，为了满足自身的生存和发展的需要，在职业活动中，合理地追求自身经济利益的最大化是无可非议的。因为职业是一种社会角色，从事各种职业的从业者，必须履行其相应的义务，承担相应的职业责任，有效地增进社会财富，才能获得自我生存发展的社会舞台。为了完成自我价值的实现，从业者要实现谋生手段与社会角色的统一。这一方面要求在职业生活中确立对个人利益的尊重，对个人能力和业绩的认可，建立激励个人自由选择、竞争创造的社会运行机制和道德指导；另一方面也要求在职业关系中确立和谐合作的道德原则，建立平等、公正、和谐发展的社会运行机制。因此，具备一定的职业道德、意识、知识、技能和行为习惯，是职业活动本身的内在要求，也是就业者参与社会、创造业绩、实现价值，成为合格职业人的必要条件。

2. 职业的功能

（1）职业的社会功能

职业是社会发展到一定阶段后随着社会分工而逐渐产生的，没有社会分工就没有职业，任何一个职业都不是孤立的，而是社会整体中的一个子系统；职业是为了满足社会化大生产的需求，从其职能上来看，职业是社会所必需的、服务社会的专门工作。

首先，职业是社会存在的表现。职业本身就是一种社会活动，是社会存在的运动形态，是社会存在的表现形式，人类通过职业劳动，生产物资材料，创造社会财富，为社会存在和发展提供物质保障，又通过职业行为丰富社会活动，完善社会结构和丰富社会运动，因此，职业活动是社会运行的重要表现方式。

其次，职业是社会发展的动力。职业本身就是生产力发展的表现，职业的产生是因为生产力的提升和劳动分工的发展，在职业发展的进程中，生产效率不断提高，社会财富不断积累，职业成为社会进步和发展的动力，社会进步就体现在各行各业的具体劳动当中。

最后，职业是社会控制的手段。"安生乐业"是人们最质朴的社会愿望，职业提供了满足个人需求和愿望的条件。快乐的生活和劳作，是社会和谐的有效保证。只有较好地解决人民生产和生活问题，实现充分就业，才能为建设和谐社会、维护社会稳定提供保障。国家大力倡导创新、创业，实行积极的就业政策也都是为了实现社会稳定发展的目标，

（2）职业的个人功能

职业是人的一种社会活动和生活方式，又是人的一种经济行为，对人的生存和发展具有重要的意义。

首先，职业是维持生存的重要手段。职业是有报酬的劳动，是人谋生的手段，人们通过职业劳动，能够带来稳定的经济收入或物质生活资料，能够满足基本的生存需要，成为维持人类自身存在的物质基础。

其次，职业是个人发挥才能的舞台。职业活动要求从业者具有与之相对应的能力和素质，不同的职业对劳动者在知识和技能、生理和心理等方面有不同的要求，也会使人们在生产和生活方式上产生差异。职业具有自身的内在规律和外在要求，对个人的兴趣、爱好、性格等方面都会有不同程度的影响。职业为个人的发展提供了舞台。人们参与职业活动不仅可以在社会岗位上发挥专长和才能，还能够在长期的实践过程中不断提高自身的水平，完善自身的素质，促进自身才能的发展。

最后，职业是个人实现社会价值的途径。职业劳动是一种社会性的活动，个人进入社会分工体系参与某种劳动，在谋取个人利益的同时也在为社会作贡献。通过职业劳动可以创造社会财富，提供社会服务，承担应尽的社会义务。因此，职业活动的结果不仅满足了自己，也体现了对社会和他人的贡献。同时，职业活动还能够为人们带来精神上的满足。职业劳动过程是每个人获得名誉、地位、权利、社会交往和尊重的重要来源。

二、职业化的定义、特征与市场表现

(一)职业化的定义

国外学者对职业化的概念进行了广泛的研究。早期职业化概念的研究主要集中于管理者职业化的概念。1925 年，玛丽·帕克·芙丽特在"企业管理应当如何发展才能成为一种专门职业"的演讲中提出，企业管理已经具备了一个专门职业所必需的某些要素，并且，正在努力获取其他的要素。企业管理象"专门职业"一样，需要同样高等的智力水平、同样完全彻底的训练。她认为，企业管理以公众的服务为目的，但不完全服从公众。由于当时美国已经出现了管理者协会，芙丽特认为，管理者协会是管理者职业化的重要步骤。

协会的作用有三个：一是维护标准的责任，二是教育公众，三是发展职业标准。经理人对工作的忠诚是对原则和理想的忠诚，而专门知识和技能的发展促成职业标准的发展。

小阿尔弗雷德·钱得勒，兼顾职业社会学研究中特质理论学派和权力理论学派两方面的观点考察了美国职业经理的发展历史。他的观点与玛丽·帕克·芙丽特的观点有所不同。他认为，经理不仅是一门专门职业，更是一种专业职业。

此后，职业化的研究在很长一段时间关注于标准化和专业化，如认为职业化的发展将职业技能、职业标准、职业认定等逐步标准化（Harold L Wilensky，1964）。Vollmer 和 Mills（1966）指出，职业化程度高的职业行为通常受内部压力影响，而职业化程度低的职业行为则更多地受外部控制。Richard H Hall（1969）对职业工作者进行了具体的限定：①专业化职业的从业者依靠系统的专业知识而非特殊的培训，来获得专门的技术；②专业化的从业者对自己的工作享有一定的自主权，他们的顾客无资格对有关的专业问题做出判断；③专业化的从业者们组织了专门的协会来管理内部事务和对外交涉；④接纳新成员的工作受到现有专业化的从业者的谨慎控制。任何人只有通过必需的考试，取得一定的资格才能进入专业化职业的岗位；⑤各专业职业都有一套约束其成员行为的道德规范，不遵守这套规范，将受到被除名的惩罚。

随着职业化概念研究的深入，人们开始强调职业化过程中的社会化角色。有学者认为，成功职业化的标志表现为职业群体与其他相关团体的明确边界建立，这无论是在意识形态方面，还是在制度安排方面（Saks，M.1983）。某项工作职业化与否的判断标准是在社会大众认同与接受的基础上取得法律认可（Willmott，H.1986）。职业化是赋予从业人员特定的身份认可、普遍的价值观念与共同的行为规则（Macdonald，K.M.1995），既是一个历史过程，又是某些人专门从事一种工作这一概念的社会化（Jan，P，和 Francs V.W.2000）。

我国学者也对一般从业人员的职业化概念作了有益的探索。如认为职业化是指某项工作已成为一种相对固定且为人们所认同的社会职业，从业人员中的大多数人将终生以此作为介入社会、谋求生活的方式，从而形成一个相对稳定的社会群体（艾洪涛，2007）。

职业化的概念体系日益丰富，如团队职业化等。虽然职业化的概念一直在发展，职业化的焦点从标准化、专业化向社会化过度，且其主体可能是个人、群体或组织，但这些概念都强调职业化的结果是提高劳动生产率，以保证工作的品质达到一定的标准。

本书职业化的概念仍然立足于个人角度，把职业化定义为：普通的非专业性的职业从业人员，通过培训和开发，具备符合专业标准的道德、知识、技能和文化等素养，并获得相应的社会专业地位的动态过程。

（二）职业化的特征

员工只有在外表、知识、技能、态度、职业价值观等方面实现全面的转变，才可能成为职业化的组织员工。从职业化的内涵看，衣着装束、外表以及工作行为的改变是相对容易的，而知识、技能的习得以及态度的转变则需要较长的时间，核心的部分——职业价值观的形成则需要更长的时间。这就决定了职业化过程的长期性特征。此外，职业化过程中的专业化要求，决定了职业化过程中知识学习的重要性；职业化过程的社会化要求决定了这一过程的广泛认可性和文化性特征；职业化主体角色的重要作用决定了其自我约束的特征。

概括而言，职业化的特征包括以下几个方面：
①长期性。职业化要求通过长期的训练过程才能取得该职业所需要的系统技能。
②知识性。职业者都有以广博的知识为基础的权威性，这种权威性是以职业者高度专门化的能力为基

础的。

③广泛认可性。实施这种权威要得到广泛的社会准许和认可，社会通过给予职业者某些权力和特权而批准职业者在某一领域内实施这种权威。

④自我约束性。职业化要通过某种道德标准来调整职业人员与顾客、同事之间的关系，职业人员的自我约束被当作社会控制的基础。

⑤文化性。职业人员经由相互影响、相互作用而构成该职业的独特的职业文化。

(三)职业化的市场表现

职业化是市场经济高度发展的产物。随着经济和社会的发展，组织对职业人的要求不断提高，职业化的市场系统自然而然地建立并不断发展完善。职业化的市场系统包括：市场信息系统；市场交易系统；市场评价和监督系统；市场价格系统。

在职业化市场系统的不断完善下，职业化的市场表现也越来越丰富。一般而言，市场系统的发展和完善程度是衡量职业化水平高低的重要方面。职业化的水平可以通过很多市场特征表现出来。

首先，是严格的职业资格认定。职业化发展水平较高的国家，其职业资格认证体系较为健全，资格认证较为严格。在美国，有涵盖各种专业的职业资格认证体系。英国的职业认定程序非常严格。例如，必须经过严格的考试，获得管理协会的资格证书并成为会员后，才有资格应聘管理人员，从事相关管理工作。

其次，是规范化的开发和教育。由于组织的发展趋势正在从鼓励员工参与操作性的活动向参与战略性事务过渡，组织对职业人的期望和要求更高了，对职业人的培养也引起了广泛的关注。越来越多的发达国家都在不断强化复合型人才、创新型人才的开发和教育。

再次，专业性协会和专业化培训。职业人的专业化培训有多种方式。在英国，不仅专业性协会可以提供专业化的培训，同时还有许多经过协会授权的机构也向社会提供培训课程，以此方式提高专业化水平，并向接受过专业课程培训的学员颁发证书。瑞典、法国的情况与英国相似。德国的专业性协会则主要通过举办各种类型的短期培训班和课程，定期出版刊物，促进专业人员的信息交流。

最后，较高的薪酬。在美国，高素质的专业员工的薪酬不菲。薪酬取决于许多因素，包括市场供需行情、该地区的生活水平、组织的规模、组织的的收入和盈利能力等。

三、素养与职业素养

(一)素养

素养，《辞海》的解释为：经常修习培养。从字面上理解，所谓"素养"，一是指素质，二是指修养。素质主要指偏于先天的禀赋、资质，而修养主要指偏于后天的学习、锻炼，就是人通过长期的学习和实践（修习培养）在某一方面所达到的高度。虽然字面上理解的素养是包含素质的，但素养和素质的概念却没有本质的区别，都是涵盖先天禀赋和后天修习的品质的。

从词源学角度分析，"素养"即平素的修养，作为名词，"素养"指长期养成的符合社会要求和待人处事的态度和涵养；作为动词，"素养"指通过学习和锻炼，使品德、学识等得到完善或提高。从社会学角度看，人是生物属性与社会属性的统一体，而素养则集中表现为人在社会化过程中所获得的具有鲜明社会属性的意识和行为模式特征。从教育学角度分析，素养就是社会个体在持久而深刻的教育影响下所形成的优秀个性品质。从心理学角度分析，素养就是人类个体适应环境变化的心理特性。从人才学角度分析，素养是指个人的才智、能力和内在涵养与道德力量。

总之，素养在不同的学科领域中，既体现出一般的意义，又体现出由于对象差异所带来的特殊意义。但总体来看，素养一般指的是在先天遗传基础上通过后天的教育和环境的影响所获得的以社会文化为主要内容的系统社会特性，是集身心、知识、能力和非认知因素于一体的稳定的、内在的并长期起作用的主体性品质结构。

依据不同属性，可以把素养划分为不同的类型，依据应用领域，素养可以分为科学素养、人文素养、信息素养、艺术素养、技术素养等。依据职业差异，素养可以分为学生素养、教师素养、工人素养和农民素养等。

(二)职业素养

职业素养是在对职业世界的认识逐步深化、在全面考察一个优秀职业人所应具备的全部内涵和外延基础上提出的。从目前的文献看，职业素养概念的界定与构成因其个人研究的侧重点和定位不同而有所不同。职业素养专家 San Francisc 认为，职业素养是人类在社会活动中需要遵守的行为规范，是职业内在的要求，是一个人在职业过程中表现出来的综合品质。

我国学者对职业素养这一概念有多种不同的认识，如曾湘泉（2004）等认为，职业素养指职业内在的规范和要求，是在职业过程中表现出来的综合品质。裘燕南（2007）认为，职业素养是职业人在从事某种职业时所必须具备的综合素质。杨祖勇（2009）认为，职业素养是指劳动者通过学习和积累，在职业生涯中表现并发挥作用的相关品质。吴建斌（2009）认为，职业素养是指劳动者在一定的生理和心理条件的基础上，通过教育、劳动实践和自我修养等途径而形成和发展起来的，在职业活动中发挥重要作用的内在基本品质。周月友（2010）等人的研究认为，职业素质是在先天遗传基础上通过教育和环境的影响形成的，适应社会生存和发展的比较稳定的基本品质。它是知识和能力的核心，是一个人的知识和能力内化后相对稳定的品质。张钊（2010）等人的研究认为，职业素养即是满足职业及其所在岗位的规范与要求，是人们所从事职业所应具备的素养。任雁敏（2010）认为，职业素养，就是劳动者对社会职业了解与适应能力的一种综合体现，是指劳动者通过不断学习和积累，在职业生涯中表现并发挥作用的相关品质。

纵观有关学者对职业素养的定义，虽然侧重点和定位各有不同，但多数都承认，职业素养是先天和后天因素共同影响的结果，是职业相关品质的综合。因此，本书认为，职业素养是职业内在的规范和要求，是在先天遗传基础上通过教育和环境的影响形成的从事社会职业所应该具有的综合品质。它既应该包括从事任何职业都应该具有的基本职业素养（如身体素养、心理素养、科学文化素养和思想道德素养）和关键职业素养（如沟通交流、数字应用、信息技术应用、团队协作、问题解决、人际沟通等）等通用职业素养，又应该包括从事具体职业所应该具有的专业知识、专业能力、专业性职业素养，还应该包括适应不同职业和岗位变更所需要的继续学习、职业迁移和创新、创造以及创业等在内的发展性职业素养。

职业素养观是指个人对职业素养的根本看法和态度，或者是个人对职业素养的根本观点。职业素养观反映了人们对客观存在的职业素养的认识和理解，是职业素养的深层结构，是先于其职业素养行为存在的一种职业心理准备状态。理解职业素养的概念和结构，有利于人们完善职业素养观，正确合理地培养职业素养。

第二节　职业素养的特征

许亚琼（2010）认为，职业素养具有养成性、情境性、统整性特征。杨千朴（2009）认为，职业素养具有规范性、综合性、实践性。马蜂等（2012）认为，基本职业素养具有普适性、稳定性、内在性、发展性。宁焰等（2012）认为，职业素养具有职业性、相对稳定性、合成性、可扩展性。肖润花（2013）认为，职业素养具有职业性、稳定性、内在性、整体性和发展性。从这些职业素养的特征描述来看，对职业素养到底有哪些特征，人们并没有统一的认识。虽然特征的表述不尽相同，但有些特征是近似的，如综合性、整体性与合成性；实践性与养成性；稳定性与相对稳定性等。本书认为，职业素养的重要特征包括整体性、稳定性、实践性和情境性。

一、整体性

职业素养反映了组织和社会对个体的整体要求，职业素养与职业人格是统一的。虽然职业活动的具体情境各不相同，某些职业活动只强调职业素养的部分组成要素，但职业素养的特征是整体性。既要重视可以进行量化转移的职业知识的学习，又要强调职业技能等的培养，对职业意识的认识不能采取分割的方式。职业人所具备的各职业素养要素应作为一个整体统一在职业活动中，而不是处在分崩离析、不均衡发展的状态，职业素养作为与职业情境紧密相连，统一于职业人的认知和实践中。

因此，我们要对职业活动各要素进行如实认知，不能把职业素养各要素进行的割裂，要把职业素养看作一个整体，以职业活动为载体，在与其他职业活动要素的融合中进行培养。职业素养作为个体心理品质与行为方式的统一，体现在职业活动中并与职业活动的其他要素紧密相连。如果脱离了具体的工作任务和职业情境，脱离了对职业知识和职业能力的综合运用，职业素养的培养也就失去了方向。

二、稳定性

职业人的职业素养反映了职业人的价值取向，它表现为职业人的职业认识、职业情感、职业意志、职业信念等，是职业主体个人文化的集中体现。职业人的职业素养还是一种深层次的社会文化的体现，对整个管理活动都起着导向作用。职业人的职业素养体现着社会文化的基本精神、价值导向和实践取向。这种基本精神、价值导向和实践取向一旦为人们所接受，就会发生很大的作用。

职业人的职业素养是在长期实践过程中形成的，会被作为经验和传统继承下来。并且，一旦形成，就具有稳定性的特征。即使在不同的社会经济发展阶段，虽然服务对象、服务手段、职业利益可能发生变化，但职业责任和义务、职业行为习惯等职业素养是相对稳定的。如职业行为的道德要求的核心内容将被继承和发扬，从而形成了被不同社会发展阶段普遍认同的职业道德规范，会在较长时期起作用。总之，职业素养的稳定性是由职业素养形成的文化继承性所决定的，是职业人职业素养培育的长期性所决定的。

三、实践性

职业素养作为与职业世界相联系的个性品质的集合，主要是后天养成的结果，是职业世界对人的要求在个体上的内化，是在个体发展的过程中由先天和后天因素相互作用而形成的，虽然个人的天赋秉性在职业素养的形成中占有重要地位，但任何素养的获得离不开后天的开发实践。如一名音乐家，其能力必定有先天的因素发挥作用，但后天的勤修苦练是必不可少的。

职业素养不能通过简单传授完成，如我们不能期望学生阅读了一条用印刷体书写的信息"认真工作"，就能养成相应的职业素养，职业素养的获得是有条件的，更具复杂性，是在与职业环境的相互作用中通过模仿、反馈以及慎思等多种途径逐渐获得的。

职业素养中的职业技能更是练习的结果，强调肢体的灵活性和熟练度，它只要经过多次的反复练习就可以获得。职业素养需要在完成工作任务的过程中进行学习，其着重点是在不同的职业情境中通过完成不同性质的工作任务而逐渐积累、内化，它强调对不同情境的判断和反应，而不是对程序化固定动作组织体系的掌握，因而具有实践性的特征。

四、情境性

我们经常注意到的是，科学家在科学研究中往往非常严谨专注，但是在个人生活中却不一定认真。他可能是对自己的穿着非常随意，外出买东西时丢三落四，更有可能是一个不爱收拾房间的人，但这并不意味着他也会将实验室的科学仪器乱堆乱放。这种现象的发生是因为"每个人都按自己生活经验的体系框架来概括自己所遭遇的情境，总是以某一种态度倾向来对待某一类情境，而情境的分类则按自己的生活经验框架"。

职业素养也是如此，虽然它以职业行动的方式表现，但它是由情境始动的，这与技能由任务始动不同，对于技能，需要的时候就那么做，不需要的时候则不那么做。而职业素养则与情境相联系，如在拆卸一些特别复杂的机器时，需要特别注意拆装的顺序和微小零部件的摆放位置，这就需要认真、严谨，对注意力、记忆能力及动作技能提出更高的要求，而对于简单的拆装则不需要特别注意，也就是说，不同的情境所要求的个体行为是不同的。一个具备良好职业素养的人能够知道何种情境需要何种素养，并能够熟练地指导自己的行动。

这一特性也决定了职业素养培养要具体到职业活动的每一个环节，不光是在完成具体工作任务的过程中，而且是在从进入工作场所到离开工作场所的整个过程中，同时对每一环节都要作细致的要求。如在餐饮服务业中，不能笼统地说"顾客就是上帝"就行了，而是具体告诉学生这一信条要体现在什么环节，如何在行动中体现，否则将不具备指导性。皮亚杰说过："图式是动作的结构或组织，这些动作在同样或类似的环境中由于重复而引起迁移或概括。"也就是说，如果我们没有给从业人员提供情境与素养所指向的行动的直接联系，那么从业人员将因为不能组织自己的经验图式而导致素养培养的失效。

第三节　职业素养的构成因素与内容体系

一、职业素养的构成因素

第二次世界大战后，随着工业化进程的加快，西方国家的职业教育得到了高速发展，职业教育为西方国家社会经济发展做出了突出的贡献，并逐步形成了比较典型的四种模式，即北美的 CBE、德国的"双元制"、澳大利亚的 TAFE 和英国的 BTEC，这四种模式都无一或缺地提到了职业素养教育，但各有偏重，自成特色。西方国家的职业教育普遍认为，职业素养是劳动者对社会职业了解与适应能力的一种综合体现，其主要表现在职业兴趣、职业能力、职业个性及职业情况等方面。

在国外的职业素养结构研究领域，素质模型是代表性理论，有广泛的影响。如 KSA 模型和 KSAA 模型等。KSA 模型认为，素质的核心要素是知识、技能和能力，KSAA 模型则增加了态度因素。在素质模型中，又以"素质冰山模型"的影响力最大。

美国著名心理学家麦克利兰 1973 年提出了著名的素质冰山模型，所谓"冰山模型"，就是将人员个体素质的不同表现按表式划分为表面的"冰山以上部分"和深藏的"冰山以下部分"。其中，"冰山以上部分"包括基本知识、基本技能，是外在表现，是容易了解与测量的部分，相对而言也比较容易通过培训来改变和发展。而"冰山以下部分"包括社会角色、自我形象、特质和动机，是人内在的、难以测量的部分。它们不太容易通过外界的影响而得到改变，但却对人员的行为与表现起着关键性的作用。

该理论认为，人的素质的构成因素是：①知识（Knowledge），指个人在某一特定领域拥有的事实型与经验型信息；②技能（Skill），指结构化地运用知识完成某项具体工作的能力，即对某一特定领域所需技术与知识的掌握情况；③社会角色（SocialRoles），指一个人基于态度和价值观的行为方式与风格；④自我概念（Self-Concept），指一个人的态度、价值观和自我印象；⑤特质（Traits），指个性、身体特征对环境和各种信息所表现出来的持续反应。品质与动机可以预测个人在长期无人监督下的工作状态；⑥动机（Motives），指在一个特定领域的自然而持续的想法和偏好（如成就、亲和、影响力），它们将驱动、引导和决定一个人的外在行动。其中，第一、第二项大部分与工作所要求的直接资质相关，我们能够在比较短的时间使用一定的手段进行测量。可以通过考察资质证书、考试、面谈、简历等具体形式来测量，也可以通过培训、锻炼等办法来提高这些素质。第二至第六项则往往很难度量和准确表述，又少与工作内容直接关联。只有其主观能动性变化影响到工作时，其对工作的影响才会体现出来。对这些方面进行考察，每个管理者有自己独特的思维方式和理念，但往往因其偏好不同而有所局限。管理学界及心理学有着一些测量手段，但往往因复杂而不易采用或运用效果不够理想。

在国内学者的研究中，曾湘泉（2004）等认为，职业素养包括职业道德、职业技能、职业行为、职业作用和职业意识等方面。裘燕南（2007）认为，职业素养不仅包括专业知识和专业技能、职业道德及丰富的职业情感、良好的职业习惯，而且还需具备社会适应能力、社会交往能力、社会实践能力、自学能力等职业素养。陈再兵（2008）将职业素养划分为职业道德、职业意识、职业行为习惯和职业技能四个方面，其中，职业道德包括职业义务、职业责任和职业行为上的道德准则；职业意识包括奉献意识、创新意识、竞争意识和协作意识；职业行为习惯则体现在主动进取、友好合作、服从服务和谦虚低调等方面。谭懿（2008）认为，职业道德、职业意识、职业行为习惯是职业素养最根基的部分，职业技能则是支撑职业人生的表象内容。陆刚兰（2008）从人才培养目标角度对职业素养的内涵做了阐述，根据"高素质技能型人才"这一定位把职业素养分为非专业素养和专业素养。非专业素养特质指除了专业以外的素养，如思想政治素养、道德文化素养、团结合作素养及良好的身体心理素养；专业素养指由专业引出的一系列素养，包括专业技能素养、审美情感素养、择业创业素养和创新素养。张寿三（2009）认为，职业素养由显性职业素养和隐性职业素养共同构成，大学生的职业素养包括职业技能、职业道德、职业意识、职业行为和职业态度。任雁敏（2010）认为，职业素养一般包含职业道德、职业意识、职业行为、职业能力等几个方面的内容。

在已有的研究文献中可以发现，国内的研究普遍借鉴了素质模型理论的核心观点，人们更多地认为，职业素养包括职业道德、职业思想（意识）、职业行为（习惯）和职业技能。从实践角度看，虽然因行业、岗位的不同，所需求的职业素养也会不同，但各种类型的职业人，都需要具备一些共同的职业素养。本书结合已有的研究和职业素养需求实际，认为职业素养的构成因素主要包括职业道德、专业知识、职业意识、职业行为和职业能力。这里，职业道德素养涵盖职业价值观、职业信念、职业理想等，属于观念、信念层面；专业知识素养涉及职业工作所需的专业知识，属于知识层面；职业意识涉及职业认知、职业目标、职业兴趣、职业情感、职业态度等，主要是心理层面；职业行为既包括一些具体的行为，也包括抽象的行为习惯，属于行为层面；职业能力既包括需长期开发形成的能力，也包括短期培训获得的技能，属于能力层面。

二、职业素养的内容体系

职业素养的五个构成因素涵盖了职业人应该具备的品质，形成了一个较为简单的职业素养因素结构。以这种简单的构成因素为基础，经适当补充完善，我们可以发展出丰富的职业素养的内容体系。

(一)职业思想素养

1. 政治素养

政治素养一般是指在政治立场、政治品质和政治水平等政治素质方面的修养。职业人应加强理想、信念教育以及人生观、世界观、价值观教育。通过思想政治课程教育和自我学习，使自己爱党、爱国，对人生有明确的职业生涯规划，对未来的发展方向有明确的目标和信心。

2. 道德素养

道德素养是指一个人内在的道德观念素质和外显的行为举止表现出来的一种修养。道德素养应包括作为社会人的基本道德品质素养和作为职业人所应具备的职业品行修养，职业人要养成诚实守信、文明礼貌、勤俭自强、乐于助人的良好品质。所以，要重视对职业人的品行的修养，重视为人处世、言谈举止、待人接物等素养的培训与开发。

3. 职业理想

职业理想是人们在职业上依据社会要求和个人条件，借想象而确立的奋斗目标，即个人渴望达到的职业境界。职业理想是人们对职业活动和职业成就的超前反映，与人生观、价值观、职业意识密切相关。组织要根据从业人员的就业实际，对职业人开展企业文化教育，让职业人感知、感悟、体验企业经营理念、企业精神、企业的价值观念、企业的行为准则、企业的道德规范，培育企业员工对企业的责任感和荣誉感。只有责任感和荣誉感增强了，员工的组织忠诚度才能提高，职业发展才能稳定，职业理想才能早日实现。

(二)专业知识素养

1. 文化知识

文化知识是人们从事专业工作必须具备的文化常识，系统的文化知识需要通过学历教育的课程形式呈现出来，如计算机操作知识、应用外语知识等相关文化知识。组织应该鼓励从业人员接受在职学历教育，或者鼓励其通过自学来拓展知识面，以便更好地从事眼前工作或不久将来要承担的工作。

2. 专业基础知识

专业基础知识是人们从事专业工作最基本的知识建构，职业的专业基础知识也是通过课程体系获得的。专业基础知识制约着职业人专业素养水平、专业技能的高低及个人可持续发展的能力。培训开发不同于教育，它具有明确的目的性，它强调职业性和技能性。组织的培训开发的专业课程应以岗位工作任务为依据，重视专业核心学习领域课程的设置。课程设置力求做到不缺位、不错位，形成精练、实用的培训开发课程体系。

(三)职业意识素养

职业意识素养是在职业价值观和职业理想的基础上，综合反映个体的职业认知、职业兴趣、职业情感、职业态度的心理素养。职业意识素养是否良好，可以从进取心、抗挫折能力和职业意志力等方面体现出来。

1. 进取心

进取心是指不满足于现状、坚持不懈地向新的目标追求的蓬勃向上的心理状态。要针对工作中的"落败"心理、工作目的不明确、对前途感到漠然、工作缺乏动力等现象，通过各种教育、培训、开发活动，激发自己的工作、学习热情和进取意识，树立积极成才的观念，使自己振奋精神，充分发展自己的良好个性，对今后的职业生涯充满期待和热爱。

2. 抗挫折能力

抗挫折能力是个体对挫折感的适应能力，即个体在遭受困境或失败时，能够经受住困境、失败带来的压力，具备摆脱逆境从而避免自己心理失常的一种抵抗挫折的能力，主要包括挫折耐受力和挫折排解力两方面。当代青年职业人绝大多数是独生子女，从小受宠，生活能力较差，缺乏控制能力和责任感，经受不了打击，抗挫折能力弱。职业教育要通过心理疏导、各种社会实践、社团活动等引导职业主体正确认识自己，培养担当意识和抗挫折能力。

3. 意志力

意志是决定达到某种目的而持有的一种心理状态，常以语言或行动表现出来，是人对于自身行为关系的主观反映。一些职业人涉世不深，鲜有独立应对事物的机会和能力，同时受社会浮躁、急功近利思想的影响，往往学习和生活耽于想象，疏于践行，做事缺乏持之以恒的精神。职业人要针对自己的这种心理素养积极觉悟，参加相关课程和活动，磨练自己的毅力和意志，让自己对所从事的工作和学习充满热情，逐步养成全神贯注、务实求真和锲而不舍的精神。

(四)职业行为素养

职业行为素养是职业道德素养的实践体现，是专业素养的具体应用，是职业心理思想成熟的表现。职业行为素养要求职业人积极采取自利和利他的行为活动。其中，积极的职业行为主要有角色内行为和角色外行为，角色内行为是所在工作组织的行为规范，主要是敬业行为、负责行为等；角色外行为是一种自发性行为，带有利他性质，如团队合作行为等。

1. 敬业行为

敬业不仅是一种意识，更需要体现为一种行为。敬业精神是一种基于挚爱基础上的对工作对事业全身心忘我投入的精神境界，其本质就是奉献的精神。职业人在职业活动领域中工作和生活，必须树立主人翁责任感和事业心，追求崇高的职业理想，培养认真踏实、恪尽职守、精益求精的工作态度，力求干一行爱一行专一行，努力成为本行业的行家里手，并以正确的人生观和价值观指导和调控职业行为。

2. 责任行为

在工作中的责任行为是爱岗的最重要体现。责任心，是指个人对自己和他人，对家庭和集体，对国家和社会所负责任的认识、情感和信念，以及与之相应的遵守规范、承担责任和履行义务的自觉态度。责任心主要反映在行动和抵制各种诱惑中，只有在困难中勇于担当，才能反映一个人的责任感。

3. 团队合作行为

团队精神是大局意识、协作精神和服务精神的集中体现，反映的是组织活动中个体利益和整体利益的统一，并进而保证组织活动的高效率运转。团队精神的功能有：推动团队运作和发展；培养团队成员之间的亲和力；有利于提高组织整体效能。

职业人从事的工作大多需要团队精神，开展团队合作，需要相互支持、相互协调才能保证效益的最大化。就大学生而言，大学生是即将迈入职场的新生力量，大学生在校期间从事学习和训练也存在着班组同学之间的协作与配合问题。高校很有必要纠正学生作为独生之女惯有的自我意识强、缺乏与人和谐相处的现象，通过各种活动培养学生的团队精神和合作意识，为未来的职业发展奠定基础。

（五）能力素养

1. 一般能力

一般能力（Ability）可以通过智商和情商来反映，智商包括记忆力、思维能力、逻辑推理能力、空间想象能力、表达能力等，情商是情绪控制能力，反映在自我认知能力、自我控制能力和人际交往能力等方面。

2. 专业技能

专业技能（Skill）是人们从事某种专业工作的技术和能力。职业人在企业生产、建设、管理和服务一线工作，必须具有高素质、高技能，使学业和就业达到有机结合。职业人的专业技能主要通过学习专业课程、培训开发转化而成。专业课程应以岗位工作任务为依据，以项目导向、任务驱动为原则建构教学内容，采用"教学做"一体化来开展教学活动，并重视通过校企合作、工学交替、顶岗实习等人才培养模式改革来培养和提高专业技能。

3. 综合能力

综合能力是人们活动中解决复杂问题的必要手段，是一般能力和专业能力的综合运用。职业活动中的综合能力，既涉及跨专业的职业核心能力，又涉及特定专业所需的专业综合能力。本书主要关注跨专业的职业核心能力，如信息处理能力、沟通能力、组织协调能力、创新能力等。

1. 信息处理能力

信息处理能力是指对信息的识别、整合和加工的能力。现代社会处于信息时代，信息通过口头、书面、网络、通讯等途径大量传播，信息处理成为人们生活、学习和工作必不可少的手段，是职业人工作时的必备能力。

2. 沟通能力

沟通能力是指人在交往过程中所表现出来的联络与协调能力，这是人们在生活、工作、学习过程中不可或缺的一种能力。职业人要学会在各种情况下与各种人交往，学会察言观色，透过表象看本质，掌握一定的化解矛盾、增进合作、融洽情感的知识和技巧，学会将不利因素转化为有利因素。

3. 组织协调能力

组织协调能力是指从工作任务出发，对资源进行分配、调控、激励、协调以实现工作目标的能力。职业人要克服参加活动机会少、缺乏组织协调能力的局限，通过开展各种工作活动、文体活动、专业技能竞赛等锻炼自己的组织协调能力。

4. 创新能力

创新能力是人们在从事生产和活动中创建新事物、新方法的一种潜在的心理品质。创新是社会发展不竭的动力，近年来，我国正大力提倡教育要培养具有创新精神、创新意识和创新能力的人才。

职业人要承担自我教育任务，有必要通过相关课程和各种活动引导、培养自己的创新创业意识与能力、技改意识与能力，养成勤用脑、多动手、大胆想、敢突破的创新精神和能力。

第四节　职业素养的形成机制

　　要想有效地培养职业素养，必须先弄清楚职业素养的形成机制是怎么样的。职业素养的养成，其实就是职业化过程，是职业人的职业素养满足社会和组织需求的过程。因此，需要从根本上尊重素养形成发展的内在规律。职业人的素养形成状况不仅依赖于素养培养方法的合理性、有效性，同时还依赖于职业人在接受素养教育、培训与开发时的身体和意识状态。我们需要关注这种内外因素的相互作用。既要充分认识外界环境因素对个体素养形成的影响作用，又要深刻理解素养形成过程中"内因"的决定性作用，理解主体因素在处理外界影响时，其内部形成机制是如何运作的。职业素养的培养涉及两个重要转型，一是将外部的职业素养内容如职业道德、职业意识等内化成职业人自己的心理素养；二是将职业人的这些心理素养转化为实际的行为素养。所以，需要重视素养形成的教化机制和内化机制。

一、职业素养形成的教化机制

　　素养教化是指素养教导者按照当下的社会要求将一定的素养内容通过有效的方式传授给培养对象的过程。通过教育和感化，教导对象为社会所肯定和认同。良好的教化机制促进了素养教化内容的可接受性和易于理解性，为素养内化的有效达成做好铺垫。

　　美国心理学家费斯汀格指出，"人类在认知上有力求一致的现象"。当认知与外界出现差异时，人在心理上就会不自觉地产生不平衡感。外界刺激与自我的观念冲突越大，自我的心理失衡现象就会越明显，想要与外界人群达成一致的意愿就越强烈，因此也会更愿意放弃原始观念，接纳新理念。因此，专业知识应该是职业人职业素养养成的先决条件，也是必备条件。教育、培训和开发的专业课程教学应该体现职业素养的内容，如果只注重专项技能训练，把整个操作流程分解成单个工序，一段时间内只对其中一道工序加以强化训练，那么最后得到的只是技能的熟练性，对于其中蕴含的职业素养却很少涉及。杜威曾经指出：训练考虑的是外部行为的变化，而不是社会理智的形成。"人们可以通过压迫一个孩子的颈部肌肉，训练一个人学会鞠躬，但是可以说这个孩子没有受到教育，因为他并不理解鞠躬的社会意义，而只获得了机械的肢体动作。教一个孩子学会鞠躬，其中包含了形成孩子对鞠躬的社会意义的认识。"训练只是外部行为发生变化，社会理智却并未形成。职业院校中诸如心理教育、法制教育，或是思想政治教育并不能代替职业素养教育。同样，企业的培训开发活动也不能代替职业素养培训与开发。大学生和职业人必须根据自己的实际情况，虚心学习，积极开拓素养教化途径，包括在线教育、导师指导等。

　　只有择良木而栖，与良师良友为伴，职业人才容易获得职业素养在思想、知识和技能方面的如实认知，才能对自身的职业活动进行指导。因此，职业人应该加强教化机制的有效识别和选择。

　　组织和教育培训机构应加强教化机制的建立和建设。职业素养形成，要经历一个职业观念的生成、职业情感深化、职业行为确立的渐进发展。由于对象的多样性、差异性和层次性，不同年龄、不同职业阶段有不同的职业素养目标和内容。组织和机构要将不同阶段的职业基本素养培养的目标、内容要求与实际有机结合起来，要关注培养对象的利益和实际，注重职业素养内容的循序渐进、相互衔接，形成制度化、程序化、系列化的职业素养培训、开发和教育系统。

二、职业素养培养的内化机制

　　内化是外部客体的要素转化为内部主体的要素。一切外在的客体为主体所掌握都要经过主体已有的心智结构（包括已经内化了的知识、观念及思维模式等）的筛选与转换。通过教化机制将职业素养内容传授给职业主体之后，如何将素养内化便成为最核心最关键的一步。内化是主体形成职业素养的根本途径。

1. 素养内化的理论依据

我国著名教育家王守仁认为，学习知识要有认知消化的过程。他把学习比作吃饭，只有得到消化，才能长成发肤。不然，堵在肚里，身体就会不舒服。学习也是同样道理，只有内化为自己的东西，才能变成无形的财富。不然，"博学多识，滞留胸中"，只能会得"伤食之病"，学了反而有害。辩证唯物主义理论认为，"外因是变化的条件，内因是变化的根据，外因通过内因而起作用"。"条件—根据"的相互关系，指出了在培养对象的成长发展中心理内化的必要性，切实解决了内外因的关系。苏联教育家赞可夫指出："应该以最好的教学效果来达到学生最理想的发展水平。"这里，他所谓的发展就包括性格、意志情感、兴趣、观察力、思维能力培养素养的发展。素养的教育、培训与开发与素养主体的品质的关系是复杂的，在素养培育过程中，素养主体的品质，既是素养的教育、培训与开发的目标，又是基础和手段。

2. 素养内化的实质

素养内化论的核心观点是，行为主体只有不断地将把外界客体的事物转化为主体自身的事物，才能算是素养培育活动中真正意义上的行为主体。素养内化论强调培养对象的素养是由外界的客观事物转化的，缺少这种转化就构不成真正意义上的素养养成。

因此，要使素养培育切实有效，应该做到让培养对象自觉和有意识地完成心理内化，而素养内化的实质就是要使培养对象获得生存和发展的能力，将学科知识结构、伦理道德、操作技能、创新能力和团队精神等转化为自身的素质，争取让自己成长为社会发展所需要的人才。

3. 职业素养内化形成的条件

首先，要建立培养对象的信心。信心的树立有助于培养对象认可职业素养培育的相关内容。在培养对象认可职业素养培育内容的过程中，培养对象信心的树立是关键。信心并非先天所有，它是职业活动中在价值观的指导下如实认知发展出来的。信心能激发人们的职业素养培养需求，并且使学习行为固化，会形成一种自觉的无意识培养素养的习惯。这样，培养对象对素养的被动利用就会转换成主动要求，而且当他们真正把素养当作财富时，其职业素养的数量和质量都会稳步提高。

其次，需要认真选择素养培育内容。培养对象的信心越强，就越会要求培养者尊重他们的意志力和人格特征，有任何的忽视或者轻视都会让培养对象产生心理抗拒。因此，教导者必须学会利用培养对象的心理特点和发展规律，有选择地选取教学内容、培训方式，运用多种培养方法，提高培养质量。

三、职业素养形成中教化机制和内化机制的关系

职业素养过程中的教化和内化，是一枚硬币的两个表面。前者强调怎样将职业世界中的职业素养转化为培养对象的自觉行为；后者则说明培养对象要么主动要么被动地将职业素养当成自己的理念和行为。

职业素养培养的教化机制和内化机制之间的联系表现在：前者是后者的基础，后者可以有选择性的接受前者的知识内容，两者在素养培养过程中都是不可缺少的。没有后者，素养培养的效果和目的就不能根本实现；没有前者，培养对象就无法接受系统的素养内容，或者真正完成内化。二者前后相继，是素养达成的基本方式和基本要求。

从认知心理学角度看，职业素养形成机制是职业道德、职业意识等内化与职业行为外化的过程，是职业素养形成过程中的两次升华。职业人在这一升华过程中，要根据自己的需要，对社会的各种职业观念及价值标准进行辨别、分析、确认，有选择地接受职业道德规范，将其内化为个人内在心理要素；职业人职

业行为的外化是职业道德、职业意识、专业知识和技能等职业素养表现为具体职业行为的过程。职业素养正是通过从内化到外化、再由外化到内化并不断循环往复逐步提升的。

第五节　职业素养培养的影响因素、策略和方法

一、职业素养培养的影响因素

按照职业化理论的理解，职业素养培养可视作职业化对象获取一般知识和专业知识，投入、参与职业活动的过程。职业化理论强调职业化内容和结构，将职业素养培养视作职业文化学习范式中的包含反馈的"刺激—反应"连接。从这种视角来看，职业素养培养的过程中会有不同的相关因素对职业素养培养产生影响。概括起来可以分为两个方面，即宏观因素和微观因素。宏观因素主要包括政治因素、经济因素、技术因素和文化因素；微观因素主要是指职业人的组织、家庭和自身等的各种因素。

(一)宏观因素

1. 政治因素

政治环境是指一个国家或地区的政治制度、方针政策和法律法规等方面综合起来所反映的总的状况。政治环境对职业素养培养的影响是极其深刻的。政治局面是否安定、政治制度及经济管理体制状况、法律及政策状况等都是极其重要的环境因素。国际政治局势、国内关系及国内政治局势对企业的生产和服务会产生极大的影响，从而影响到职业素养培养的方向、结构和水平。如果政局稳定，国家一般以发展经济为中心，人民就能安居乐业，从而给企业的生产和发展营造良好的环境，也使得职业素养的稳步提升有了保障。相反，如果政局不稳，社会矛盾尖锐、秩序混乱，甚至产生冲突和战争，就会严重影响经济发展和市场稳定，企业很难有好的发展。企业的生产和市场营销活动，特别是对外贸易活动中倾向于选择政局稳定的国家和地区。这些将对职业人职业素养培养产生深刻的影响。国内政治制度、政党及其组织制度、国家的方针政策等对企业的影响也较大，其中影响最大的是方针政策。如人口政策、能源政策、物价政策、财政政策、货币政策等，都会给职业素养培养带来影响。例如，国家通过降低利率来刺激消费的增长，通过征收个人收入所得税调节消费者收入的差异，从而影响人们的购买能力，影响职业素养培养中的经费使用等。

2. 经济因素

经济环境的主要因素是市场状况、经济状况以及竞争势态等，市场因素是市场经济条件下职业经理最为关注的环境因素。经济环境直接对职业人所在的企业发展战略产生重大影响。企业发展战略是为了满足未来持续经营的需要，决定企业未来发展方向、目标与目的的管理活动，将确定未来一段时间内，企业是扩大经营还是稳步推进，或是收缩经营。职业素养的培养不仅要满足个人目标也要满足组织目标，职业人还要分析企业内部资源，充分考虑当前及未来的宏观经济形势、世界经济环境及行业经济发展状况。经济环境还通过资本市场对职业素养培育产生影响。经济环境中的另一些因素，诸如金融系统和资本市场发展状况等，直接或间接地对职业素养的培养方向和内容发挥作用。资本市场和金融市场为企业提供大量的资金，资金是企业的血液，是企业开展人才培训与开发的根本保证。当经济环境通过资本市场影响到企业时，职业素养培养必须根据情况制定恰当的策略并进行调整。

3. 技术因素

现代技术的发展，使系统集成、优化以及企业经营过程重组成为可能，从而提高了职业人职业素养培养的有效性。例如，通过计算机网络和运行其上的应用系统，职业经理可以高效、便捷、经济地学习各种知识和技能。职业人坐在计算机前可以快速对外地子公司下达指令和及时了解外地子公司当天的运营情况，这种职业行为的影响是深刻的。随着信息技术的进一步发展，计算机网络的产生和普及，使信息集成（包括不同计算机及设备的通信，不同数据库的信息共享，不同应用软件之间的数据交换等）得以开展。在信息集成的基础上，职业人就以对各种资源和过程进行优化利用、优化排序和调度，就能进一步挖掘自身潜力，实现职业素养培养的低成本、高质量和高效率。

4. 文化因素

文化是指意识形态所创造的精神财富，包括宗教、信仰、风俗习惯、道德情操、学术思想、文学艺术、科学技术、各种制度等。一个国家、地区或民族的文化因素对职业人的职业道德和职业行为有着多方面的深刻影响。文化因素不仅影响着职业经理的道德观、精神与信念，影响职业行为的需求和动机，而且影响职业素养培养的方式和方法。"文化人"假设决定了职业人的素养模式。

文化的大众传播会通过提供行为模本、形塑理想工作环境等方式影响媒体使用者（包括职业人）。对文艺作品中塑造的、拥有极高职业素养的职场精英的行为方式或某种工作状态的模仿，深刻地影响职业人职业素养的培养，并影响其职业发展目标的实现。

(二)微观因素

影响职业人职业素养培养的微观因素主要有组织因素和个人因素。另外，家庭因素、学习生涯中所在的学校文化、竞争对手等都是重要的微观影响因素。这里主要介绍组织因素和个人因素。

1. 组织因素

组织因素中主要有管理制度、企业文化、同事的职业素养以及组织的培训课程等。

管理制度指的是对企业管理活动的制度安排，包括公司经营目的和目标、战略方向、职能部门管理以及各业务领域日常管理活动等的规定。企业管理制度规范并约束员工行为模式，使员工个人的活动得以合理进行，同时又是维护员工共同利益的一种强制手段。企业管理制度深刻地影响着员工的行为习惯，既部分地反映职业素养的需求，也是员工职业素养得以体现的制度前提。

企业文化反映了一个组织的价值观、信念。这不仅仅是通过仪式、符号、处事方式等表达的文化形象，也是组织所属社会的民族文化与市场文化的缩影。企业文化既会潜移默化地影响职业人的价值观和行为方式，代替一部分制度来约束员工行为，又是反映全体员工的职业素养的途径，影响着职业人个人的职业素养的培养。

组织中同事的职业素养主要包括领导者的职业素养、本部门同事的职业素养及其他部门同事的职业素养。作为职业人最重要的参照群体，同事会影响职业人职业素养内在标准的树立并提供职业素养的比较框架。同事群体会提供期待行为的参考、职业素养相关的观念、意见和信息，并影响职业人信念和价值观的内化，对职业人的职业素养培养有着重要影响。

培训中的课程设计是指对达成课程目标所需的因素、技术和程序，是进行构想、计划、选择的过程，虽然职业素养的培养需要系统化的知识、技能和态度的学习和养成，并不完全依赖培训课程，但是，精心设计的培训课程可以使职业素养培养与工作实践相结合，是提升职业素养的重要手段。

2. 个人因素

职业素养培养的过程是需要一定时间并通过职业人接触职业活动，循序渐进的职业社会化过程。在这个过程中，会有职业素养本身各元素之间的相互作用，在从学生到新员工再到老员工的角色转换过程中，职业素养的不同元素之间会有相互促进的作用，随着职业人的专业技能的提高，他会变得越来越有自信。有了自信，他就会觉得自己更专业；觉得自己更专业，他自己就会有一些更高的目标。因此，个人因素在职业素养培养过程中会发挥巨大的作用。

影响职业素养培养的个人因素是多种多样的。影响职业素养培养的主要个人因素包括：职业人的价值观、信念和态度，学习能力与兴趣，生涯规划，职前经历和职场经历等。其中，对职业人职业素养培养影响最大的，是个体带入职业社会化过程中的价值观和行为。

价值观用来建立评判标准，评判职业和工作相关事件的对与错、好与坏、违背意愿或符合意愿。信念决定了职业和工作中的想法是否稳定。态度是个体所持有的稳定的心理倾向，是知、情、意的综合。这种既有的价值观、信念和态度经由不同个体的初级社会化过程而形成，与家庭背景、家庭教育、学校教育、初级社会化阶段的同辈群体影响以及信息接触有着十分紧密的联系，虽然具有一定的稳定性，但在工作之后仍然是动态的和可改变的。

学习能力是指个体在工作之后运用科学的学习方法去独立地获取、加工和利用信息，并分析和解决实际问题的一种个性特征；学习兴趣则是对学习的一种积极的认识倾向与情绪状态，是推动人们求知的一种内在力量。学习能力、兴趣与新员工职业素养培养，尤其是与自我培养的质量紧密相关，一定程度上会影响个体的职业发展的可持续性。

生涯规划是指个体对职业生涯乃至人生进行持续、系统地计划的过程，会在近期、中期和长期等方面影响个体的职业发展方向和职业发展进度，进而影响员工的职业素养培养。

职前经历主要是指在正式入职之前教育、工作和生活经历。包括加入相关社团或者进入企业、事业单位进行实习等相关职业准备经历。职场经历既包括在组织中工作轮换和晋升的经历，也包括跳槽的经历。这些经历会带来类似于在职业环境中承担职业角色、履行工作职责的直接经验。这些直接经验对职业人的职业态度和职业行为等职业素养的提升产生较大影响。

二、职业素养的培养策略

策略是指为实现一定战略任务，根据形势发展而制定的行动方针。职业人的职业素养的培养，应当采取以下策略：以综合素养的提高为目标，以职业生涯发展为主线，以职业市场的需要为导向，以知识准备为基础，以职业能力和技能的开发和培训为重点。

1. 以综合素养的提高为目标

职业素养是指满足一个人职业生涯发展所需要的知识、能力和人格等综合要素的总和，它是一个人综合素养的体现。一般来说，职业人职场中能否顺利发展在很大程度上取决于自身的职业素养，职业素养越高者，获得成功的机会就越多。

如何实现"以综合素养提高为目标"呢？要点有三个：其一，必须重视职业人的知识学习。不管是显性知识，还是"默会知识"，没有一定的知识积累，综合素养很难提高，也很难实现持续发展。其二，重视关键能力的培训与开发。既要重视专业技能或与专业相关的某些能力的培育。又要重视关键能力的培养，如沟通能力、交流能力、信息搜集与处理能力、计划与决策能力、问题解决能力等，这些都对整体素养的提升和职业生涯的发展具有极其重要的作用。其三，重视人格的完善。人格教育是职业素质教育的重要组成部分。从现实的情况看，作为人力资源需求方的组织越来越看重的是人才的职业道德和职业精神，包括合作精神、吃苦耐劳精神、诚信友善精神、规范严谨精神等。"做事先做人"，组织需要职业人具有良好的思想道德品质、健康的情绪、积极的情感、正确的职业价值观、职业态度。因此，在要提高综合素养，必须重视人格的完善。此外，职业综合素养的提高，还有赖于身体素养、政治思想素养等基本素养的提高，有赖于家庭、组织和社会的支持等。

2. 以职业生涯发展为主线

任何教育都应立足于为人的一生的健康成长和和谐发展服务。职业生涯发展理论认为，"个体的职业生涯可归纳为一系列的生命阶段"；"在各阶段，个人能否成功地适应环境和个人需求，主要取决于他的准备情况，即职业成熟程度。职业成熟是由个人生理、心理、社会特质等组成的整体状态"。从职业生涯发展的角度看，不同阶段培养职业素养的任务不同。在前期阶段，应以各种素养的储备为主，目标应该宽泛，有弹性，应以定性目标为主；在中期阶段，素养的培育应该有明确的方向，要有阶段性计划，重在积累；在后期阶段，职业素养的培育要有任务导向，应该更具体、可量化。职业生涯的和谐持续发展需要终身学习的愿望和能力。无论是个体身心的发展，还是职业生涯的发展，都需要具有适应社会变革、适应工作世界变化的知识、能力和人格品质。其中，注重培养自我探求知识、自主习得能力、自主解决问题、自我调控情绪等方面的素养至关重要。

3. 以职业市场的需要为导向

职业素养的提升，一方面要立足于作为个体身心的全面健康发展，立足于个体的职业生涯的发展；另一方面，应满足职业市场的需要，满足所服务的组织持续发展的需要。"以职业业市场为导向"的策略意味着要按职业市场对人才素质的要求培育素养。把产业发展、组织发展的重点和方向融入专业素养的提升，要密切关注产业发展的新理念、新技术、新工艺、新流程等，要关注组织需求，并根据组织对劳动者的知识、能力、人格等素质的要求及时调整素养培育的重点和方向。真正做到学以致用。

4. 以知识素养培养为基础

知识素养是指个体进一步学习或成长所必须具备的文化知识。它是个体接受思想职业教育的基础，也是个体能力素养提升的关键。知识素养与基本素质有关。基本素质不行，其知识素养也很难形成。当前我国职场的一些职业人，他们的职业素养相对较低，一个重要原因是文化基础底子较薄，他们基本的学习能力、学习态度、学习习惯等相对较差，故组织更加需要通过加强相关课程的培训，提高他们的职业素养。

5. 以职业能力和技能的开发和培训为重点

职业能力是个体从事职业的多种能力的综合，是"个体将所获得的知识、经验、技能和态度在特定的职业活动或情景中进行类化迁移与整合所形成的能完成一定职业任务的能力"。知识经济时代的"技能型人才"，"已不再是传统意义上的'技术工人'，而是以现代技术科学为指导的'技能型创新人才'"。技能型人才即使仍然在技术工人岗位上工作，也不再是以经验技术和动作技能为主的机械操作者，而是以理论技术和质量技能为主的技术应用性人才。因此，在培养职业素养时，"以职业能力和技能的开发和培训为重点"的策略尤其需要重视，组织和培训机构需要改革职业技能培训方法，开展形式多样的技能竞赛，提升培训和开发水平。

三、职业素养培养的方法

近年来，由于市场竞争的加剧，职业素养的提升越来越受到重视。由于职业素养涉及多个学科的综合性交叉，在其提升的方法上，更要注意其条件性的问题。因此，职业素养的提升中，要强调科学方法的运用。

由于任何方法都有自身的优势和局限性，因此职业素养的提升方法需要多种方法的综合运用，既要重视系统方法，又要重视历史方法；既要重视理论研究，又要重视实践检验。

1. 系统方法

所谓系统，是指由互相联系、互相作用着的若干要素按一定方式组成的有机统一的整体。系统方法就是从系统观出发。职业素养是一个由职业素养的主体、结构与过程等要素组成的系统，它本身包括了大量的次级系统，同时它又处于社会环境的大系统中。因此，需要运用系统方法，兼顾局部需要与整体利益、当前效益与长远目标，推动职业素养提升的顺利进行和良性发展。

系统的第一个基本特征是整体性。系统的整体性主要是揭示系统和要素之间的关系。系统的整体性要求我们观察和处理职业素养问题时要着眼于整体。整体的功能和效益是认识和解决问题的出发点和归宿。系统的第二个基本特征是结构性。系统的结构性所揭示的是系统中诸要素之间的关系。结构是要素相互联系、相互作用的方式，其中包括一定的比例、一定的秩序、一定的结合形式等。系统的结构性要求我们优化结构，以实现系统的最佳功能。

2. 历史方法

历史方法是用历史的观点对职业素养的提升进行观察与研究，注重考察职业素养的历史、发展与演变的过程及这一过程的影响与作用，以期以史为镜，借鉴历史经验服务于职业素养的提升。按属性的数量，可分为历史单向比较和历史综合比较。历史单项比较是按事物的一种属性所作的比较。综合比较是按事物的所有（或多种）属性进行的比较，单项比较是综合比较的基础。但只有综合比较才能达到真正把握事物本质的目的。因为在职业素养的提升中，需要对职业素养的多种历史属性加以考察，只有通过这样的比较，尤其是将职业素养的外部属性与内部属性一起比较才能把握职业素养提升问题的本质和规律。

3. 理论研究

理论研究是人们认识客观世界，并使认识的结果系统化的活动。理论研究是人类的主观见之于客观，并从客观中获得主观知识的活动。理论研究是人类思维的过程。理论研究是人们将认识的结果进行系统化、理论化的过程，是人的主观对客观材料的自觉的加工过程。职业素养的理论研究方法主要包括认知方法和思维方法。

职业素养理论研究的认知方法有：感知过程；认知过程；逻辑过程等。职业素养理论研究的思维方法就是在职业素养的研究中实现感知、认知、逻辑过程的方法。从大的方面来说有两种基本方法：归纳法与演绎法。归纳与演绎是人类认识事物的两种基本的认知方法。一般说来，演绎法是学理论研究的基本方法。归纳法是实证性研究的方法。从人类认知规律的角度去看，演绎法容易导致纯理性主义的错误，归纳法则容易导致经验主义的错误。

4. 实践检验

职业素养提升的基本模式不是一成不变的，不能照搬他人的经验与理论，需要结合自身的历史和特定情况，以系统观看问题，将职业素养的提升融于自身的实践中，在实践中检验真理。职业素养提升的实践检验即是一种标准，也是职业素养提升的基础。

职业素养的理论一般是通过对某一特定研究对象的研究得出的研究结果。这些理论对类似对象有一定的指导作用，而对其他对象则没有或很少有指导作用。职业素养的提升需要教育培训者和职业人自己从职业人的知识、能力和自身特征的测度入手，运用具体问题具体分析的方法把握其素养构成的合理程度、水平和发展方向，进而对职业素养提升进行科学的计划、组织、实施和控制，以期达到素养的稳步提升、可持续提升。

虽然职业人可以结合职场实际，以典型案例为素材，并通过具体分析、解剖，学习他人素养提升的管理情景和管理过程，但要建立真实的自我素养管理感受和寻求解决职业素养问题的方案，必须以自身实际为出发点和落脚点。只有结合自己的历史和实际，在实践中学习和检验，职业素养的提升才能不陷于空谈，才能开花结果、稳步发展。

本章复习思考题

1. 什么是职业化？职业化的特征有哪些？
2. 什么是素养？素养有哪些类型？
3. 举例说明职业素养的重要性。
4. 简述职业素养的概念。职业素养的主要内容有哪些？
5. 职业素养有哪些特征？
6. 试述职业素养的形成机制。
7. 试述职业素养培养的影响因素。
8. 简述职业素养培养的策略和方法。

圆霖 绘

本章自测题

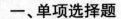

一、单项选择题

1. 我们在塑造员工职业化素养的过程中，以下哪种职业态度不是我们所提倡的（　　）。

A. 塑造职业品牌　　　　　　　　　B. 忠于你的职业

C. 你在为老板工作　　　　　　　　D. 坚持永不放弃

2. 下面哪一项属于企业职业化的员工的表现（　　）。

A. 对业务只懂一点点　　　　　　　B. 屡次犯同样的错误

C. 思考是否有更好的办法　　　　　D. 只想到自己，对任何事情不主动链接

3. 下列选项中，哪项环境因素是用来概括职业素养培养的政治、经济、技术和文化等影响因素（　　）？

A. 人为　　　　　　　　　　　　　B. 自然

C. 宏观　　　　　　　　　　　　　D. 社会

4. 杰克·韦尔奇说过："任何一家公司要想靠竞争取胜，必须要使每位员工对其工作敬业。"下面哪一项的诠释不符合这一点（　　）？

A. 尊敬、崇敬、热爱自己的职业　　B. 全心投入，付出百分之百的努力

C. 履行职责，做事做到位，负责负到底　　D. 缺乏危机意识，整天做事情而不是事业

5. 在职业活动中，主张个人利益高于他人利益、集体利益和国家利益的思想属于（　　）。

A. 极端个人主义　　　　　　　　　B. 自由主义

C. 享乐主义　　　　　　　　　　　D. 拜金主义

6. 下列关于职业技能的说法中，正确的是（　　）。

A. 掌握一定的职业技能，也就是有了较高的文化知识水平

B. 掌握一定的职业技能，就一定能履行好职业责任

C. 掌握一定的职业技能，有助于从业人员增强就业竞争力

D. 掌握一定的职业技能，就意味着有较高的职业道德素质

7. 假设你在工作中出现了一次小的失误，暂时还未给单位造成什么损失，领导也没有发现。在这种情况下，你认为最好的一种处理办法是（　　）。

A. 不向任何人提起这件事

B. 不告诉任何人，自己在以后的工作中弥补过失

C. 告诉领导，承认自己的过失并承担相应的责任

D. 告诉自己最好的朋友，请他帮自己想一个最好的办法

8. 下列影响职业人职业素养的因素中，最重要的因素是（　　）。

A. 社会因素　　　　　　　　　　　B. 组织因素

C. 家庭因素　　　　　　　　　　　D. 自身因素

9. 职业素养的提升策略中，应以何者为基础（　　）。

A. 综合素养的培养　　　　　　　　B. 领导的指示

C. 职业道德　　　　　　　　　　　D. 职业能力

10. 职业素养的培养方法中，正确的方法是（　　）。

A. 系统地观察，不要关注细节

B. 结合自身实际，不要考虑太多

C. 要考虑成功者的经验，因为自己总是善于欺骗自己

D. 要在系统观的基础上，将理论应用于自身实际，在实践中检验

二、多项选择题

1. 职业化的标准是（　　）。

A. 细微之处做的专业　　　　　　　　B. 别人不能轻易被代替

C. 以此为生，精于此道　　　　　　　D. 持续学习，不断进步

2. 比尔.盖茨说过，"我们不能把工作看成是几张钞票的事情，它是人生的一种乐趣、尊严和责任。只有对工作有激情的人才会明白其中的意义"。下面理解正确的是（　　）。

A. 重视工作价值，学会自我激励　　　B. 强化自我意识，凡事依靠他人

C. 学会热爱麻烦，保持阳光心态　　　D. 相信一切皆有可能，相信成功

3. 职业精神疾病产生的原因包括（　　）。

A. 生活和工作中的重大变故　　　　　B. 应对方式

C. 个人性格　　　　　　　　　　　　D. 遗传因素

4. 阳光心态的主要内涵是（　　）。

A. 适应环境　　　　　　　　　　　　B. 不能改变别人就改变自己

C. 不能改变事情就改变对事情的态度　D. 消极等待

5. 理性思维是建立在事实基础上的，通过下列哪些方法能揭示事物的普遍规律，抽象出事物的一般原理（　　）。

A. 观察　　　　　　　　　　　　　　B. 统计

C. 分析　　　　　　　　　　　　　　D. 演绎

圆霖 绘

第三章 职业道德

学习目标

■理解道德、道德失范、职业道德等相关概念

■了解职业道德的特征，掌握职业道德的构成要素和主要内容

■了解职业道德的影响因素和发展阶段

■理解职业道德风险的概念、特征、成因及其规避机制

■理解职业道德建设的概念，掌握职业道德建设的途径

第一节 职业道德的相关概念

一、道德与道德失范

道德既是善良、美好、崇高的象征，又是人们抵御各种不良行为诱惑和侵蚀的堤坝。康德曾经说过："世界上有两件东西能够深深的震撼人们的心灵，一件是我们心中崇高的道德准则，另一件是我们头顶上灿烂的星空。"我国思想家对道德的探讨由来已久。道德最早出自老子的《道德经》，"道"与"德"在中国历史上最初是分开的，各有自己的涵义。"道"原指道路、交通规则，引申为事物运动变化的规律和规则。从伦理学意义上讲，"道"指做人的准则和规矩，与人交往的原则和规范。"德"是人们认识和遵从了"道"，"内省于己，外施于人"，便称之为"德"。伦理学意义上的"德"是指人们践行了"道"而获得的心理意识、观念情操、品质境界等。在西方，"道德"一词源于"风俗"，而风俗则是拉丁文"mos"的复数。后来古罗马思想家西塞罗根据古希腊道德生活的经验，根据"风俗"一词创造了形容词（moralis），指国家生活的道德风俗和人们的道德个性，以后英文的道德则沿袭了这一含义。由此可见，不管是在中国还是西方，"道德"一词都包含了社会的道德原则和个人的道德品质两个方面的内容。

道德是人类社会生活中所特有的社会现象，是由社会经济关系所决定的，以善恶为标准的，依靠社会舆论、传统习惯和内心信念所维系的，调整人与人之间以及人与社会之间关系的原则规范、心理意识和行为活动的总和。道德是一种特殊的规范调节方式，是人们把握世界的特殊方式，也是人们内在德性和风尚的表现。道德还是一种实践精神，具有很强的实践性特征。

道德的内涵，主要包括三个方面。其一，道德为人们应该做什么和不应该做什么提供行为准则，对于调整人们之间的行为规范具有重要作用；其二，道德是依靠内心信念、传统习惯和社会舆论来支持的，而不是靠法律法规和行政命令来维持的；第三，道德是以善恶观念为标准的，善的行为是道德的，恶的行为是不道德的。

失范（anomie）一词，最初由法国社会学家迪尔凯姆（Emile Durkheim）所使用，他认为，失范是"指

一种无规范状况，或者是社会准则的缺乏和含糊不清"。随后，美国社会学家墨顿（Robert.K.Merton）对迪尔凯姆的失范概念的内涵进行了修正和发挥，他认为"当个人以正当手段去实现正统目标时，个人行为是符合社会要求的。当目标与手段不一致时，失范行为即出现了"。由此看出，迪尔凯姆将失范视为社会规范的一种存在状态，墨顿则着眼于人与社会规范的关系去解释失范。

道德失范则指在社会生活中，作为存在意义、生活规范的道德价值及其规范要求或者缺失，或者缺少有效性，不能对社会生活发挥正常的调节作用，从而表现为社会行为的混乱。道德失范是这样一种社会状态：在这种状态中，社会既有的行为范式、价值观念被普遍怀疑、否定，或被严重破坏，逐渐失却对社会成员的影响力与约束力；而新的行为范式、价值观念又尚未形成，或尚未被人们普遍接受，对社会成员不具有有效影响力与约束力，从而使得社会成员发生存在的意义危机，行为缺乏明确的社会规范约束，在实际生活中形成社会缺少某种正常交往秩序、行为规范的事实"真空"缺失现象，呈现出某种紊乱无序状态。应该说，道德失范所揭示的是社会精神层面的某种危机或剧烈冲突。

道德失范有着深刻的原因。当前我国的道德失范主要是因为经济发展利益格局发生改变而引起的。国家从计划经济向市场经济转化的过程中，社会结构形式发生了重大改变，人们的利益关系出现多元化趋势，利益多元化直接推动了人们价值观念的多元化。人们原来的价值观念、道德意识受到强大的市场冲击，传统的道德价值标准的合理性受到了普遍质疑。许多人不再接受缺乏合理性的旧道德规范，而新的明确的、具有道德实效的价值标准体系还不够完善，这样必然导致道德的影响力和约束力锐减，道德失范也就因此产生了。

道德失范对道德调节社会关系以及传承社会优良传统方面起到严重的破坏作用，从这个角度上看，道德失范是消极的，是应该力求避免的社会现象。但换个角度讲，之所以会出现道德失范，也是符合辩证否定规律的。因为道德不是一成不变的，是具有历史性的。道德建立在一定的经济基础之上，并且随着经济的发展而发展。道德失范正是旧道德与新道德之间的中间环节。道德失范为新道德规范体系的产生提供了动力和空间，新的道德规范就孕育在道德失范的社会生活中，即道德失范蕴含着建立具有合理性的新道德体系的逻辑要求。所以，应该辩证地看待道德失范，既要看到道德失范消极性的一面，又要看到道德失范的积极因素，但它的消极后果通常是主要的。因此，在条件允许的情况下，要及时预防道德失范情况的发生。而一旦发生了道德失范现象，就要积极采取措施把它的消极后果力争降到最小，并早日促进新道德体系的建立。

二、职业道德

所谓职业道德，是指调整从业人员与社会公众关系的行为规范和道德准则的总称，是社会道德在特殊职业领域里的具体体现。道德是调整社会成员之间关系的行为规范和价值准则。道德包括社会公德、职业道德和家庭美德三大类。职业道德与一定的职业相联系，体现了职业的特点和要求。职业道德实际上仍属于道德的范畴，其概念由来已久。由于各种场合所强调的重点不同，人们往往从不同的角度理解职业道德的概念。例如，从道德心理的视角来看，职业道德包括两个方面：一是职业道德意识，表现为从业人员职业道德规范认知；二是职业道德品质。表现为职业道德情感、动机、信念、意志和行为习惯。职业从业人员通过学习职业道德规范，形成职业道德意识，然后内化为职业道德情感、动机信念、意志、并外化职业道德行为习惯。从业人员职业道德意识和职业道德品质的综合就是从业人员职业道德人格。

1. 规范意义上的职业道德

规范意义上，职业道德的概念往往是一种立足于社会层面、强调职业道德对个人的规范性和约束性，表达出的一种典型的、近乎于标准的定义，也是一种最为常见的职业道德界定。这种界定往往将职业道德理解为：主要依靠传统习惯、社会舆论、自身的信念来维持的行为规范的总和，如"职业道德是在一定的职业活动中所应遵循的，具有自身职业特征的道德原则和行为规范的总和"。规范意义的职业道德几乎都是等同于职业道德规范。

从规范角度对职业道德的理解主要有两个共同之处：首先，对职业道德的理解都是立足于社会层面的理解。这些规范都是行业性的或社会性规范要求，是社会或行业对个人所提出的规范，所以这是一种立足于社会层面上的规范理解。其次，这些规范是一种"应然性"的要求。也就是说，这些"规范"是从业人员应该去遵守或履行的要求，但现实活动中从业者是否如此行为是不确定的，所以这些"规范"的界定往往容易将职业道德理解为外在的行为规则或要求。

2. 个人品质意义上的职业道德

西方学者更加注重从个人的角度来理解职业道德，既强调社会对从业人员的规范要求，同时也尊重个人的权益。倾向于把职业道德看作一种价值观和能力，看作个人的一套处事原则。职业道德给人提供了一些基本的处事原则，但是它并非绝对权威的和不可变更的，职业道德也应包含着个人的见解、感悟。职业道德也需要人的灵活运用，它是现实问题和职业道德的规范要求以及人的智慧的整合。因此，在对职业道德的界定中，他们更强调人的因素，从外在规范对自身的要求和自己的权责范围的结合去对职业道德概念进行界定。其中比较有代表性的是米勒（Miller）和科蒂（coady）所提出的职业道德概念：职业道德是指信仰、价值观和原则，它们是指导个人在其工作环境中的实践，理解他们的工作权利、职责，并采取相应行动的方式；库珀也将职业道德界定为个人对职业秉持的一种信仰以及据此而采取的处理工作中问题的态度方式。这些职业道德概念中都强调了"信仰"，都提到了对个人行为的影响，所以这种职业道德概念实际上已不再是外在的"应然"规范，而是外在要求被个体所接受并将其内化为个人的品质的"实然"要求。

3. 综合意义上的职业道德

综合意义上的职业道德概念既不同于仅限于外在的规范要求，也不限于内在的价值观引导下的事实表现，而是一种道德要求与道德行为的统一，是要求与结果的聚集。如"所谓职业道德，就是同人们的职业活动紧密联系的、具有自身职业特征的道德活动现象、道德意识现象和道德规范现象"。其中"道德规范现象"内含的是外在的职业道德规范要求，"道德意识现象"强调的是主体对职业道德要求的内化及价值观的建立，"职业道德活动现象"意味着现实的职业道德行为表现。又如，"所谓职业道德，就是人们适应特定职业的要求所应该遵守的行为规范总和及其表现在特定职业工作中的道德品质状况"。

综合意义的职业道德概念具有更强的内涵空间，这是将行为规范总要求与特定职业表现结合起来的概念界定，是道德规范与道德活动的结合，是"应然"与"实然"统一，所以体现的是一种综合性的概念界定。

由于我国是社会主义社会，因此，我国从业人员职业道德应当接受社会主义核心价值观的引导。否则，从业人员职业道德建设就会迷失方向。

三、职业道德的特征

改革开放以来，多种所有制经济如雨后春笋般涌现，经济的繁荣带来社会文明的进步，这种进步离不开各行各业的从业者在自己的范围内奉公守法，遵守行业职业道德规范。各行业的工作性质与内容、社会责任与义务、服务对象与手段的不同，导致了每一个行业都有各自的职业道德规范。

职业道德与一般的社会道德密切联系，同时又有着明显的区别。作为一种客观存在的社会道德现象，

职业道德有着自身所独有的特征。

1. 在服务范围和对象上，职业道德具有专业性和对象性特征

职业道德与人的职业活动密切相关，体现着一定职业领域的特殊要求。首先，职业道德受职业活动的制约。人们实际从事的职业活动领域，就是各种职业道德形成和发展的基础。因此，有什么样的职业，就有什么样的职业道德。不同的职业生活领域，是人们在职业活动中与不同的人所形成的特定交往关系，具有不同的权力和义务关系，从而形成不同的职业道德和行为规范。比如医生与患者、教师与学生之间，交往双方各有其特殊性，从而形成不同的职业活动，具有特定的职业良心和职业行为规范。医生是"救死扶伤"的白衣天使，教师则是"教书育人"的"人类灵魂工程师"。

其次，在调节范围上，职业道德主要是用来约束本职业的所有从业人员，因此，特定的职业道德规范，只能用来指导本职业内部的从业人员。对于不属于本职业的其他从业人员，或本职业人员在该职业范围以外的行为活动，则失去其具体的道德调节、规范和约束作用。因此，其适用范围不是普遍的、无限的，而是特殊的和有限的。比如，对于商场的营业员来说，对待顾客应当做到"百问不厌，有问必答"，这是商业职业道德上的基本要求，但是，对于国家保密局的工作人员，或者某些政府官员来说，不顾场合地随意乱说，就有可能泄露国家机密，则是不折不扣的渎职行为。此外，在道德规范的具体内容和要求上，职业道德总是与特定职业的特殊要求相结合，表达特定职业的义务和责任以及职业行为上的道德准则。

2. 在具体内容和结构上，职业道德具有稳定性和连续性特征

由于职业道德反映着社会总体需要和各种职业利益及其特殊要求，所以在内容和结构上就会具有稳定性和连续性，它往往表现为世代相袭的职业传统，形成人们比较稳定的职业心理和职业习惯，这种传统心理和习惯甚至成为一种不假思索就会脱然而出的反射活动，形成从事不同职业的人们在道德风貌上的差异。

人们由于从事不同的职业活动，因而表现出不同的道德心理和道德行为，比如说，人们常说的"政治家风度"、"军人气质"、"商人习气"等。职业道德内容的相对稳定性，决定了它在结构上的连贯性。无论教学手段和教学条件发生怎样的变化，"学而不厌，诲人不倦"必定是教师道德的基本要求；不论医疗器械和医疗环境与以前有何不同，"救死扶伤"必定是医生道德的基本要求。当然，职业道德规范的内容并不是永恒不变的。同一职业，当职业活动内容或职业活动的条件发生变化时，这一职业的道德规范内容也会发生相应的变化。比如"为官清廉"是世代相袭的职业传统，但在今天，"为官清廉"不同于封建官吏对封建王朝尽忠，为百姓做主，而是要全心全意为人民服务，做人民的公仆，不谋私利，并且取消和限制一切不应有的特权。再如今天的农民道德，不仅要继承勤劳俭朴的优良传统，还要破除迷信、讲究效率、珍惜时间、学习科学技术、提高生产率、实行计划生育等。但是，相对于其他领域的道德来说，职业道德的变化是相对缓慢的。这种缓慢也正是由职业道德的连续性所决定的。

3. 在形式和方法上，职业道德具有灵活性和多样性特征

职业道德是适应各种职业活动的内容与交往形式的要求而形成的，因此在反映形式和表现方式上往往比较具体、灵活、多样。它既可通过严格的规章制度、严明的守则公约、严肃的作风纪律表现出来，也可通过简单的标语口号、鲜明的管理条例和具体的注意事项表现出来。比如建筑工地上的"安全施工，质量第一"、加油站的"严禁烟火"，以及商店里的"顾客第一""热诚服务"，都是职业道德的表现形式。各种职业集体对从业人员的道德要求，总要从本职业活动的客观环境和具体条件出发，因地因业而制宜，实事求是。

4. 在实际功能和效果上，职业道德具有适用性和成熟性

适用性是由于职业道德适用范围的特定性所规定的具体的职业生活的具体性，决定了职业道德规范不仅仅是原则性的规定，而且有实在的具体内容。如各种制度、章程、守则、公约、须知等，简洁明了，便于从业人员接受和践行，具有较大的适用性。正是这种与本行业的具体业务和人们的实际状况相适应的适用性，成了职业道德广泛作用于人们思想和行为并铸造一代新人的重要功能。成熟性是指职业道德主要是同人们的职业内容和职业生活实践相联系的，是家庭教育和学校教育所初步形成的道德状况的进一步发展，是走上社会工作岗位的成人的道德意识与道德行为。相比未成年人的道德，这种道德意识和道德行为更多地体现了道德主体的自觉、自为和自律，反映着道德主体的行为能力和修养水平的提高。

第二节　职业道德的构成要素与主要内容

一、职业道德的构成要素

职业道德对从业人员在思想意识、品德修养等方面提出了严格的要求，它是评价从业人员职业活动的是与非、好与坏、美与丑、荣与辱的价值标准。从职业道德的构成要素来看，应该包括职业道德规范、职业道德行为及职业道德评价等方面。三个构成要素是相互联系、缺一不可的整体，只有同时具备三个构成要素，才能形成完整的职业道德。

1. 职业道德规范

职业道德是职业活动的产物。一定的道德规范涵盖了一定的行为规则，而这些行为规则的产生和发展又受社会经济基础的制约。因此，规范从业人员的道德行为规则，把对某一职业所有从业人员都普遍具有约束力的行为规则概括起来，便形成了某个职业的职业道德规范的大致范畴。这种职业道德规范同职业的业务活动的发展有不可分割的内在联系，反映了职业活动的性质。

2. 职业道德行为

社会学一般把人的行为分为两大类，即道德行为和非道德行为。道德行为又称为伦理行为，它是指人们在一定道德意识支配下的、有利于或有害于他人和社会的行为。非道德行为又称为非伦理行为，是指不受道德意识支配的、也不涉及他人或社会利益的行为。职业道德行为是指从业人员在职业活动中所表现出来的有利于或有害于自己、他人和社会的行为。

与其他社会道德行为相比较，职业道德行为是与职业活动密切相关的，其专业性和对象性特征决定了职业行为在细节上具有如下特点。首先，职业道德行为与法律行为的关系更为密切。法律行为是职业道德行为的前提和基础，没有法律行为就谈不上职业道德行为。职业道德行为是法律行为的保证和防线，没有职业道德行为，法律行为就会迷失方向，也必然会违背职业道德。其次，职业道德行为是从业人员基于高度自觉意识而做出的行为。所谓高度自觉意识，既是指从业人员知道自己行为的性质、意义和价值，也指从业人员在行为之前就有对人我、己群关系的自觉认识，知道自己的行为对他人、对社会、对国家法律和检察机关的影响及后果。最后，职业道德行为与他人和社会的利益联系更为密切。职业活动本来就是一种社会活动，它解决的是人们之间的权利和利益关系，因此，职业道德行为是与他人和社会利益关系更为密切的一种道德行为。

3. 职业道德评价

职业道德评价是职业道德的重要构成要素，它通过"评价—命令"的方式抑恶扬善，唤起人们职业道德责任感，指导、纠正和规范人们的行为。职业道德评价是指从业人员、他人和社会等评价主体依据一定的职业道德准则，对自己、他人及组织的行为、品质或可感知的意向，从善恶、正邪、价值量大小等方面所作的价值判断以及所表示的褒贬态度。职业道德评价贯穿于职业活动的全过程，是从业人员和组织自我

监督、自我调整及社会监督、社会调控的重要方式。

职业道德评价对从业人员的道德行为和品质培养，对良好的职业道德风尚的形成、巩固和发展，具有积极的作用。表现在以下几方面：第一，职业道德评价是维护道德准则和社会道德准则，并使其得以实现的有力保障。职业道德评价根据职业道德规范和社会道德规范，判明职业行为的善恶价值，形成关于职业行为善恶是非的社会舆论和群众心理，从而维护和树立职业道德和社会道德规范。第二，职业道德评价是客观的职业道德规范转化为个人行为品质的杠杆。职业道德评价的过程，就是通过对从业人员具体行为的善恶评判、褒扬和贬抑、称赞和谴责，使客观的职业道德规范向个人的道德自律转化，使道德行为由自发变为自觉，逐渐使社会的客观道德要求转变为从业人员的行为和道德品质。

二、职业道德的主要内容

我国很多行业都已经建立或正在建立与职业道德相关的法律法规，主要就是对从业人员的道德标准做出具体的规定，希望以此约束和规范从业人员的行为。如会计从业人员的职业道德要求主要包括，爱岗敬业、诚实守信、廉洁自律、客观公正、坚持准则、提高技能、参与管理以及强化服务等方面。虽然不同行业、不同职业所涉及的职业道德的具体规范的侧重点有所差异，但核心内容大同小异。2001年国家颁布的《公民道德建设实施纲要》中明确指出："要大力倡导以爱岗敬业、诚实守信、办事公道、服务群众、奉献社会为主要内容的职业道德，鼓励人们在工作中做一个好的建设者。"

1. 爱岗敬业

爱岗敬业是指要求从业者热爱自己从事的工作，对本职工作尽心尽责，具有社会责任感和使命感，为社会提供优良的产品和良好的服务。爱岗敬业是社会主义道德倡导的首要规范，是职业道德的基础内容。

近年来，由于市场经济在不断发展，各行各业的实际情况在不断发展变化，组织竞争日趋激烈，各类职业的专业性和技术性日趋复杂，这就要求从业人员在热爱岗位的基础上，不断更新自己的专业知识水平，学习更高的职业技能，不断学习新的知识以便更好地适应行业的发展。实际上，爱岗敬业对从业人员有多方面的要求，如树立正确的职业理想，干一行，爱一行，干好一行；脚踏实地，不怕困难，艰苦奋斗；忠于职守，团结协作，认真完成工作任务。钻研业务，提高技能，勇于革新，做行家里手等。爱岗敬业的主要要求有以下几个方面。

（1）树立正确的职业观

作为从业人员，要遵守爱岗敬业的道德规范，需要树立正确的职业观，树立正确的职业理想。爱岗敬业，是一种承诺和态度，更是一种精神。只有珍惜岗位，才能爱岗敬业。工作岗位是我们展示自我价值的天地，是人生旅途拼搏进取的支点，是实现人生价值的基本舞台。每个劳动者都是社会的组成部分，无论什么工作岗位，都是为社会提供服务。俗话说："三百六十行，行行出状元"，再平凡的工作岗位，也能体现崇高的敬业精神，既然选择了这个工作岗位，我们就要为之付出努力，正所谓"干一行，爱一行"。一个人只要不甘于平庸，就可能在勇于进取的奋斗中奏响人生壮丽的乐章，在自己的岗位舞台上实现自己的人生价值。

（2）忠于职守，团结协作

忠于职守是指忠诚地对待自己的职业岗位，尽力地遵守自己的职业本分。团结协作是忠于职守的体现和要求。职业工作多数都是琐碎、平凡的。为此，从业人员要有高度的责任感和使命感，在平凡的工作岗位上，兢兢业业，默默耕耘，尽力与他人团结，与他人协作，把工作做好。

（3）脚踏实地，艰苦奋斗

做人要务实，做事也要务实。对待本职工作要一切从客观实际出发，不好高骛远，不悲观盲从，不投机取巧，不消极怠工，要一丝不苟、认真踏实地做好事、办实事。任何一项工作，都有它本身所固有的客观规律，只有认真、踏实地遵循事情的客观规律，才能事半功倍，取得良好的效果。艰苦奋斗是对待工作的基本态度，也是从业人员基本责任心的客观体现，要在精神上要做好吃苦的心理准备，淡泊名利，不做追名逐利的功利之人。

（4）努力钻研，精益求精

社会的发展和科技的进步对每个岗位都提出了严格的要求，一个从业人员拥有高超的从业技能水平是从业人员爱岗敬业的表现也是爱岗敬业的要求。这要求从业人员在思想上要提高对从业技能的学习意识，要能够主动学习新的从业知识，有意识地提高自身的职业能力水平；要具备坚持到底的求学精神，不半途而废，才能提高从业技能水平；在行动上要有合理的学习方法，要根据自身的特点采用合理的学习方法，积极参与到实践中来，提高自己的职业素养。

从业者钻研专业技能，提高业务水平，必须做到精益求精。刻苦钻研，精益求精是一个递进的过程，"从事职业"和"做好职业"完全是两个概念，就像一些工作设置了准入门槛，没有一定的知识储备和专业技能就不能从事相关工作，比如律师必须通过司法考试，老师必须具有教师资格证，熟悉本业、刻苦钻研是基础，精益求精、开拓创新是飞跃，同样是教书育人，有的人只是一名普通的教育工作者，而有的人却成了教育家。

2. 诚实守信

诚实是指一个人要言行一致，诚实做人，实事求是地做好自己的工作。守信是指一个人可以做到言出必行，对自己许下的承诺可以在行动上实践出来，而不是说到做不到。

诚信是做人的根本，也是企业生存和发展的根本。由于某些个人与企业盲目的追求自身利益最大化，导致诚信缺失，这种做法让公众对某些职业的信任度已经降到最低。道德是商业文明的基石，市场经济秩序的健康发展离不开从业人员和组织的诚实守信。

诚实守信的要求是多方面的，如做老实人、说老实话、办老实事，用诚实的劳动获取合法利益；讲信用，重信誉，信守诺言，以信立业；平等竞争，以质取胜，童叟无欺，反对弄虚作假、坑蒙欺诈、假冒伪劣等。诚实守信的主要要求包括以下一些方面。

（1）言行一致，诚信无欺

语言和行动、认识和行为的高度统一是诚实守信最基本的要求之一，也是诚实守信最基本的表现形式。事物必须忠于它的本来面貌，不歪曲篡改事实，不隐瞒自己的真实想法，不掩饰自己的真实情感，不说谎、不作假，不说一套、做一套。"言必信，行必果"，表里如一，讲究信誉，信守诺言，忠于自己承担的义务。只有身体力行、不断积累，从每一件小事做起才能养成诚实守信的美德。

（2）讲究质量，维护信誉

在现代市场经济活动中，质量是企业的生命，信誉是企业的灵魂，诚实守信是二者在企业生产经营过程中得以实现的重要保证。同样，任何一个员工，想要在企业立足，都必须使自己成为一个符合企业发展需要的人。因此，讲究质量，维护信誉是对企业诚实守信的基本要求，也是企业对员工的基本要求。良好的产品质量是企业树立良好信誉的基础，没有良好的质量，信誉就如空中楼阁失去了基础、失去了依托，企业的市场竞争力或个人的核心竞争力也就无从谈起。因此，质量与信誉是呈正比发展的，企业或个人建立良好的信誉之后，这种良好的信誉又能够反过来发挥督促作用，促使员工生产更多、更好的优质产品，提供更多更好的服务，也为市场经济的良性发展提供了帮助。

（3）重合同，守契约

随着市场经济的不断发展，市场经济的各种行为也越发契约化。契约活动一方面促进了商品交易的发

展，为社会活动创造了经济基础，另一方面对我国社会主义法治国家的构建和社会主义市场经济的良性运转起着积极作用。重合同、守契约是契约精神的核心，也是契约从习惯上升为精神的伦理基础。职业活动中的很多行为都是契约行为。重合同、守契约要求缔约者内心之中存在契约守信精神。缔约双方基于守信，在订约时不欺诈，不隐瞒真实情况，不恶意缔约，履行契约时完全履行，同时尽必要的照顾、保管等附随义务。

3. 办事公道

办事公道是指从业者在解决问题和处理事情时，要站在公平公正的立场上，按照统一标准和同一原则待人处事。

办事公道对从业人员的要求是多方面的，如坚持公平、公开、公正原则，秉公办事；处理问题出以公心，合乎政策，结果公允；主持公道，伸张正义，保护弱者；清正廉洁，克己奉公，反对以权谋私、行贿受贿等。办事公道的主要要求包括以下几个方面。

（1）坚持真理，追求正义

办事公道突出表现在职业活动中保持处理问题的一致性与公平性。要想做到办事公道，就要有意识地培养自己坚持真理、追求正义的崇高的品格。真理是指人们对客观事物及其规律的正确反映。坚持真理就是坚持实事求是的原则，就是办事情、处理问题合乎公理、坚守正义。而坚持真理、追求正义的正直品质是靠日常的品行锻炼培养出来的，不是办事时想公道就能做到公道的。坚持真理、弘扬正气表现了做人的一种独立的人格精神，这种精神培植了中华民族的独立性格和凛然正气，成为强大的精神力量。在是非面前，我们要坚定立场，不畏权势，不惧威胁，不趋炎附势，不拿真理做交易，始终坚持自我，客观做人。

（2）公私分明，不徇私情

办事公道要求从业者在坚持真理、追求正义的前提下做到公私分明、不徇私情。公私分明就是把社会整体利益、集体利益与个人利益区别开来，以社会利益与集体利益为重，不以个人利益损害社会与集体利益。不徇私情是指不屈从私人交情，秉公处事。只有不谋私利、不徇私情，劳动者才能光明正大、廉洁奉公，才能主持正义与公道。

公私分明、不徇私情，要求劳动者在实际工作中，不侵犯公共财物，不损害公共利益，不贪图便宜，不假公济私，要做到公私分明、办事公道。特别是与人、财、物有着密切联系的职业劳动者，在经济利益圈中出出进进，更要自觉抵制歪风邪气的侵蚀，做到公私分明、刚正不阿。

（3）遵纪守法，坚持原则

遵纪守法、坚持原则，是一切从业人员必须具备的最起码的道德品质。它是衡量职业劳动者思想道德水平的尺度。职业劳动者要知法、懂法、遵纪守法，在职业活动中要严格依法办事，遵章守纪，要牢固树立法律意识和职业规范意识，不能置法律、纪律不顾而为所欲为。

遵纪守法，坚持原则，就是要坚决反对在职业生活中出现的渎职行为。在改革开放和发展社会主义市场经济的新形势下，每个从业者面对的考验和诱惑很多。在当今拜金主义、享乐主义、实用主义等泛滥的环境下，不同的职业工作者，尤其是拥有一定职权的人，势必处在是与非、义与利、得与失、恩与怨、名与利、权与钱、权与色等各种矛盾之中，因而就要经历权力、金钱、名利、女色等各种考验。在令人深恶痛绝的丑恶现象面前，职业劳动者应率先垂范，带头做到遵纪守法，勇敢地同各种腐朽行为作斗争，以实际行动来净化我们的社会风气。

（4）平等待人，按章办事

平等待人是从业人员最基本素质的体现，是所有人都需具备的职业品质，也是社会进步的体现之一。按章办事就是按照规章制度。工作规章是维系各职业正常进行的规定，是行业管理和社会管理思想的结晶，是推动行业和社会发展的有效保证。

平等待人、按章办事是办事公道的具体体现，从业人员必须对自己的服务对象一视同仁、公平对待，不论职位高低、关系亲疏，一律平等相待、热情服务；一律按方针政策、规章制度办事，杜绝办事不公、拉关系、走后门的现象，这既是职业纪律要求，也是对服务对象最起码的尊重。

4. 服务群众

服务群众是社会主义职业道德的核心内容。服务群众是指听取群众意见，了解群众之所想，落实群众之所需，以端正的态度为人民服务。做好本职工作是为人民群众服务的最直接体现，要有效地履职尽责，必须坚持工作的高标准。

服务群众对从业人员的要求也是多方面的，如听取群众意见、了解群众需要、为群众排忧解难。端正服务态度、改进服务措施、提高服务质量，为群众工作和生活提供便利。反对冷硬推托、吃拿卡要，抵制不正之风等。服务群众的主要要求包括以下几个方面。

（1）以人民群众的利益为出发点和落脚点

群众是我们的衣食父母，因为有了无数普通群众的需要，才有了我们正在从事的职业活动，而我们所从事的职业活动也才有了社会价值，我们的个人才华也才有了可以施展的舞台。在现代社会里，人们需要尊重他人和社会的利益。一个职业劳动者只有以人民群众的利益为出发点，才能更好地实现自己的社会价值。我们的党和国家始终把实现好、维护好、发展好最广大人民的根本利益作为党和国家一切工作的出发点和落脚点，尊重人民主体地位，保障人民各项权益，走共同富裕道路，促进人的全面发展，做到发展为了人民、发展依靠人民、发展成果由人民共享，正是以人民群众的利益为出发点，才会不断促进社会的发展和民族的伟大复兴。

（2）尊重群众，提升服务意识

服务群众的基础在于尊重群众。它要求尊重群众的意见、倾听群众的声音，郑重考虑群众要求；只有尊重群众，才能做到想群众之所想，急群众之所急，帮群众之所需，解群众之所难。尊重是服务的基础，只有内心认识到了才能有与之相比配的行为。服务群众要发自内心，要在为群众办实事、办好事的实践中实现自己的人生价值和崇高追求。服务群众还要求我们不断提升服务意识。真正的服务意识应该是在遵守规章制度的基础上的自觉服务的心理取向。要保持良好的工作状态和平稳的工作情绪，以便为服务对象提供良好的服务。树立正确的服务意识，需要对自己的工作岗位职能有清晰的认识，要学会正确地处理工作重点各种关系，要有团队合作的思想，能够正确处理各部门之间、上下级以及同事之间的之间的关系，营造一个良好的服务氛围。

（3）端正服务态度，提高服务质量，加强服务创新。

从业人员在提供优质的服务时，态度要端正。要始终以坚持原则、坚持职业准则为基础，对于客户的合理要求要尽量满足，对违法要求要果断拒绝。

服务群众要求提高服务质量。高质量的服务体现在从业人员在工作中能够真实、客观地工作，发现问题及时向上级领导者汇报问题，以便及时解决问题，提高服务质量。

服务群众还要求加强服务创新。从业人员在工作中要精益求精，对从业知识进行钻研和更加深入的学习，对出现的问题，可以提出自己的思考以及独到的见解。对工作中出现的问题和缺陷，要进行合理解决，在解决问题中创新服务。

5. 奉献社会

奉献社会就是从业者要履行本职业的社会责任，履行对社会与他人的义务，积极、主动地为社会与他人做出贡献。

奉献社会对从业人员的要求是多方面的，如要有社会责任感，为国家发展尽一份心、出一份力；承担社会义务，自觉纳税，扶贫济困，致富不忘国家和集体；艰苦奋斗，多做工作，顾全大局，必要时牺牲局部和个人利益；反对只讲索取、不尽义务等。奉献社会的主要要求包括以下两个方面。

（1）以社会利益为重

奉献社会的基本要求就是坚持把公众利益、社会效益摆在第一位，也就是必须把社会上大多数人的利益放在首位，努力促进社会生活和生态环境的和谐发展，实现个人的社会价值。爱因斯坦曾经说过，人只有献身于社会，才能找出那实际上短暂而有风险的生命的意义。以社会利益为重本身就是奉献，以社会利益为重精神往往反映出社会整体的文明程度、精神状况和认识水平，奉献者越多凝聚力就越强，克服困难的力量就越大，这是社会不断前进发展的有力保障。

（2）不苛求名利

综观奉献社会的典型人物和他们的事迹，可以发现，他们在工作中、在奉献社会的过程中都具有不苛求名利的精神。试想如果事事讲条件，人人求索取，怎么能够无私奉献社会？不求索取是指不计较个人得失，勇于牺牲小我，而不考虑和追求奉献行动能够换来一己之利。奉献就意味着多付出、少索取，而不是等价交换。与人类社会的整体发展相比较，一己之利显得如此渺小，个人的得失与社会发展的进程已经不存在"等价交换"、"斤斤计较"的问题。奉献社会就是要吃苦在前、享受在后，不计报酬，不讲价钱，勇于牺牲。人的生命是短暂的，但只有在奉献中实现生命的价值，才能展现美丽的人生。从业人员应当努力成为在日常学习、工作和生活中不讲条件、不苛求名利、默默耕耘的人。只有这样，才能因为奉献而焕发出更加光彩的人生光华。

第三节　职业道德的影响因素和成长阶段

一、职业道德的影响因素：伦理决策模型

影响职业道德水平的因素都有哪些？俗语说，上梁不正下梁歪。实际上，人生活在社会中，他人的道德水平尤其是上司的道德水平对职业人职业道德的影响巨大。在人的因素中，除了上司，同事的影响也不可小窥，因为近朱者赤，近墨者黑。除了人的因素，个人的经济状况也是重要影响因素，仓廪实而知礼仪便是这个道理。道德方面的话题，我国古代人民在一些作品中有一些探讨，但不成体系。国外有关职业道德影响因素的研究主要是包含在管理伦理和道德研究中的。

在《管理行为》一书中，西蒙曾指出，组织会通过限制个人的决策参考框架来对个人决策施加影响。尽管个人可以根据自己的标准进行决策，但组织可以控制决策规则和情境，由此他提出了组织环境本身的正确性这一概念。Waters（1978）也强调了组织因素在促成不道德组织行为中的作用，指出劳动分工、决策权分散、传统等级制等组织结构方面的因素，以及强制角色模式、工作团队凝聚力、无明确优先权和抵制外部干涉等组织文化方面的因素，都可能对组织的伦理行为产生影响。

伦理决策自20世纪90年代以来逐渐成为西方商业伦理研究的一个重要领域。有关管理者伦理决策影响因素的新研究成果在伦理决策模型这一研究主题下得到了集中体现。在理论方面，不断有学者提出新的伦理决策模型，用以解释组织成员在组织环境下如何做出伦理选择。根据伦理决策模型，做出某项伦理决策需要经过一系列的步骤。其中，比较典型的是Rest（1986）提出的四阶段伦理决策过程，即认识到道德问题的存在、做出道德判断、确立道德意向和采取道德行为。也有学者在模型中加入了反馈环节——道德

评价。

道理伦理决策的三因素模型，将组织成员伦理决策影响因素分为三类：一是道德事件的特性；二是道德主体的特性；三是环境特性。

(一)道德事件的特性

Jones（1991）在其提出的问题权变模型中，用道德强度这一概念来概括伦理情境中道德事件的特性，并认为道德强度会影响决策制定的各个阶段。按照他的观点，道德强度包括六个维度：（1）结果的重要性。指当前所考虑的道德行为可能会给他人带来的伤害或收益的总和；（2）社会共识。指社会对某种行为好或坏的意见一致程度；（3）结果发生的概率。指当前所考虑的道德行为发生的概率与该行为带来预计伤害（收益）的概率的乘积，类似于经济学中期望值概念；（4）时间接近性。指从当前开始到考虑中的道德行为产生后果为止这一时间段的长度；（5）亲近性。指道德主体与某一行为或决策的受害者（或受益人）感觉上的亲密程度，包括社会、文化、心理和物理四个方面；（6）结果集中度。指当前考虑的道德行为所产生的后果会在多少人身上体现。在结果的重要性一定时，受影响的人越多，结果集中度就越小；道德强度与道德责任有关，会影响人们获得道德许可的愿望。

(二)道德主体的特性

伦理决策模型中的个人特性变量包括：个人道德认知发展阶段；知识、价值观、态度和意向；自我实力、情境依赖性和控制点；个人经验等。个人道德认知发展阶段是伦理决策模型中研究得较为充分的一个变量，其理论基础是美国心理学家Kohlberg提出的道德认知发展理论。道德认知发展理论按照道德判断结构的性质将个体的道德认知发展划分为六个阶段，认为在道德认知发展的不同阶段，个体的道德判断和推理结构（思维模式）存在质的差异；个体的道德认知由低级向高级发展，文化和教育可以加快或延缓个体道德认知的发展，但不能改变其顺序。施泰因曼等则认为，Kohlberg提出的道德发展诸阶段仍缺少一个阶段，因为在他提出的最高发展阶段，个人仍然是凭自己的良心确定和选择伦理准则，而实际上个人只有通过与他人之间的对话、论证，才能为其道德取向确定依据。因此，他们认为可以根据哈贝马斯的对话伦理观，将Kohlberg模式扩充为七个阶段。在第七阶段，个人发展的目标不是寻求各种各样的个人道德，而是通过一般的自由讨论来寻求一种惟一的原则，即达成共识。

(三)环境特性

伦理决策模型中的环境，可进一步分为一般环境和组织环境。其中一般环境包括社会、经济和文化等一般因素。竞争可能驱使企业通过放弃伦理原则来确立竞争优势。如果所有其他的竞争者都严格遵守一定的道德标准，则行事相对不道德而又未受到制裁的企业就有可能在竞争中建立优势，这会促使其他企业在竞争的压力下逐步适应较低的道德标准。例如，在由完全竞争和一般均衡理论所假定的企业运行环境中，管理者的任务就在于破译外部市场命令并通过管理职能来实现各种资源的最佳配置。在这种情况下，任何利润最大化以外的道德考虑都会导致企业陷入破产的境地。因此，一般环境在多大程度上为企业提供了贯彻企业伦理目标（不因竞争而受到威胁）的行为空间，对于管理者的伦理决策来说至关重要。

伦理决策模型中影响伦理决策的组织环境因素被概括为两大类，即参考群体和机会。其中，参考群体的特性可以由角色集结构来定义，组织距离和相对权威是角色集结构的两个重要维度。组织距离指将焦点

人员与参考群体分离开来的组织内部或组织间边界，如小组、部门、组织等。相对权威衡量参照群体相对于焦点人员所拥有的法定权威，这与他们所拥有的使焦点人员服从其角色期待的压力有关。机会主要与报酬和惩罚相关。其中，报酬可进一步分为内部报酬（如自我价值感等）和外部报酬（如社会赞许、地位和受尊敬等）。隐性的组织压力可能足以决定一个人的道德意向，而显性的组织因素可能导致不道德（或道德）的意向产生道德（或不道德）的行为。

二、职业道德的成长阶段

从业人员职业道德的形成和发展一般经历他律、自律和价值目标三个阶段。

(一)他律阶段

他律阶段是指从业人员的职业道德还没有发展完善的起步阶段，是靠他人或限制性的规定来进行自我约束的道德发展阶段。该阶段的核心是职业责任和义务的明确。他人、组织和社会为了防范从业人员的职业道德失范，从而要求从业人员对职业责任和义务明确态度。这是从业人员个人的欲望受到约束的一种阶段。这要靠着一种职业上的道德对个人工作的一些行为来进行约束以便提高工作质量的。

(二)自律阶段

自律阶段是从业人员对自己进行约束的阶段，是工作上的职责朝着心理上的道德和行为进行转化的阶段。在这个阶段，个体本身上的对道德的追求是道德规范的重点内容。每个从业人员都具有职业良心，每个符合职业良心的职业道德行为都会被肯定，而当职业行为背叛职业良心时会受到阻止。尤其完成顺应职业良心的职业行为时，从业人员会拥有一种道德优越感，也会对自己的那些不符合道德的行为进行一定的自责。这种自律性能够体现一种职业道德感，使从业人员能够对自己进行评价，满足他人和社会对从业人员的道德要求。

(三)价值目标阶段

职业道德的价值目标阶段是指，从业人员把职业上的道德目标作为个体活动的自觉要求，在职业上把职业道德规范与个体的心理行为融为一体，把道德规范的应然和实然相结合，使外在要求和内在需求能够一致，这是职业道德发展的成熟阶段。如果个体的职业道德品质达到了这个阶段，从业人员就会积极接受道德规范和约束机制，主动地约束自己的行为。由于不同职业和个体的自身情况和环境不同，有些处在他律阶段，有些处在自律的阶段，还有些处于价值目标阶段。可以肯定的是，由于价值目标阶段对从业人员的素质和环境都有较高要求，所以只有少数职业中的少数从业人员能够达到价值目标阶段。

第四节　职业道德风险及其规避

一、职业道德风险的概念及特征

(一)职业道德风险的概念

道德风险是 20 世纪 70 年代西方理论界提出的一个经济学概念，也是 20 世纪 80 年代提出的一个经济伦理学的概念。必须突破单纯经济学的视野才能找到理解和规避道德风险的路径。从经济学和经济伦理学两个维度加以分析，有助于正确理解职业人的道德风险，为职业道德风险问题的解决提供合理的思路。

1. 道德风险概念的经济学分析

最早提出道德风险（Moral Hazard）概念的是美国经济学家阿罗（Arrow）。阿罗强调，合约关系中的"随机事件"的存在，使"为取得第一流的最佳效率所需要的完全的市场系列经济不能组织起来，而不得不依靠不完全的代理人"。

按照阿罗的论述，Moral Hazard 这个概念可以理解为"道德危险"、"道德祸因"、"败德行为"。当然，道德风险并不等同于道德败坏、道德失范，它是相对实质危险（Physical Hazard）而言的。实质危险是一种有形的危险，而道德危险是无形的危险。道德风险指代理人（或有信息优势的一方）在最大限度地谋求其自身效用时会做出损害委托人（或处于信息劣势的一方）利益的行为。

从经济学上理解，道德风险是在合约条件下，代理人凭借自己拥有私人信息的优势，可能采取"隐瞒信息"、"隐瞒行为"的方式，以有利于自己、有损于委托人的经济现象。因此，职业道德风险是指职业人凭借自己拥有的私人信息的优势，采取向企业主隐瞒的方式以谋求自身的利益最大化而损害其业主利益的行为。

2. 职业道德风险的伦理学内涵

经济伦理学认为，道德风险特指从事经济活动的人在最大限度地增进自身的利益、不完全承担风险后果时做出不利于他人的不道德行为。从伦理学的角度来看，道德风险的内涵是，经济主体在委托代理关系中，最大限度地增进自身效用时做出不利于他人的不道德行动。或者说是，当签约一方不完全承担风险后果时所采取的自身效用最大化的自私自利行为。就一般职业人而言，其伦理学道德风险的内涵是指职业人在最大限度地追求自身效用的最大化时做出的不道德行为。

综合经济学和经济伦理学的观点，职业道德风险是指职业人凭借自己拥有的私人信息的优势，隐瞒信息、追求自身效用最大化、损害企业主的不道德行为。

(二)职业道德风险的特征

1. 内生性

内生性是指风险雏形的形成在于职业人对利益与成本的内心考量和算计。职业道德风险的产生取决于职业人对自身利益的估计。职业道德是一种主观信念，职业道德水平的高低直接决定着对自身利益估计的结果。

2. 牵引性

凡风险的制造者都存在受到利益诱惑而以逐利为目的。人性的弱点中有贪婪的一面，职业人也不例外。当受到巨大的物质利益或精神利益的诱惑时，职业道德风险最容易发生。

3. 损人利己

职业人的风险收益都是对信息劣势一方利益的不当攫取。换言之，职业人与企业主的信息不对称是导致损人利己的条件。在极端情况下，甚至可能的结果是损人不利己。

二、职业道德风险的成因

职业道德风险的产生主要有三种原因：个人道德修养较低、监督不完善、与委托人的目标不一致。职业人之所以会做出背信弃义的行为，一个重要的原因就是他们本身存在道德风险问题。职业人与企业主合作期间，两者掌握的信息量是不对称的，职业人拥有企业经营管理运作中的多种真实信息，这些信息有可能被职业人据为己有，对企业主隐瞒或谎报，并利用这些信息为自己谋利。另一方面，作为委托人的企业主，由于不直接参与企业的实际经营管理活动，一般无法获得或验证企业的真实信息，即使要获得或验证相关信息也要付出高昂的成本。同时这种信息不对称状态使得企业主难以对职业人进行及时有效的监督，这就催生了职业人的败德行为。最后，职业人与企业主的目标也不一致，职业人追求的是短期利益，而企业主追求的是长期利益，因此职业人在实际工作中会做出大量牺牲长远利益而追求短期利益的败德行为，损害企业主的利益。

(一)职业人个人修养较低情况下道德风险的产生

一般来讲，企业主与职业人均具有"理性经济人"的特性，即他们在合作中都是以自己的利益最大化为目的的。两者的关系可以用博弈论中的"囚徒困境"模型来分析。

职业人	企业主		
		诚信	欺诈
	诚信	$(1, 1)$	$(-1, 2)$
	欺诈	$(2, -1)$	$(0, 0)$

图3-1 职业人与企业所有者博弈的效益矩阵

在图3-1中，数字1.-1.2.0仅仅是一个符号，代表职业人与企业主博弈时所获得的利益。两者之间会出现四种博弈的可能性：①双方都守信，都没有做出欺诈行为，结果是双方都获益1。②企业主守信而职业人失信。企业主按契约约定为职业人提供条件和报酬，而职业人却对企业主隐瞒欺诈，牺牲企业利益来换取自身利益最大化，则企业主得-1，职业人得2；③职业人守信而企业主失信。职业人经过努力使企业主获得了双方约定的利益，而企业主却找借口不兑现给职业人的报酬，则企业主得2，职业人得-1；④双方都失信，合作不成，双方效益均为0。

在一次博弈中，如果职业人的个人道德修养较低，职业人和企业主都按自身利益最大化原则行事，即博弈的最终结果是双方都采取欺诈行为，双方都失信，双方的收益都为0。

如对上述模型进行扩展，假设企业主和职业人之间约定的是长期合作关系，即双方有机会重复博弈，那双方又会如何决定自己的行为呢？

我们首先来看一下参与人在该无限次重复博弈中的各阶段得益"贴现值"的总和：

$$W = W_1 + \delta^1 W_2 + \delta^2 W_3 + \cdots\cdots = \sum_{t=1}^{\infty} \delta^{t-1} W_t$$

其中，δ：贴现系数，$0 \leq \delta \leq 1$

W：无限次重复博弈某一参与人的各阶段的得益

令 δ 为贴现率（假定双方的贴现率是一样的）

如果职业人选择欺诈，他得到本阶段收入为 2，但他的这种欺诈行为将使自己失去与企业主再次合作的机会，因此随后的每个阶段的收入均为 0，所以总贴现收入为 2。如果职业人选择诚实对待企业主，他得到本阶段收入为 1，并且企业主也会信任职业人，会选择与其继续合作，因此职业人随后每阶段的收入都是 1。这样，如果下列条件满足，假定职业人对企业主诚信，企业主 σ 也选择诚信，则：

$$1 + \delta + \delta_2 + \delta_3 + \cdots\cdots = 1/1 - \delta$$

只要 $1/1-\delta \leq 2$，即 $1/2 \leq \delta \leq 1$，诚信将是职业人的最优选择，（诚信，诚信）便成了每一阶段的均衡结果，博弈双方便走出了一次博弈的困境。

由此可见，职业道德修养较低情况下职业人道德风险规避的关键是把一次性博弈转化为重复博弈。

(二)监督不足情况下职业道德风险的产生

如图 3-2 是企业主与职业人的博弈策略矩阵，企业主的策略集为（监督，不监督），职业人的策略集为（努力，不努力）。企业要对职业人实施监督，就会发生成本 C（y），不监督就不存在监督成本；如果企业主发现职业人的行为存在道德风险，那么企业就会采取行动惩罚代理人，此时职业人就存在负效用-U；如果企业不监督，职业人存在道德风险，那么此时职业人就会获得额外的收入 S。

	企业出资人	
	监督	不监督
努力	0, C(y)	0, 0
不努力	−U, C(y)	S, 0

图3-2 企业出资人与职业人的博弈

从以上的分析可知，企业出资人与职业人之间的博弈不存在占优均衡，他们的最优策略都是要根据对方的策略来选择。例如：如果企业出资人选择实施监督，那么职业人就会选择努力工作；如果企业出资人选择不实施监督，那么职业人就会选择不努力工作，这样他就会获得额外收益 S。所以相对于监督的情况，企业缺乏监督时职业人更容易产生不努力的行为。

三、职业道德风险的规避机制

(一)职业道德风险规避的激励机制

1. 经济利益的激励

规避职业道德风险的经济利益激励方式主要包括提高风险年薪、适当延长股票期权期限以及其他外在利益激励方式。

（1）提高风险年薪比例

年薪制是一种国际上较为通用的支付企业经营者薪金的方式，它是以年度为考核周期，把经营者的工资收入与企业经营业绩挂钩的一种工资分配方式，主要包括基本收入（基薪）和效益收入（风险收入）两部分，此外还包括职务津贴、福利和各种奖金。

其中风险收入作为一般激励性报酬，通常与职业人的绩效和企业的利润完成有关，它的作用在于调动职业人的积极性和创造性。为降低职业人的道德风险和克服其短期行为，可适当提高风险收入的比例，并且将风险收入兑现的时间做适当调整，比如将 50% 在年内兑现，将剩余的 50% 与下年的风险年薪合并后再按 50% 发放，依次类推。这样一来，职业人的风险收入在总金额上有所提高，但由于时限上的延长，有利于降低职业人的道德风险，增加其为企业服务的年限。

（2）延长股票期权期限

股票期权就是给予职业人在未来一段时间内按预定的价格（行权价）购买一定数量本公司股票的权利。股票期权是一种权利而非义务，股票期权的受益人在规定的时间内，可以买也可以不买公司股票。股票期权只有在行权价低于行权时本公司股票的市场价时才有价值。按照委托——代理理论，企业主和职业人之间存在委托代理关系，职业人作为自利的经济人会偏离企业主利益最大化的目标。按照风险理论，职业人一般都属于风险从恶型。适当延长股票期权期限更能有效地把职业人的利益和企业主利益有机联系，形成共同的利益取向和行为导向，以此减少代理成本，鼓励职业人承担必要的风险。

（3）其他外在利益激励方式

金色降落伞，是当职业人、特别是高级职业经理或高级技术人员，因为公司的所有权的更替或公司被接管而不再担任原职位时，为其提供的工资和福利。金色降落伞可以把工资和福利延长 1—5 年。

在发生无法预见的事件（如公司被接管）时，金色降落伞可以降低职业人的风险，减少职业人对善意接管的抵制，从而保护股东的利益。这项计划的实施使公司能够招聘到并保留有才能的职业人。

在对职业人的调查中发现，职业人对社会保障的需要比较强烈。多数家族企业由于其家族化管理，很多并未建立完善的福利和保障体制，这将影响到职业人的满意度。因此在职业人制度设计中，设计有针对性的、符合不同年龄层次的职业人的优势需要的保障计划、福利补助以及一些岗位补助，能够产生很大的激励作用，规避职业人的道德风险。比如企业提供优惠购买住房、长期住房补贴、通讯费用合理报销等福利补助，通常都受到职业人的欢迎。

2. 权力和地位的激励

对道德水平高的职业人来说，权力越大，地位越高，其正面效用也越大；而对道德水平低的职业人而言，情况正好相反。职业道德风险规避的权力和地位激励就是要把权力和地位给予那些道德水平高的职业人。

对于职业人的权力激励主要是控制权激励。所谓控制权激励就是把公司控制权授予与否、对授予控制权的制约程度作为对职业人努力程度和贡献大小的奖励。控制权激励的有效性和激励约束强度取决于职业人的贡献和他所获得的控制权之间的对称性。在职业人的外在性需要中，社会地位需要是比较重要的部分。使在工作上已取得成就的职业人在社会上的地位上升，可以有效地激励他们继续奋进。职业人的社会地位，主要由经济地位、政治地位、职业地位和文化地位构成。

权力和地位的提高使得职业人有成就感，促进职业人热爱工作，设计有挑战性的工作目标，规避道德风险。德鲁克指出："任何组织和个人都需要有挑战性的目标。"美国著名行为科学家洛克认为，目标设置是管理领域中最有效的激励方法之一。职业人目标的逐步展开、完成过程，获得人生阅历、自豪感等心理需要的满足，是规避职业道德风险的有效途径。

(二)职业道德风险的约束机制

职业道德风险的约束机制包括内部约束机制和外部约束机制。其中内部约束机制主要包括企业内部监控约束机制和企业内部规章制度。外部约束机制主要包括市场竞争约束机制和法律监督约束机制。

1. 企业内部监控约束机制

公司治理结构中的内部监控主要是通过股东大会监控董事会和监事会、监事会监控董事会和经理等高级执行人员等方式来实施。

要实现董事会对职业人的有效约束与监督，一个行之有效的方法就是建立独立董事制度。独立董事具有董事身份，但不在公司内部担任职务，与公司没有实质性利益关系的来自公司外部的董事成员。独立董事作为公司纯粹的局外人，既不拥有企业的股份和资产，也不代表特定群体的利益，因此具有相对公正性，可以防止合谋行为和不正当的内部交易，有利于监督经理层，使他们不能通过损害股东利益而为自己谋私利。在公司内部，监事会的监督更为有效一些。因为一般情况下，监事并不兼任董事、经理，直接受股东大会的委托，可对职业人的职业行为进行经常监督，规避职业道德风险。

2. 企业内部规章约束机制

公司章程是企业的内部法，对企业中的各种利益主体（包括各类职业人）的责权利及其行为做出了规范性规定。因此公司章程是规避职业道德风险的重要约束机制。

此外，职业人进入某个企业时，与企业签订了受法律保护的任职合同，这种任职合同对职业经理的责权利做了明确规定，尤其是对职业人离开企业时，对企业在商业秘密、技术专利、竞争压力等方面应负的责任都做出严格规定，从而对职业道德风险形成有效的约束。

3. 市场竞争约束机制

在自由市场经济中，即使在所有权与控制权分离的情况下，由于存在产品市场、资本市场和职业市场的竞争，职业人的努力水平和工作能力等私人信息被更多披露，减少委托人和代理人的信息不对称，使职业人不敢过于偏离委托人的目标而为所欲为，从而使代理问题被限制在某一限度。市场竞争的规则是机会均等、优胜劣汰、适者生存。竞争奖励强者，惩罚弱者。职业市场的竞争形成一种强大的压力，促使职业人调动自身的全部潜能和智慧，运用一切可能运用的手段，去适应市场环境，为企业和自身的生存、发展而努力。

4. 法律监督约束机制

职业人的某些不道德行为也是法律不允许的。市场经济是法制经济，它需要完备的法律体系为其服务，对相关主体的行为加以约束。完善的法律制度也有助于职业人才市场的形成和正常运作，它可以直接约束职业道德风险，对职业人在经营过程中出现的违法行为进行法律制裁，保护投资者的权益完善。我国目前对职业人进行监督的法律体系既包括跨行业的《公司法》、《反不正当竞争法》、《劳动法》、《劳动合同法》等相关法律，也包括《食品卫生法》、《旅游法》等与行业相关的法律；既包括全国人大及其常务委员会制定的相关法律，也包括国务院和地方人大制定的相关法规，还包括国务院部委和省级政府制定的规章。

需要说明的是，规避职业道德风险的激励机制和约束机制是一种预防和补救机制。规避职业道德风险的关键是从业人员个人的道德修养的提高。道德作为一种调整人与人之间以及个人和社会之间关系的价值体系，其约束范畴远比法律的约束范畴广泛得多。在知识经济时代，组织的全体员工都要不断学习，以提高自身的思想水平、技术水平和工作能力。就此意义上看，加快职业人的市场化进程，建立职业人的信誉评估系统，使更多的企业完全按照市场的机制来选择职业人显得尤为重要。因此，在所有的激励机制和约束机制中，市场约束机制是极为重要的规避职业道德风险的机制。

第五节 职业道德建设的意义、概念和途径

一、职业道德的功能与加强职业道德建设的意义

1. 职业道德的功能

道德的功能是指道德作为一种特殊的社会意识，对人自身生存发展和完善的功效以及意义。具体到职业道德的功能，主要包括认识功能、调节功能、教育功能和激励功能等。

认识功能是指职业道德能够反映从业人员同其他利益相关者之间的关系，并通过这些关系来认识自己应该负的道德责任和道德义务。职业道德能使从业人员认识到在自己的工作中哪些行为是符合道德规范的，哪些行为是违反道德规范的；哪些事情是应当做的，哪些事情是不应当做的；同时能够帮助从业人员认清行业中存在的各种问题、各种现象，并将其正确区分为哪些行为是有利和有害的、哪些是善和恶的、哪些是正义和非正义的等，从而有助于他们做出正确的选择。

调节功能是指道德通过评价、示范、沟通等方式和途径，调节个人与社会、个人与他人的关系和行为。职业道德能够促使从业人员在工作的过程中做出一些正确的行为选择，能够协调从业人员之间、从业人员和各利益相关者之间的关系，维护彼此的正当利益，营造和谐的工作氛围。

教育功能是指道德可以通过评价、说理、事实感化来培养人们的道德行为和道德品质，从而提高人们的精神境界和道德水平。在各类行业中可以通过对一些行业模范和先进事迹的宣传，教育广大从业工作者，使他们形成一种正确的职业道德观念，并把这种道德观念内化为自己的内心信念，变成一种道德自觉，从而提高自己的道德情操，促进行业的健康发展。

激励功能是道德以上各种功能的一种延伸功能。因为职业道德会对从业人员的行为做出引导，指导从业人员做出正确的道德行为选择，摒弃错误的道德行为，这样会形成一种良好的职业道德氛围。同时发挥从业人员职业道德的模范带头作用，加大对做的好的鼓励和宣传，扩大职业道德的示范作用，从而激励更多的从业人员遵守职业道德。

2. 职业道德建设的意义

正是职业道德的多种功能决定了加强职业道德建设具有重要的现实意义。人们对职业道德的意义有不同理解。有人认为职业道德只是一种"软约束"，其制裁与防范作用较弱，远远无法与"刚性"的法律和纪律规范相比。有人认为，职业道德素养甚至比其专业知识的多少更重要。因为对他们来说，个人的职业道德素养在职业实践中起关键作用。其实，个人的职业道德是一种无形的精神力量，作为内在的人格力量在职业实践中发挥作用，所以它的作用是非常重要的。加强职业道德建设的意义对于维护当事人的利益、维护职业尊严以及促进社会和谐有序发展都有深刻影响。

当前，我国职业从业人员职业道德建设中普遍存在的主要问题是，建设动力有所不足、建设内容不够全面、建设方式存在偏差、建设效果仍不理想。因此，加强从业人员的职业道德建设很有必要，职业道德建设对促进社会经济发展和构建和谐社会有着深远的意义。

二、职业道德建设的概念与要素

1. 职业道德建设的概念

从业人员职业道德品质不是自发形成的，必须经过外部教育和自我修养才能形成。因此，开展从业人员职业道德建设，是提升从业人员职业道德水平基本途径。

所谓职业道德建设，是指通过有组织有计划的系统的思想道德教育、有效的道德制度约束以及加强道德修养等途径，将职业道德规范内化为从业人员职业道德品质，并外化职业道德行为，提高从业人员的职业道德素质，培养从业人员高尚职业道德人格的过程。从业人员职业道德建设是从业人员思想政治教育的重要组成部分，也是职业精神文明建设的核心内容。

　　2. 职业道德建设的要素

　　从业人员职业道德建设作为一种特殊的社会实践活动，由三个基本要素构成：一是建设主体。所谓建设主体，是指从事职业道德建设活动的组织和个人。包括组织内部的主管部门及其负责人，他们承担职业道德建设的主体责任。二是建设客体。所谓建设客体，是指从业人员，包括群体和个体。从业人员既是职业道德自我教育的主体，又是职业道德建设的客体，体现了职业道德建设主体与客体的统一性。三是建设中介。所谓建设中介，是指建设主体作用于建设客体的手段、方式、方法和程序，是联系建设主体与建设客体的桥梁，是建设主体与建设客体的纽带。建设中介包括建设内容和建设方法两个层面，是内容与方法的统一。

　　总之，从业人员职业道德建设的主体、客体、中介等三者是有机统一的，建设主体运用建设中介作用于建设客体，以提高从业人员职业道德水平。

（一）职业道德建设的制度建设途径

　　制度是否公正、合理不但体现了制度自身的逻辑性，还体现了社会文明发展的水平。任何制度都包含了伦理性要求，蕴含着道德原则、道德追求和价值判断，这也是人们常说的"制度伦理"。"制度伦理是人们从制度系统中汲取的道德观念和伦理意识与人们把一定社会伦理原则和道德要求提升、规定为制度，即制度伦理化和伦理制度化两个方面双向互动的有机统一，是社会基本结构和基本制度中的伦理要求和实现伦理道德的一系列制度化安排的辩证统一。它们统一并联结于制度伦理范畴，是制度伦理的两个不可分割的侧面。"

　　制度伦理对制度的制定、执行、发展、创新和监督具有道德调解和评价的功能。"制度伦理的主要作用是通过制度、法律法规等建立健全伦理道德的监督和制约机制，从外部环境入手，把一定社会伦理原则和道德要求提升、规定为制度，并强调伦理制度的规范化、法制化。制度伦理的指向是从制度方面解决社会领域的道德问题，将道德的'软约束'转化为以法规、制度为后盾的'硬约束'，它所具有权威性、强制性、确定性和稳定性的特点，是引导和规范伦理道德的主要力量。制度伦理的功能作用使它能够从源头上约束道德主体的价值选择，进一步影响道德主体的行为动机。由此可见，制度伦理是本体性的道德，它对道德主体行为的约束是一种源头的约束，在实践中建立科学严密的制度伦理，可以使道德主体规范的践行获得强制性的支持。"

　　职业道德制度建设的本质就是制度伦理化建设和伦理制度化建设双向纬度的统一，通常要涉及法律和道德两个层面的问题。制度的法律层面建设是建立所有从业人员都要遵守的法律规范体系。这个层面主要是解决制度的体系完整、结构合理等目标，尤其是在制度实施环节要有章可循、有法可依。强制力、他律性是这一层次的主要特征。制度的道德层面建设更侧重建立在一个较高道德素质基础上对部分道德品质高尚的从业人员适用的职业规范体系。这个层次的目标实现主要依靠从业人员的道德良心、风俗习惯、社会舆论等。自律性是这一层次的主要特征。制度的法律层面建设和道德层面建设不是截然分开的，也不是抽象空洞的。从具体的制度建设看，优化职业道德建设主要有以下几个方面。

1. 法律制度

法律和道德规范是各种职业工作有机运行的切实保障，也是整治职业道德失范现象的根本保证。所以，要减少和杜绝职业道德失范，必须制定与行业发展相适应的法律和道德规范，职业道德体现的是职业人精神的自律，主要靠从业人员的道德责任感和社会舆论来保障实施。然而，在社会转型期，利益多元化和价值标准多元化的条件下，个人的道德责任感和社会舆论的强制力不足以防止违反道德行为的发生，一些重大的社会关系不仅需要有道德调整，更需要有较大强制力的行为规则和原则予以调整，这个具有强大强制力的行为规则和原则就是法律。所以，法律制度是职业道德建设不能缺少的保障。完善立法，积极建立和完善各类职业相关的法律制度，是当前法律制度建设的重点。健全法律制度，还要解决法律条例和规范不具体、可操作性不强等方面的问题。

法律制度是对职业道德失范的外在约束力量，强制性非常突出，但是要让从业人员自觉自愿地杜绝违背职业道德的行为，还必须依靠道德自律。如道德自律是新闻职业道德建设的根本途径，也是矫治新闻职业道德失范的重要手段。道德自律通过良心进行自我调控，能够根除职业道德失范的思想动机。但是，在道德自律开始形成的初期阶段，就需要有道德规范作引导，因此，道德规范是职业道德建设必不可少的前提，也是道德自律机制的基本要求。进行职业道德建设重要的指导思想就是促使从业人员从他律到自律转化，把抵制不道德的思想行为作为日常的自觉行动。

2. 监督制度

监督制度不健全是道德失范现象存在的重要因素。我国既有与各类职业相关的法律法规，也有专门的道德规范，但由于缺乏监督，违背职业道德的失范现象还是不断发生，这说明监督制度非常重要。因此，必须要完善和加强监督制度，强化对从业人员的监督检查，加大对监督检查结果的惩处力度。对从业人员的监督应具有规范性、制度性、长期性、灵活性等特征，注意采取多种手段从不同角度突出对职业道德失范的制约能力，如通过行政监督、法律监督、社会监督多种方式相结合的办法。组织内部要设立专门的监督部门和岗位，对本单位的从业人员进行思想道德监管，还要指派专门的领导负责。把组织内部的批评与自我批评作为道德建设的出发点和立足点。

3. 道德教育制度

对从业人员进行道德教育，提高他们的思想道德水平，是杜绝职业道德失范现象的根本出发点。当前我国的从业人员队伍呈现出流动性强、思想容易浮躁等特点，从业人员的道德素质良莠不齐，所以，对从业人员的道德教育成为势在必行的重要任务，而健全和完善组织内部的道德教育制度成为改善职业道德现状的重要方面。对从业人员的道德教育也就是马克思主义的职业道德观的教育。道德教育的内容要突出全心全意为人民服务，坚持正确的舆论导向，坚持马克思主义的党性原则等内容。道德教育的方式要适宜，主要是把长期教育与短期培训结合起来，把日常的道德教育与特殊情况下的道德教育结合起来，把不同组织间的相互学习与本单位的道德教育结合起来，把领导安排的道德教育与自己的道德修养结合起来。提高道德水平的教育，是一个多层次全方位的教育过程，而不是短暂的应付性的行为，必须持久地开展下去。通过各种形式的道德教育，把从业人员的职业理想和道德追求结合起来，提高他们的道德素质水平，使他们能够从思想上和行动上都自觉地严格要求自己，彻底杜绝那些背离职业道德的行为。

4. 管理制度

当前，我国职业道德失范现象有许多是管理制度不健全、管理力度不够造成的。所以，矫治职业道德失范必须完善管理制度，切实合理地制定出管理方案，加强管理制度的法规性、强制性，严格执行管理中的每一道程序，从他律的角度来约束从业人员的行为。管理制度建设要解决权利责任不清、工作人员混编混岗、管理制度不合理不公正、管理水平不高，以及不能人尽其才物尽其用等诸多问题。因此，职业道德的制度建设必须严格从业人员的人事管理制度，加强对从业人员的监管；严格工作流程制度，加强对职业工作的审核管理；严格组织的财务管理制度，加强对组织经营的监管等。只有从运作管理、人事管理、财务管理、经营管理等各方面都制定严格的制度，提高组织的管理水平，才是杜绝或减少职业道德失范现象最基本和最有效的保障。

5. 激励制度

除了各种约束从业人员思想行为的制度外，组织内部还需要建立一套完善的激励机制。人的本性决定了欲望的存在，从业人员在人的本质属性上与其他人群没有差别。从业人员有各种物质和精神的需求，一味地对其进行限制和约束，就会造成一种被压制和不公平的心理，尤其是那些合乎道德不能受到奖励，违背道德也得不到惩处的现象会更加造成心理失衡。因此，要达到公平正义，既要有约束机制，还要有激励机制，采用一些行之有效的奖惩办法，奖罚要分明。对背离道德的从业人员要给予道德谴责或法律制裁，而对遵守道德尤其是那些道德模范要进行精神或物质上的奖励，从而促使从业人员形成扬善抑恶的道德选择。

各种制度一旦形成后，就具有相对的稳定性。但是，制度要为人服务、为社会服务，要随着社会发展不断地进行自我变革和调整。组织及其成员背离职业道德的行为，实质是制度缺失的间接反映，也说明"制度伦理"的正义性不够，因此，制度的法律性和正义性构建，是一切职业活动合乎道德的基础保障，而"制度伦理"也是制度建设的根本目标。建立健全各项制度，保障制度的公平和正义，是改善职业道德现状的基础保障；强化组织的管理，优化组织建设，消除职业道德失范在制度与组织层面的诱因，是杜绝职业道德失范现象的必然要求。但是，因为职业道德失范现象产生的主观原因还在于从业人员自身，所以，要提升职业道德建设水平，最终还要落实到提升从业人员的素质上。

（二）职业道德建设的人员成长途径

职业道德评价包括两种方式，即社会评价和自我评价。而作为道德主体的从业人员自我评价在从业人员职业道德建设过程中显得尤为重要。它是作为道德主体的从业人员依照已确立的道德价值取向，对自身的行为是否符合道德伦理行为规范而做出的道德判断。从业人员自身既是道德自我评价的主体，也是自我评价的客体。道德主体自我评价的目的就是要求正确地认识自己，了解自己的道德行为和道德品质，从而不断提高自己的道德修养。

与制度建设途径不同，人员成长途径强调的是职业道德建设中个体品质（而不是制度）培育的作用。提高从业人员对职业道德规范的认知，加强职业道德自我评价，调整职业道德行为是职业道德建设的人员成长途径，这种途径与"制度伦理"建设途径的主要区别是加强人员自我道德意识、自我评价，而不是制度、环境的作用。具体来说，职业道德建设的人员建设途径有以下几个方面。

1. 端正从业人员的职业认知

"人类精神的自律是道德的基础"。只有自知、自愿、自择的行为，才是道德行为。端正职业认知，就是要培养从业人员正确的职业意识，价值观，权利需求，职责和义务。从业人员对职业认知不端，直接影响影响从业人员工作的服务水平，影响职业形象和职业发展。良好的职业形象的形成极为艰难，毁坏却很容易。一旦毁坏，想要重建，则是难上加难。并且，某个行业的职业的负面效应能够很快扩散到整个社会信用体系，对各项工作的正常开展具有不可忽视的消极影响。近年来，导游行业中的一些从业者的负面影响就是众多影响中的一例。因此，切实有效和较为迅速地提高从业人员的正确职业认知是当务之急，是从

业人员提高自身职业道德修养的基本前提。

正确树立职业认知观，首先是价值取向要正确。价值观是改造世界、认识世界的基础，是从业者行为选择的依据。正确的价值取向对我们在做行为选择时抵制错误的行为、观点和思想具有深刻影响，对正确做出行为选择是有利的。社会主义职业价值观鼓励自爱和爱他的价值观，反对自私自利的价值观。其次，正确树立职业认知观要求从业人员能够客观、合理地树立利益观和权力观。只有客观、合理地认知权力和利益关系，才能做到在自爱自强的同时，利为民谋、权为民用、情为民系，为人民服务的宗旨才能真正地实现。

2. 提高职业道德认识

从业人员对其职业道德的正确理解是职业素质基础和前提。对职业道德的理解和认识是指从业人员对其职业道德的把握、理解和认识，并在此基础上形成的职业道德判断能力。提高从业人员的职业道德认识是通过提高修养和教育，使从业人员深刻理解和把握"以为人民服务为核心"的职业道德要求，并形成服务国家、服务人民大众的职业道德观念，以及区分善恶是非、选择正确行为方向的道德认识能力或道德判断能力。

3. 培养职业道德情感

职业道德情感是指从业人员在职业道德认识的基础上形成的、有关善恶的职业心理体现和职业态度倾向，以及与权力相关的高度责任感和从业人员应有的公正感。如果一个行业的职业制度根源于公正的思想文化体系，服务于公正的目标，职业道德结构自然可以获得合理性的基础。职业道德形象也就会在推动行业发展中实现提升。相反，当一个行业的职业制度无视公正的时候，其职业工作就很难获得佳绩，即便获得也是偶然的。更糟的情况可能是阻碍行业发展和社会进步。

4. 坚定职业道德意志

职业道德意志是从业人员在具体的职业道德情境中作出道德决断和执行道德决断的能力。意志有强弱之分，坚强的职业道德意愿和意向，是坚持贯彻这种意愿和意向的决心、毅力和勇气，它构成了职业道德素质的决定性内容。这里，我们把造就坚强的职业道德意志作为从业人员道德修养和道德教育的一个目标，是指通过教育和修养，使从业人员坚定的确立"为人民服务"的道德意向和道德意愿；养成在各种困难情境中坚持贯彻其道德意愿和道德意向的毅力；抗拒腐蚀、抵制诱惑，坚持真理、保持自制力和坚定正义的勇气。必须看到，这些意志品质的锻炼和培养，对于当前我国职业道德建设有着至关重要的作用。

5. 强化职业道德信念

职业道德信念是指从业人员对自身原则、规范和理想的确信。职业道德信念由职业道德情感倾向、职业道德观念和职业道德意向凝结而成，是职业道德内化和职业道德素质的核心所在，职业道德素养着力于从业人员道德教育和修养，核心在于要使从业人员自己不断强化并确定其精神信念。例如：守法、公正无私的信念，公正廉洁的信念，"全心全意为人民服务"的信念等。这些信念一旦确定并得到强化，它就会成为从业人员心中的"道德律"和从业的精神支柱。

6. 养成良好职业道德行为习惯

职业道德行为习惯是指职业人员在职业活动中日积月累形成的按职业道德要求行动的习惯。最好或者说最理想的职业道德习惯就是"从心所欲不逾矩"的习惯。从业人员道德修养和道德教育要培养的从业人员的职业道德习惯包括许多内容，比如：按时处理工作的习惯、廉洁奉公的习惯、科学决策的习惯、热心服务的习惯等，这些习惯是从业人员具有良好职业道德素质的客观标志，也是从业人员职业道德素质的客观内容所在。因此，它也应当成为教育和修养的目标。

近些年来，从业人员在工作中因为自身素质不高而导致的行为失范问题仍然层出不穷。这显示从业人员的道德素质还有很大的提升空间，并且必须以提高从业人员的职业道德来保证行业工作的顺利进行。从业人员自身素质一旦有了提高，良好的职业道德便会体现在执行过程中。

本章复习思考题

1. 职业道德的概念可以从哪几个方面加以界定？

2. 职业道德有哪些特点？

3. 试述我国职业人职业道德的主要内容。

4. 职业经理道德风险是怎样产生的？

5. 在个人修养较低的情况下，为防范职业经理的风险，企业分别应该怎么做？

6. 试述职业经理道德风险的主要规避机制。

7. 简述职业道德的发展阶段。

8. 什么是职业道德建设？试述职业道德建设的途径。

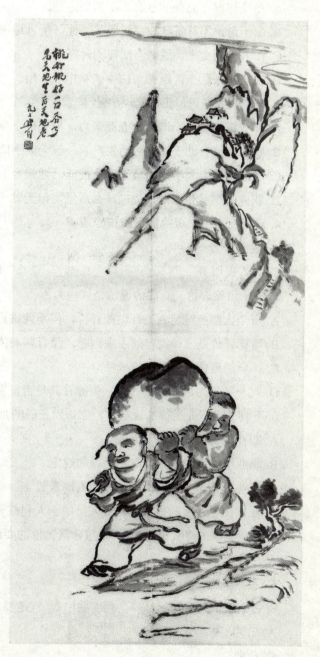

圆霖 绘

本章自测题

一、单项选择题

1. 关于道德，准确的说法是（　　）。

A. 道德就是做好人好事

B. 做事符合他人利益就是有道德

C. 道德是处理人与人、人与社会、人与自然之间关系的特殊行为规范

D. 道德因人、因时而异，没有确定的标准

2. 关于道德与法律，正确的说法是（　　）。

A. 在法律健全完善的社会，不需要道德

B. 由于道德不具备法律那样的强制性，所以道德的社会功用不如法律

C. 在人类历史上，道德与法律同时产生

D. 在一定条件下，道德与法律能够相互作用、相互转化

3. 关于职业道德，正确的说法是（　　）。

A. 职业道德有助于增强企业凝聚力，但无助于促进企业技术进步

B. 职业道德有助于提高劳动生产率，但无助于降低生产成本

C. 职业道德有利于提高员工职业技能，增强企业竞争力

D. 职业道德只是有助于提高产品质量，但无助于提高企业信誉和形象

4. 我国社会主义道德建设的核心是（　　）。

A. 诚实守信　　　　　　　　　　　　B. 办事公道

C. 为人民服务　　　　　　　　　　　D. 艰苦奋斗

5. 关于道德评价，正确的说法是（　　）。

A. 每个人都能对他人进行道德评价，但不能做自我道德评价

B. 道德评价是一种纯粹的主观判断，没有客观依据和标准

C. 领导的道德评价具有权威性

D. 对一种行为进行道德评价，关键看其是否符合社会道德规范

6. 下列关于职业道德的说法中，你认为正确的是（　　）。

A. 职业道德与人格高低无关

B. 职业道德的养成只能靠社会强制规定

C. 职业道德从一个侧面反映人的道德素质

D. 职业道德素质的提高与从业人员的个人利益无关

7. 职业道德的"五个要求"，既包含基础性的要求，也有较高的要求。其中，最基本的要求是（　　）。

A. 爱岗敬业　　　　　　　　　　　　B. 诚实守信

C. 服务群众　　　　　　　　　　　　D. 办事公道

8. 古人所谓的"鞠躬尽瘁，死而后已"，就是要求从业者在职业活动中做到（　　）。

A. 忠诚　　　　　　　　　　　　　　B. 审慎

C. 勤勉　　　　　　　　　　　　　　D. 民主

9. 下列关于爱岗敬业的说法中，你认为正确的是（　）。

A. 市场经济鼓励人才流动，再提倡爱岗敬业已不合时宜

B. 即便在市场经济时代，也要提倡"干一行、爱一行、专一行"

C. 要做到爱岗敬业就应一辈子在岗位上无私奉献

D. 在现实中，我们不得不承认，"爱岗敬业"的观念阻碍了人们的择业自由

10. 在职业道德风险的规避中，最根本的是（　）。

A. 建立激励机制　　　　　　　　B. 建立约束机制

C. 职业人选择好职业　　　　　　D. 完善职业人道德修养

二、多项选择题

1. 职业道德具有的特点包括（　）。

A. 明确的规定性　　　　　　　　B. 一定的强制性

C. 一定的弹性　　　　　　　　　D. 一定的自我约束性

2. 诚实守信的基本要求有（　）。

A. 忠诚所属企业　　　　　　　　B. 维护企业信誉

C. 树立职业理想　　　　　　　　D. 保守企业秘密

3. 关于勤劳节俭的正确说法是（　）。

A. 消费可以拉动需求，促进经济发展，因此提倡节俭是不合时宜的

B. 勤劳节俭是物质匮乏时代的产物，不符合现代企业精神

C. 勤劳可以提高效率，节俭可以降低成本

D. 勤劳节俭有利于可持续发展

4. 职业道德主要通过下面哪项关系，来增强企业的凝聚力（　）？

A. 协调企业员工之间　　　　　　B. 调节领导与职工

C. 协调职工与企业　　　　　　　D. 调节企业与市场

5. 关于办事公道的说法，你认为不正确的是（　）。

A. 办事公道就是要按照一个标准办事，各打五十大板

B. 办事公道不可能有明确的标准，只能因人而异

C. 一般工作人员接待顾客时不以貌取人，也属办事公道

D. 任何人在处理涉及他朋友的问题时，都不可能真正做到办事公道

第四章　职业意识

学习目标

■理解职业意识的概念、内容和功能

■了解当前职业价值观的集中表现，理解职业价值观的概念和功能

■理解职业兴趣的概念、重要理论和影响因素

■理解职业定位和职业规划的概念和重要理论，掌握职业定位和规划的方法

■掌握心理契约和组织承诺的概念，了解它们的影响因素，理解心理契约违背过程

第一节　职业意识的概念、内容与功能

四、职业意识的概念

意识是人脑的机能和属性，是人对客观存在的主观映象。这种主观映象具有感觉、知觉、表象等感性形式，也具有概念、判断、推理等理性形式。意识对物质具有能动的反作用，帮助人从感性经验抽象出事物的本质、规律并形成理性认识，从而了解客观事物的现状、过去和未来。因此，从词义上讲，职业意识就是人对"职业"这个客观存在的主观映像。通过这种"职业意识"帮助，人们了解职业的现状、过去和未来，形成对职业的理性认识，从而更好地解决职业的相关问题。

当代，国外对职业意识的研究相对较早，在这方面研究发展最突出的是美国。在20世纪初，美国咨询业产生了一个特别的分支，即职业咨询。被后人尊称为"职业辅导之父"的帕森斯，开创了职业指导的先河，他指出"选择一种职业的时候，有三个明显的因素：准确地了解自己；懂得在不同领域获得成功所需要的条件和环境；对于这两部分关系的准确认识"。"二战"以后，随着心理学的蓬勃发展，出现了大量新的职业心理测量工具，推动了职业问题领域的研究，并推出了许多在世界范围内产生重大影响的成果。霍兰德的"人格类型论"对人职匹配理论就有着深远的影响。20世纪后期，由于"后现代主义"的影响，西方职业理论已从单纯的"人职匹配"向人的"生涯发展"重塑。美国的职业咨询发展到现在已形成职业意识的培养、职业生涯设计与发展、社会职业援助的三位一体式的多层次的服务体系。对职业意识的理解也更加开放。很多学者都认为，职业意识的培养是一个过程，需要从小开始，贯穿人的一生。每个人的职业意识是随其生理、心理和社会成熟的不断发展而逐步形成起来的，如著名心理学家金兹伯格（Ginzberg）就认为，职业意识发展可以分为幻想阶段、尝试阶段、过渡阶段和现实阶段。

近些年来，随着我国社会经济的发展和用人单位对人才要求的日益提高，职业意识日益受到我国学者和从业人员的重视。对职业意识的概念也有一些有益的探索。一种代表性观点是，偏重于从心理学的角度将职业意识的内涵定位在一种心理认知和能力方面，认为职业意识是指在职业定向与选择过程中，对自己现状的认识和对未来职业的期待和愿望，强调的是职业意识的成因与心理指向。有些学者认为，职业意识

是指人们对职业劳动的认识、评价、情感和态度等心理成分的综合，强调的是职业意识中各种心理因素的组成。

另一种代表性的观点偏重于从社会学的角度理解职业意识与职业的关系，即职业意识的社会功能，认为职业意识是一个将来能否胜任所从事职业的一种自我调节力量，也是自己在学习活动中的一种动力和自我价值追求的体现，强调职业意识在处理个人与社会关系中的作用。

还有一种综合性的观点，认为职业意识是职业人在一定的职业环境中形成的职业认识、情感与态度，它是以职业基本知识为基础、职业价值为核心、职业情感为动力、职业生涯规划为载体、指导就业为落脚点、职业理想为最高目标的多维度思想形态。综合性的观点既强调职业意识的心理层面也强调职业意识的社会调节功能，认为从业者在特定的社会环境下和职业氛围中，在培训和任职实践中形成的与从事职业密切相关的思想和观念都可纳入"职业意识"的范畴。

本书的观点偏向于综合性的观点，认为职业意识是人们在职业定向与选择过程中，通过学习或实践形成的关于某类职业的价值和方法的认识、评价、情感、态度的综合反映。

五、职业意识的内容

职业意识的内容要素与职业意识概念有着紧密的联系。虽然不同学者的职业意识定义没有区别，但是其基本内容要素有着较大的差别。吴光林（2002）认为，职业意识包含职业理想、职业道德和自觉获得某种职业知识和技能的主动精神。杨天武（2005）通过对1200名不同年级和专业的大学生进行调查后得出："大学生职业意识因素结构由六个因素构成，分别是'职业价值观'、'职业自我效能感'、'职业定位'、'职业兴趣'和'职业风险'"。王证之（2010）认为，职业意识应包含职业期望、职业道德、敬业与奉献意识、竞争与合作意识、质量与效率意识、成本与效益意识、创新意识、组织文化意识、劳动纪律观念。孙珊珊（2013）认为，职业意识既有社会共性，也有行业或单位的个性特点，简单地说，它包括目标意识、岗位责任意识、团队协作意识、自律意识和学习意识五方面。

综合现有的研究，本书认为，职业意识主要包括职业价值观、职业兴趣、职业定位、职业规划、职业自我意识五个主要方面。其中，职业价值观虽是职业道德的核心内容，但也是职业意识的基础内容，因为，职业道德和职业意识的概念有交叉部分。职业兴趣、职业定位和职业规划是职业意识的核心内容，职业自我意识是必要的补充内容。

实际上，职业意识远不止这五个方面，这五个方面只是对现有研究的综合概括。例如，除了职业自我意识，团队协作意识、质量意识、服务意识也是一些重要的职业意识，只是本书将它们归于职业价值观范畴，而没有单独列出。另外，职业态度应该是职业意识的内容之一，职业态度涉及职业工作中的满意度、员工忠诚度等，是职业意识的态度层面。本书将在本章最后一节对涉及员工忠诚度的心理契约理论和组织承诺理论作一简要介绍。

六、职业意识的功能

职业意识对职业人的职业发展具有主导性作用。首先，职业意识有利于个体形成爱岗敬业的高尚情操。其次，职业意识是主体发挥创造性的主观条件。再次，职业意识对个体人生观的形成具有重要意义。

职业意识是组织可持续发展的保障。与具体职业相关的职业意识，是对具体职业在长期建设、发展过程中所形成的管理思想、管理方式，以及与之相适应的思维方式和行为规范总和的反映。企业管理的核心是对人的管理。"对人的管理"经历了注重劳动结果，到强调规范员工行为，再到注重培养员工职业意识

的转变。培养职工职业意识的是推进企业竞争力的提高、促进企业经济效益的增长的战略性举措。

职业意识是建立和谐社会的重要途径。在市场经济条件下建立和谐社会除了发展社会主义民主、健全社会主义法制、践行社会主义核心价值体系外，从职业发展的内在需要入手，大力提倡正确的职业意识是一项重要的途径。

第二节　职业价值观

一、职业价值观的概念

价值观是社会成员用来评价行为、事物以及从各种可能的目标中选择自己合意目标的准则。价值观通过人们的行为取向及对事物的评价、态度反映出来，是世界观的核心，是驱使人们行为的内部动力。它支配和调节一切社会行为，涉及社会生活的各个领域。价值观在所从事的职业上的体现就是职业价值观，也叫工作价值观，是人们对待职业的一种信念和态度，或是人们在职业生活中表现出来的一种价值取向。职业价值观既是职业道德的重要内容，也是职业意识形成的关键。人们在选择职业时，个人的选择标准以及对具体职业的评价集中反映了他们的职业价值观。职业价值观是职业人价值观念中极为活跃的部分，具有社会性、历史性、时代性和不稳定性的特征。

二、职业价值观的功能

职业价值观对于职业人的职业社会化乃至终生发展都有着重要意义，具体表现在以下几个方面。

1. 有助于引导职业兴趣产生

职业兴趣是人们对某类专业或工作所抱的积极态度，不同的人对于同一职业可能抱有不同的态度；同一个人对不同的职业也可能抱有不同的态度。《礼记·学记》里说："不兴其艺，不能乐学"，意思是说对某种技艺不感兴趣就不能乐于学习它。职业兴趣不是天生的，它的形成和职业人所处的社会历史条件、环境有着密切的关系，是在现实环境的影响和刺激下逐渐形成的。影响职业兴趣形成的客观环境因素主要有家庭、学校、组织和社会。

虽然这些客观因素很重要，但最终都需要通过主观因素起作用。职业兴趣，首先是建立在对该种职业了解、认知的基础上。在一个人生理、心理条件一定的情况下，职业兴趣的产生与职业信息的刺激构成相关关系。在对职业信息的认知过程中，职业价值评判起了关键的作用，决定了职业信息的取舍。因此，职业价值观在职业兴趣的形成过程中的作用是巨大的。

职业人需要正确认识自己、职业和社会，需要客观认识自己的能力、个性、气质和内在需要，平衡自身需要、职业需要与社会需要之间的关系，以合理的价值观为引导，避免或减少职业价值评判时的盲目性和不切实际的做法，培养自身的职业兴趣，为自己的事业建立坚实的基础。

2. 对职业理想的制约

职业价值观是人们对待职业的一种信念和态度，或是人们在职业生活中表现出来的一种价值取向。它影响和制约人的职业理想以及职业活动中的情感、态度、意志与品质，包括职业中的义利取舍和人际关系。实际上，人们在构建职业理想、产生职业期望时，个人的选择标准以及对具体职业的评价集中地反映了他们的职业价值观。

积极、健康的职业观有利于引导职业人树立远大职业理想。职业理想是个体在一定的世界观、人生观、和价值观指导下，对自己的工作部门、工作种类、工作待遇等及事业上获取成就的追求和向往，它是成就事业的前提。没有良好的职业价值观，即使有职业兴趣，也难以使职业理想成为现实，难以处理个人与个人、个人与组织以及个人与社会之间关系的关系，影响职业发展和事业的成功。

3. 有助于职业选择的成功

职业选择受多种因素的影响，这些因素既包括职业价值观、职业兴趣、职业期望等个体心理因素，也包括学校、组织和社会等客观因素。由于职业兴趣、职业期望等因素不够稳定，而客观因素毕竟是外在因素，所以作为内在的相对稳定的职业价值观在职业选择中的影响是巨大且难以替代的。合理、恰当的职业价值观有助于职业选择的成功，也有助于职业满意度的提高。

职业价值观既可能通过职业价值评判直接影响职业选择，也可能通过职业期望对职业选择起间接的影响。职业期望，是个体对某种职业的渴求和向往，是个体对待职业的一种态度，属于个性倾向性的范畴，是职业价值观的外化，也是个体人生观、世界观的折射。过高的职业期望，如过度强调自身的兴趣与能力，而忽视社会的需求，强调职业的经济待遇、地理位置、社会地位等，而不接受他人管理、工作变异性大、经济待遇低或地理位置偏的职业。这样的观念最终会导致较低的职业满意度，难以找到满意的职业，使个人职业发展遇到困难。过低的职业期望，一方面不利于个人能力、智慧的发挥，另一方面会导致专业不对口、大材小用、人才的浪费并引发心理问题和新一轮的职业选择问题等。

4. 有助于职业生涯的顺利发展和个人事业的成功

人们成功选择职业以后，并不意味着职业中的风险和困难有所减少，相反，选择职业后，职业中的风险和困难才刚刚开始，有些困难可以靠职业兴趣等个体心理来调节，但当遭遇重大的风险和困难时，职业价值观是唯一可以依靠的港湾。因为职业价值观中的职业信念将会发挥重要的作用。只有良好的职业价值观所引发的坚定的职业信念，才是职业生涯的顺利发展和个人事业成功的强大动力。

职业价值观是职业生涯设计优化的心理前提。职业价值观在职业生涯设计中发挥着主观能动性的作用，有助于职业生涯设计的预期指标及指标的组合关系优化，有助于职业生涯设计变为现实的方式与速度的优化。缺乏健康、积极的职业价值观，职业人极易犯好高骛远、拈轻怕重，或妄自菲薄、缺乏自信，或求全责备、怨天尤人，或因循守旧、不思进取等错误。当然，良好的职业价值观不会自然形成，也不会一蹴而就，关键在于后天的长期培养。只有真正具备了积极健康的职业价值观，职业人才会拥有完善的方法论，才能真正成为全面发展的人，成为对社会有用的人。

三、当前我国从业人员职业价值观的集中表现

随着我国经济和社会等各方面的改革，当代职业人的职业价值观也在悄然发生着变化。

第一，职业价值主体由社会本位向个人本位转移，呈现个性化倾向。随着我国企事业制度和就业制度的改革，职业人意识到自我作为利益主体的重要性。在职业选择时有着更加明确的自主性和选择性，越来越突出强调并追求自我价值的实现。

第二，职业价值评价标准趋向现实和具体化。职业价值评价是指职业人根据自己的价值观对社会各种职业的社会地位、经济报酬等因素进行综合认识和价值评价。在市场经济条件下，职业人职业价值评价标准由以往抽象的理想主义变为明显增强的务实主义。职业价值观逐渐转向以追求经济收入最大化为特征的"经济价值型"和以追求自我价值实现为特征的"自我价值型"，希望物质与精神并重，实惠与理想兼得。

第三，职业价值目标带有短期化、功利化的倾向。职业价值目标是职业价值主体所设想的自身实践活

动的结果，它是职业价值观最集中的反映。当代职业人在目标追求上，已从单纯追求职业的社会地位和声望向实际利益转化。择业时，常常缺乏全局、长远的战略思考和人生定位，重视短期效益，带有较强的利己性和功利性色彩。

第四，职业价值实现的途径、手段多样化。越来越多的职业人崇尚个性、自信、自省，既注重社会发展趋势，又注重个体人生感受，这种价值观念的崇尚和实现，使他们在实现价值的途径上更相信自己的选择。在职业选择上，改变以往"干一行，爱一行"的价值观念，而是根据自己的发展，"爱一行，干一行"。因此，如果职业不符合自己的愿望，则敢于放弃，重新选择，职业上的"跳槽"和人才外流增加的现象就说明了这一变化。

第三节　职业兴趣

职业兴趣是个体职业意识的重要内容，是个体进行职业选择、取得职业成功的重要条件。本节主要介绍职业兴趣的概念、重要理论和影响因素。

一、职业兴趣的概念

职业兴趣是职业兴趣是职业心理学的重要研究对象，也是该研究领域的热点之一，虽然成了职业心理学中的一个重要概念，但对该概念的界定还没有形成一致的意见。

桑代克1912年对兴趣和能力关系的探讨为职业兴趣研究的兴起奠定了基础。国外学者普遍认同的职业兴趣概念主要有两种：一是认为职业兴趣是喜欢且持久的一种倾向，通过职业兴趣可以了解一个人的职业和教育行为；二是职业与环境匹配理论的观点，认为职业兴趣是人格的体现，是人格特质和工作环境的匹配一致。

国内学者对职业兴趣的定义，主要有以下两种观点：一种观点认为，职业兴趣是兴趣在职业活动中的特殊表现，是人们对职业活动的选择性态度和积极情绪反应。这种观点强调职业兴趣是个体职业选择时的心理倾向。并且是职业的多样性、复杂性、与就业人员个性的多样性相互作用下表现出的一种相对综合的心理倾向。另一种观点认为，职业兴趣是一个人力求认识、接触和掌握某种职业的心理倾向，它是个人职业选择的重要依据，也是个体熟悉、适应职业环境和职业角色的重要力量。这种观点不仅强调兴趣的情感层面，也强调兴趣的认知层面，认为职业兴趣是个体认同某种职业活动，并在其中积极探索、不断追求的倾向。

总的说来，职业兴趣是个体在一定需要的基础上，在社会实践过程中逐渐形成和发展起来的个人兴趣在职业领域的特殊表现，并作为一种动力持续贯穿于个体职业生涯的全过程，影响个体职业选择和激发个体创造的主动性和积极性的重要心理变量。职业兴趣不仅对个体的职业活动有非常要的意义，而且对组织的发展也有长远影响。

二、职业兴趣的相关理论

Strong 和 Kuder 分别在 1927 年和 1939 年采用实证法建构职业兴趣量表，为职业兴趣真正系统的研究奠定了基础。Strong 开发出涉及 23 个基本活动领域的基本兴趣量表。根据工作责任、能力和技能的程度，将职业分为反映活动主要焦点的8个领域：科学、技术、服务、户外、一般文化、商业接触与组织、艺术和娱乐，并在此基础上发展出职业兴趣的圆形模型，圆形模型中的不邻近领域在人际关系的性质和程度方面不如邻近领域更相似。霍兰德的职业人格类型论是当今职业兴趣及职业兴德评估最基本、最重要的理论，他认为个体的职业行为由人格与环境特征相互作用决定，人们努力寻找能够施展技能和能力的职业与环境，并假设存在与兴趣类型相对应的环境模式。此外，职业兴趣的层级模型理论认为，兴趣可按几个层级水平来排列，在层级模型的最高层，职业兴趣分成软科学和硬科学两个主要的组。职业兴趣的球型模型理论提出"名望"这一维度，这是球形模型理论区别于以往理论的显著特征，并通过实证证明了名望是职业兴趣的一个必要维度。

国内对职业兴趣的早期研究以引进和修订职业兴测验量表为主，也有学者对职业兴趣进行了本土化研究，提出一些适应中国人的职业兴趣理论和结构。在现有的职业兴趣理论中，以职业兴趣的人格类型论和职业兴趣的阶段论影响最大，下面简要介绍这两个理论。

1. 职业兴趣的人格类型论

约翰·霍兰德于1959年提出了具有广泛社会影响的职业兴趣理论。认为人的人格类型、兴趣与职业密切相关，兴趣是人们活动的巨大动力，凡是具有职业兴趣的职业，都可以提高人们的积极性，促使人们积极地、愉快地从事该职业，且职业兴趣与人格之间存在很高的相关性。霍兰德认为人格可分为现实型、研究型、艺术型、社会型、企业型和常规型六种类型。

社会型人格的共同特征包括：喜欢与人交往、不断结交新的朋友、善言谈、愿意教导别人；关心社会问题、渴望发挥自己的社会作用；寻求广泛的人际关系，比较看重社会义务和社会道德。典型职业涉及喜欢与人打交道的工作，能够不断结交新的朋友，从事提供信息、启迪、帮助、培训、开发或治疗等事务，并具备相应能力。如：教育工作者（教师、教育行政人员），社会工作者（咨询人员、公关人员）。

企业型人格的共同特征包括：追求权力、权威和物质财富，具有领导才能；喜欢竞争、敢冒风险、有野心、抱负；为人务实，习惯以利益得失的权利、地位、金钱等来衡量做事的价值，做事有较强的目的性。典型职业涉及，喜欢要求具备经营、管理、劝服、监督和领导才能，以实现机构、政治、社会及经济目标的工作，并具备相应的能力。如项目经理、销售人员、营销管理人员、政府官员、企业领导、法官、律师。

常规型人格的共同特征包括：尊重权威和规章制度，喜欢按计划办事，细心、有条理，习惯接受他人的指挥和领导，自己不谋求领导职务；喜欢关注实际和细节情况，通常较为谨慎和保守，缺乏创造性，不喜欢冒险和竞争，富有自我牺牲精神。典型职业涉及，喜欢要求注意细节、精确度、有系统有条理，具有记录、归档、据特定要求或程序组织数据和文字信息的职业，并具备相应能力。如秘书、办公室人员、记事员、会计、行政助理、图书馆管理员、出纳员、打字员、投资分析员。

实际型人格的共同特征包括：愿意使用工具从事操作性工作，动手能力强，做事手脚灵活，动作协调；偏好于具体任务，不善言辞，做事保守，较为谦虚；缺乏社交能力，通常喜欢独立做事。典型职业涉及，喜欢使用工具、机器，需要基本操作技能的工作。对要求具备机械方面才能、体力或从事与物件、机器、工具、运动器材、植物、动物相关的职业有兴趣，并具备相应能力。如技术性职业（计算机硬件人员、摄影师、制图员、机械装配工），技能性职业（木匠、厨师、技工、修理工、农民、一般劳动）。

调研型人格的共同特征包括：思想家而非实干家，抽象思维能力强，求知欲强，肯动脑，善思考，不愿动手；喜欢独立的和富有创造性的工作；知识渊博，有学识才能，不善于领导他人；考虑问题理性，做事喜欢精确，喜欢逻辑分析和推理，不断探讨未知的领域。典型职业涉及，喜欢智力的、抽象的、分析的、独立的定向任务，要求具备智力或分析才能，并将其用于观察、估测、衡量、形成理论、最终解决问题的工作，并具备相应的能力。如科学研究人员、教师、工程师、电脑编程人员、医生、系统分析员。

艺术型人格的共同特征包括：有创造力，乐于创造新颖、与众不同的成果，渴望表现自己的个性，实现自身的价值；做事理想化，追求完美，不重实际。具有一定的艺术才能和个性；善于表达、怀旧，心态较为复杂。典型职业涉及，喜欢的工作要求具备艺术修养、创造力、表达能力和直觉，并将其用于语言、行为、声音、颜色和形式的审美、思索和感受，具备相应的能力。不善于事务性工作。如艺术方面（演员、导演、艺术设计师、雕刻家、建筑师、摄影家、广告制作人），音乐方面（歌唱家、作曲家、乐队指挥），文学方面（小说家、诗人、剧作家）。

霍兰德的职业兴趣理论主要从兴趣的角度出发来探索职业指导的问题。他明确提出了职业兴趣的人格观，使人们对职业兴趣的认识有了质的变化。霍兰德的职业兴趣理论得益于他长期专注于职业指导的实践经历，他把对职业环境的研究与对职业兴趣个体差异的研究有机地结合起来，而在霍兰德的职业兴趣类型理论提出之前，二者的研究是相对独立进行的。霍兰德以职业兴趣理论为基础，先后编制了职业偏好量表和自我导向搜寻表两种职业兴趣量表，作为职业兴趣的测查工具。霍兰德力求为每种职业兴趣找出两种相匹配的职业能力。兴趣测试和能力测试的结合在职业指导和职业咨询的实际操作中起到了促进作用。

2. 职业兴趣的阶段理论

职业兴趣的阶段论强调，职业人的不同阶段，职业兴趣是不同的。

（1）Super 的职业兴趣理论

兴趣作为衡量职业满意程度和维持职业稳定性的一个指标，受到教育家、心理学家和企业界的重视。个体特征和兴趣如果符合职业要求，有助于职业效率的提高。Super 承认和认同角色扮演在兴趣发展中的重要性，但更强调自我概念的变化与兴趣发展的关系。Super 将通过职业成就而寻找自我认知的过程分为探索阶段和确定阶段。探索阶段分为三个亚阶段：尝试亚阶段、过渡亚阶段和独立尝试亚阶段。尝试亚阶段的年龄在 14—18 岁，这时期青少年以职业偏好具体化为特征；过渡亚阶段为 19—21 岁，为职业偏好的特殊指向化；21—24 岁是职业偏好履行化时期，称为独立尝试亚阶段；24 岁以后正式确认职业兴趣。

（2）Ginzberg 的职业兴趣理论

Ginzberg 等将职业选择分为三个主要时期，想象期、尝试期和现实期。想象期年龄小于 11 岁。尝试期年龄在 11—18 岁范围，此期又分为兴趣、潜能、价值和转化四个阶段，在这一年龄阶段开始考虑职业所需要的能力，以及职业的内在和外在价值。现实期为 19—21 岁，分为探索和明朗化两个阶段，经过探索阶段失败和成功的经验后，兴趣指向某些明确的职业。

三、职业兴趣的影响因素

职业兴趣并不是个体天生就有的，它是个体在社会条件、自身能力和实践活动的交互作用中形成和发展的。影响职业兴趣形成的因素主要包括以下三个方面。

1. 人口学变量

职业兴趣的影响因素主要包括性别、年龄和专业。一般来说，男性和女性存在不同的思维特征，所以在职业兴趣方面男性和女性存在一定差异。女性大都愿意选择一些比较安定、轻松的职业，倾向于常规型、艺术型，男性倾向于经营型和现实型。年龄对个体职业兴趣的范围和类型有重要影响，低龄人的职业兴趣范围比高龄人的职业兴趣范围相对狭窄，职业兴趣存在年龄段差异。文科生和理科生在常规型职业兴趣上存在极其显著的差异，有不同专业背景的人在艺术型和常规型方面具有显著差异，因此，学科性质可能会对其职业兴趣产生一定的影响。

2. 心理变量

（1）认同。精神动力学家认为升华和认同会影响个体职业兴趣的形成。如有强烈虐待冲动的人更倾向选择外科医生、雕刻家等职业，但升华对职业兴趣的作用还没有得到证实。对父母和重要他人的认同，影响个体兴趣发展及职业选择已经得到许多研究的支持。承认角色扮演和认同在兴趣发展中的重要性，但更强调自我概念变化与兴趣发展的关系。

（2）自我效能。20 世纪 60 年代兴起的社会认知职业理论描述了职业发展的动态过程，强调自我效能、结果预期和个人目标在职业发展中的作用，其中尤其强调自我效能的作用，该理论包含三种模式，即职业选择模式、职业兴趣模式和工作绩效模式。

对职业兴趣模式的元分析表明，自我效能和职业兴趣总体上存在较强的相关，自我效能在能力和兴趣之间具有中介作用。当个体认为自己擅长从事某种职业，或预期从该职业获得满意的回报，那么他就容易形成对该职业的兴趣并维持兴趣。职业兴趣与自我效能和结果预期相结合促进个人目标的产生，个体为实现目标而采取行动，当取得一定绩效时，绩效会反作用于个体的自我效能和结果预期，这样形成的动态反馈环路有利于职业兴趣的维持和发展。

（3）性格。学者们对性格与职业兴趣进行了很长一段时间的研究。研究发现，对技术和工程感兴趣的男性表现出更明显的男子气概，但他们的社会适应性较弱。个体职业选择基本上受其性格的影响。因此，个体在进行职业决策时，应根据个人性格来选择与之相适应的职业种类。性格特征对职业兴趣有显著、积极的影响，学习经验和社会认知在性格特征与职业兴趣之间具有调节作用，但在不同性格特点与职业兴趣之间的调节作用又具有差异。

3. 社会学变量

首先，家庭环境。家庭环境主要通过童年经历、环境熏陶和父母指导对个体的职业兴趣产生影响。个体幼年时能够感受到父母的职业活动，在其成长过程中职业的价值逐渐内化为个体的认知，从而影响个体的职业选择倾向。国外有学者提出，民主、温和的家庭氛围有利于儿童形成对人的兴趣，而专制、冷漠的家庭氛围会使儿童对物感兴趣。同时，父母对子女的职业指导对个体职业选择也有较大影响。

其次，教育程度。教育程度可以反映个体知识和技能水平的高低。一般而言，个体的受教育程度越高，其职业选择的范围也就更宽广，也具有更多的职业发展可能性，而受教育程度低的个体，其职业选择的范围则相对狭窄。

最后，职业需求。职业需求是影响个体职业兴趣的客观因素。职业需求对求职者的职业兴趣具有一定的导向性，在一定条件下可以强化求职者的职业选择，或抑制求职者不切实际的职业取向，也可引导求职者产生新的职业取向。

第四节　职业定位与职业规划

一、职业定位与职业规划的概念

1. 职业定位

职业定位，就是明确一个人在职业上的发展方向，涉及个体在整个生涯发展历程中的战略性问题或根本性问题。具体而言，从长远上看是找准一个人的职业类别，就阶段性而言是明确所处阶段的对应的行业和职能，即个人在职场中应该处于什么样的位置。职业定位包含两层含义：一是确定自己"你是谁"，你适

合做什么工作；二是告诉别人"你是谁"，你擅长做什么工作。

职业定位是自我与现实不断碰撞、调节，最终尽可能使自我与职业达到匹配状态的一个过程，一般包括职业定向和职业定岗两个方面。所谓职业定向，是指个体根据职业发展趋势、社会需要和个人心理素质特点来确定职业的方向与目标，包括职业的专业定向和社会层次定向；职业定岗，是职业定向之后产生的一种对具体工作内容的选择。通俗地说，职业定位就是指明确一个人在职业上的发展方向，明确自己在职场中应该处于什么样的位置，具体做什么工作。

2. 职业规划

职业规划，又称为职业生涯规划、职业生涯设计。最早的职业生涯规划研究起源于美国生涯理论家萨伯（Super）的理论。他在 1957 年出版的《职业生涯也理学》一书中首次提到了职业生涯规划这一概念。此后，在 20 世纪 90 年代初，由于东西方文化的不断交流和融合，关于职业生涯规划理论及其相关研究也慢慢进入中国学者的研究视野，使职业生涯规划渐渐被广大群众所熟知。

广义地讲，职业规划是对职业生涯乃至人生进行持续的系统的计划的过程。它包括职业定位、目标设定和通道设计三个要素。广义上的职业规划包含了职业定位。职业生涯规划的好坏必将影响人的整个生命历程。

从狭义上来说，职业规划是指个人与组织相结合，在对一个人职业生涯的主客观条件进行分析的基础上，根据职业定位和职业倾向，结合自己的职业兴趣和职业能力等方面进行分析，确定其的职业奋斗目标，并为实现这一目标做出行之有效的安排。狭义的职业规划不包括职业定位，而是在职业定位的基础上，侧重于目标、策略和具体安排，而职业定位侧重于大的方向。一般而言，选择职业前，或者在职业生涯早期阶段，主要是广义的职业规划，而在职业发展的中后期阶段，由于职业大方向已定，职业规划主要是狭义的职业规划。

二、职业定位的职业锚理论

职业锚理论是由美国麻省理工大学斯隆商学院埃德加·H. 施恩（Edgar.H.Schein）教授领导的专门研究小组开发出来的。斯隆商学院的 44 名 MBA 毕业生，自愿形成一个小组接受施恩研究小组长达 12 年的职业生涯研究，包括面谈、跟踪调查、公司调查、人才测评、问卷等多种方式，最终分析总结出了职业锚（又称职业定位）理论。

所谓职业锚，又称职业系留点。锚，是使船只停泊定位用的铁制器具。职业锚是指当一个人不得不做出选择的时候，他无论如何都不会放弃的职业中的那种至关重要的东西或价值观。实际上就是人们选择和发展自己的职业时所围绕的中心。

职业锚，也是自我意向的一个习得部分。个人进入早期工作情境后，习得的实际工作经验对职业定位的影响很大。当主体在经验中觉知到职业与自身的动机、价值观、才干相符合时，主体能达到自我满足和补偿。职业锚强调个人能力、动机和价值观三方面的相互作用与整合。职业锚是个人同工作环境互动作用的产物，在实际工作中是不断变化和调整的。

1978 年，美国 E·H. 施恩教授提出的职业锚理论包括五种类型的职业锚，即自主型职业锚、创业型职业锚、管理能力型职业锚、技术职能型职业锚和安全型职业锚。在施恩教授研究的影响下，人们逐渐发现职业锚的应用价值，越来越多的人加入了研究的行列。在 90 年代，又发现了三种类型的职业锚，即安全稳定型、生活型和服务型职业锚。施恩教授将职业锚增加到八种类型，并开发出了职业锚测试量表。

该理论认为，技术 / 职能型的人，会追求在技术 / 职能领域的成长和技能的不断提高，以及应用这种技术/职能的机会。他们对自己的认可来自他们的专业水平，他们喜欢面对来自专业领域的挑战。他们一般不喜欢从事一般性的管理工作，因为这将意味着他们放弃在技术/职能领域的成就。

管理型的人追求并致力于工作晋升，倾心于全面管理，独自负责一个部分，可以跨部门整合其他人的努力成果，他们想去承担整个部分的责任，并将公司的成功与否看成是自己的工作。具体的技术/职能工作仅仅被看作是通向更高、更全面管理层的必经之路。

自主/独立型的人希望随心所欲安排自己的工作方式、工作习惯和生活方式。追求能施展个人能力的工作环境，最大限度地摆脱组织的限制和制约。他们宁愿放弃提升或工作扩展机会，也不愿意放弃自由与独立。

安全/稳定型的人追求工作中的安全与稳定感。他们可以预测将来的成功从而感到放松。他们关心财务安全，如退休金和退休计划。稳定感包括诚信、忠诚，以及完成老板交待的工作。尽管有时他们可以达到一个高的职位，但他们并不关心具体的职位和具体的工作内容。

创业型的人希望使用自己能力去创建属于自己的公司，或创建完全属于自己的产品（或服务），并且愿意去冒风险，去克服面临的障碍。他们想向世界证明公司是他们靠自己的努力创建的。他们可能正在别人的公司工作，但同时他们会在学习中评估将来的机会。一旦他们感觉时机到了，他们便会自己走出去创建自己的事业。

服务型的人指那些一直追求他们认可的核心价值的人，如帮助他人，改善人们的安全，通过新的产品消除疾病。他们一直追寻这种机会，即使这意味着变换工作，他们也不会接受不允许他们实现这种价值的工作继续下去。

挑战型的人喜欢解决看上去无法解决的问题，喜欢战胜强硬的对手，克服无法克服的困难障碍等。对他们而言，参加工作或职业的原因是工作允许他们去战胜各种不可能。新奇、变化和困难是他们的终极目标。如果事情非常容易，它马上变得非常令人厌烦。

生活型的人喜欢哪些允许他们平衡的工作环境，因为这能满足他们的个人需要、家庭需要和职业需要。他们希望将生活的各个主要方面整合为一个整体。正因为如此，他们需要一个能够提供足够的弹性并让他们实现这一目标的职业环境。甚至可以牺牲他们职业的一些方面，如提升带来的职业转换。他们认为，成功不仅仅是指职业成功，成功应该有更广泛内容。他们认为，如何去生活、在哪里居住以及如何处理家庭事情，是与职业活动不同的另一类重要的决策。

三、职业规划的生涯阶段理论

个体的职业生涯贯穿整个人生的全过程，这也就表明了个体必定会面临许多的职业选择和职业道路，在任何一个选择中又有许多不同的阶段需要渡过，每一次的选择意味着每一阶段的差异性，其表现为不同阶段的相同职业具有不同的职业特征和职业技能需求标准，同一阶段中不同职业又有不同的职业要求和职业素养的约束。如何更快更好的适应个体职业发展的需要，制定适宜的职业生涯规划就显得尤其重要。在职业生涯的阶段理论中，萨柏、施恩、金斯伯格、格林豪斯等学者根据人的生命周期，对所有社会人的职业进行了不同阶段的职业生涯理论划分，主要包括以下几方面。

1. 萨柏的职业生涯五阶段理论

萨柏（Donald E.Super）是美国一位有代表性的职业管理学家。萨柏的职业生涯发展阶段理论是一种纵向职业指导理论，重在对个人的职业倾向和职业选择过程本身进行研究。萨柏以美国白人作为自己的研究对象，把人的职业生涯划分为五个主要阶段：成长阶段、探索阶段、确立阶段、维持阶段和衰退阶段。其

中，成长阶段是指从出生到 14 岁；探索阶段是从 15 岁到 24 岁；确立阶段是从 25 岁到 44 岁；维持阶段是从 45 到 64 岁；衰退阶段是指 65 岁以后。

2. 施恩的职业生涯发展阶段理论

施恩（Edgar H.Schein）根据人在不同时期的特点和所面临的问题，将职业生涯分为九个阶段：成长、幻想、探索阶段、进入工作世界、基础培训、早期职业的正式成员资格、职业中期、职业中期危险阶段、职业后期、衰退和离职阶段、退休。成长、幻想、探索阶段从 0 岁到 21 岁，充当的角色是学生、职业工作的候选人。进入工作世界从 16 到 25 岁，充当的角色是应聘者和新学员。基础培训从 16 岁到 25 岁，充当的角色是实习生和新手。早期职业的正式成员资格从 17 岁到 30 岁，充当的角色是组织新的正式成员资格。职业中期为 25 岁以上，充当的角色是正式成员、任职者、终生成员、主管、经理等。职业中期危险阶段从 35 到 45 岁。职业后期从 40 岁以后直到退休，充当的角色是骨干成员、管理者、有效贡献者等。衰退和离职阶段从 40 岁直到退休，不同的人会在不同的年龄衰退或离职。退休，离开组织或职业的具体年龄因人而异。

3. 格林豪斯的职业生涯发展阶段理论

格林豪斯（J·H.Greenhaus）对职业生涯规划研究具有重大贡献的原因，不仅仅是因为他对职业生涯规划的研究独辟蹊径，更是因为他将前人的理论研究与自己的职业生涯规划观点相整合，将职业生涯规划重新划分为五个阶段。它们分别是职业准备阶段、进入组织阶段、职业生涯初期阶段、职业生涯中期阶段和职业生涯后期阶段。在这五个具体的阶段划分中，格林豪斯还把具体对应的年龄层作了表述：从出生到 18 岁为第一阶段；18 岁到 25 岁之间被划分为第二阶段；25 到 40 岁是第三阶段；最后两个阶段对应的年龄段分别是 40 岁到 55 岁和 55 岁到退休结束。

职业生涯规划发展的具体阶段因不同的学者阐述而具有细微的差别，但究其根本，都离不开职业生涯规划的基本思想。不管外在世界和外部环境的变化如何，对于个体本身的发展具有多大的影响，每个个体一生都要经历多个生命阶段。

我们几乎可以肯定的是，人的一生必定会从幼年时期到青年时期，从青年时期到中年再到老年时期，这是亘古不变的定律。职业生涯发展阶段理论在一定程度上强调了阶段的重要性，并以此作为个体在选择职业规划时期的重要参考理论依据，根据不同的年龄层，结合个体在对应的年龄阶段找到最适合自己的职业定位，不失为一种科学合理的参考依据。根据人力资源管理理论，企业和组织也应该职业管理中，提供适应员工生存和发展的晋升空间和平台，并对员工加以塑造，提供更为广泛的职业设计舞台，为员工的职业生涯规划提供必要的帮助，满足员工实现个人价值的需求。

四、职业规划的 SWOT 分析方法

在当今社会，每个人的成长和发展会遇到艰巨的考验，就是如何面对不断变化的社会现状，及时地调整自己的思路和方法，以便顺利实现职业发展。职业规划需要职业人具有敏锐的洞察力和一定的前瞻力，能审时度势，善于站在不同角度考虑问题等。不仅如此，职业规划涉及复杂问题的分析，需要适当的职业规划分析方法。职业规划的分析方法是个人职业规划化中不可缺少的工具。目前，个人职业规划分析方法较多的有 SWOT 分析法、目标管理法、项目分析法等。这里主要介绍 SWOT 分析法。

1. SWOT 分析方法介绍

SWOT 分析法又称为态势分析法，最早由美国 Learned 等人于 1965 年提出，后来在组织战略管理领域中被广泛运用。使该方法普及的是美国旧金山大学的海因茨·韦里克（H·Weihrich）教授，他于 20 世纪

80 年代初，在《SWOT 矩阵》一书中对该方法作了详细介绍，使该方法的可操作性大幅提高。SWOT 的四个字母分别代表：strengths（优势）、weakness（劣势）、opportunities（机会）和 threats（威胁）。SWOT 分析法依照一定的次序按矩阵形式罗列，然后运用系统分析的研究方法将各因素相互匹配起来进行分析研究，从中得出一些相应的结论。以便充分认识、掌握、利用和发挥有利的条件和因素，控制或化解不利因素和威胁，达到扬长避短，从而为个人或组织发展选择最佳的战略方法。它是一种能够较客观而准确地分析和研究个人或组织现实情况的方法，也经常被用于分析个人职业目标的制定和发展等。

SWOT 分析通过对优势、劣势、机会和威胁加以综合评估与分析得出结论，然后再根据个人或组织的资源调整策略或目标，以便更好地制定目标。从整体上看，SWOT 可以分为两部分：第一部分为 SW，主要用来分析个人或组织机构的内部条件；第二部分为 OT，主要用来分析外部条件。利用这种方法可以从中找出对个人或组织机关有利的、值得发展的因素，以及对自己不利的、要避开的东西，发现存在的问题，找出解决办法，并明确以后的职业方向。根据这个分析，可以将问题按轻重缓急分类，明确哪些是目前急需解决的问题，哪些是可以稍微拖后一点儿解决的事情，哪些属于战略目标上（职业的定位）的障碍，哪些属于战术上（职业的发展）的问题，并将这些研究对象列举出来，依照矩阵形式排列，然后用系统分析的思想，把各种因素相互匹配起来加以分析，从中得出一系列相应的结论，而这些结论通常有利于个人或组织做出较正确的决策和规划。在完成环境因素分析和 SWOT 矩阵的构造后，便可以制订相应的行动计划。制订计划的基本思路是：发挥优势因素，克服弱点因素，利用机会因素，化解威胁因素；考虑过去，立足当前，着眼未来，运用系统分析和综合分析方法，将各种环境因素相互匹配起来加以组合，从而得出一系列用于达到个人或组织机构未来的发展目标的可选择的对策。SWOT 方法自形成以来，因该分析法分析直观、使用简单，即使没有精确的数据支持和更专业化的分析工具，也可以得出有说服力的结论等优点。所以，近年来，SWOT 分析已被广泛应用在许多领域，如大学院系设置的定位和管理以及个人职业化的定位和发展分析、自我能力的分析等方面。

2. SWOT 分析方法在职业规划中的应用和发展

在利用 SWOT 对自己进行个人职业的定位和发展分析时，可以先评估自己的长处和短处以便找出职业的机会和威胁，在列个人分析表时，列出你自己喜欢做的事情和你的长处所在及自己独特的技能、天赋和能力。在当今社会分工非常细的环境里，每个人都应擅长于某一领域，而不是样样精通。同样通过列表，你也可以找出自己不是很喜欢做的事情和你的弱势。找出你的短处与发现你的长处同等重要，因为你可以基于自己的长处和短处作出两种不同的选择，或努力去改正错误，提高你的技能；或放弃那些对你不擅长的技能项目。在列表中对优势和劣势的判断其实是一个复杂的测量问题。从测量的角度看，对内外部条件的测量往往会表现为一个连续体，优势和劣势的相对性和程度性，故要求使用 SWOT 分析采用合适的测量标准，同时 SWOT 分析通常是在某一时点对个人职业素质内外进行扫描，然后进行优势、劣势、威胁和机会的分析，从而形成各种内外匹配的职业定位和发展规划。如 SO 定位：依靠内部优势，利用外部机会；ST 发展：利用内部优势，回避外部威胁；WO 发展：利用外部机会，克服内部弱点；WT 定位：减少内部弱点，回避外部威胁。在列出你认为自己所具备的重要强项和短处后并经过 SWOT 分析，然后再标出那些你认为对你很重要的强弱势项目。我们知道，不同的职业都面临不同的外部机会和威胁，因为这些机会和威胁会影响您到个人的工作和今后的职业发展。所以，找出这些外界因素将助您成功地制定自己的职业定位和规划。如果你工作的组织机构处于一个常受到外界不利因素影响的行业里，显然这个机构所能提供的职业成长机会将是很少的，而且职业发展的机会也较少。相反则充满了许多积极的外界因素的行业将为工作者提供广阔的职业前景。所以在列出您感兴趣的一两个行业后，需要认真地评估这些行业所面临的机会和威胁。

在运用 SWOT 分析法的过程中，由于它的适应性缺陷可能导致反常现象的产生。针对 SWOT 分析法在实际的使用中产生的一些微观问题，人们将在使用 SWOT 分析法时，加入个人的经验因素，将该分析法升级到 POWER SWOT 分析法。该分析法可以部分解决 SWOT 法分析法所产生的适应性缺陷问题。POWER SWOT 分析法中的 POWER 是由个人的（Personal）、经验（Experience）、规则（Order）、比重（Weighting）、重视细节（Emphasize detail）、权重排列（Rank and prioritize）的首字母缩写组成，这就是所谓的高级 SWOT 分析法。POWER SWOT 分析法给 SWOT 分析法做了一些战略定义，以选择那些能够对个人或组织结构目标的制定产生最重要影响的要素，并按照从高到低的词序进行排列，然后优先考虑那些排名最靠前的要素。比如说机会 C=60%，机会 A = 25%，机会 B=10%，那么个人或组织机构目标的计划就得首先着眼于机会 C，然后是机会 A，最后才是机会 B。由于个人或组织结构目标的导向性，因此如何应对机会就显得很重要了。接下去在优势与机遇间寻找一个切合点以消除当前优势与今后机会之间的隔阂。最后尝试将威胁转化成机会，并进一步转化成优势。而策略分析法（Strategies）和高级的 POWER SWOT 分析法会帮助抹平两者之间的差异，使个人或组织机构在制订的发展计划或者制订的目标中更容易得到执行和达到目标。

第五节　职业自我意识

一、自我意识的概念和结构

1. 自我意识的概念

自我意识是主体对自己的一种知觉，它是哲学领域特别是德国古典哲学的重要概念，后被逐渐转引到心理学研究中，现已成为心理学、社会学等各个领域的重要概念。这里主要从心理学角度对它进行理解。

国内外学术界对自我意识的概念尚未统一，主要有三种表述。第一种，自我意识是意识的一个重要方面，它是关于作为主体的自我的意识，特别是关于人我关系的意识，也就是个体对自己的认识和态度。第二种，自我意识是指对于自己以及自己和周围关系的一种认识，这种意识能力是人所特有的。第三种，自我意识是指个体自己所意识到的，正在发生的、正在进行的全部心理活动的过程和内容，包括过去已形成的心理影响在内，它是个体对自身以及自己与客观世界的关系的一种意识。

这些表述，或从自我意识的过程和表现形式方面进行解释，或从自我意识的对象和范围方面进行解释，虽然各抒己见，但不相一致。综合这些观点，本书认为，自我意识是对于自己、对自己与他人的关系以及自己与社会关系的意识，其中，对自己的意识是自我意识最重要的部分。

2. 自我意识的结构

自我意识是一个具有多维度、多层次的复杂的心理系统。自我意识的结构，指自我意识是由哪些心理成分或基本表现形式所构成的。目前对自我意识结构的划分主要有以下几种：根据自我意识的形式，可以分为自我认知、自我体验和自我调节（或自我控制）。其中，自我认知是自我意识的认知成分，指一个人对生理自我、社会自我和心理自我的认识，包括自我感觉、自我观察、自我概念、自我印象、自我分析和自我评价等。主要涉及"我是谁"，或"我是什么人"，或"我为什么是这样的人"等问题。自我体验是自我意识的情感成分，指个体对自己情绪的觉知，它是在自我认识的基础上产生的，反映个体对自己所持的态度，包括自我感受、自爱、自尊、自恃、自卑、自傲、责任感、优越感等。以情绪体验的形式表现为个体是否悦纳自己，主要涉及"我是否满意自己或悦纳自己"等问题。自我控制是自我意识的意志成分，指个体监督和调节自己的行为，达到自我实现的目标，为自我实现服务，包括自主、自制、自强、自律等。如"我要振奋自己"、"我要控制自己"等。

根据自我意识的内容，可以分为生理自我、社会自我和心理自我。生理自我亦称为"生理自我概念"，是个体对自己生理属性的感知和评价，是三项内容中最早形成的。它使个体把自我与非自我区分开，意识到自己的生存寄托在自己的躯体上，包括占有感、支配感、爱护感和认同感等。社会自我，亦称"社会自我概念"，是指个体对自己社会属性的意识，包括个体对自己在各种社会关系中角色、地位、权利、义务等的认知、情感和评价。其形成受社会变迁、现实的他人和群体的影响。心理自我亦称"心理自我概念"，指个体对自己心理属性的意识、情感和评价，包括个体对自己感知、记忆、思维、智力、性格、气质、动机、需要、价值观和行为等心理过程、心理状态和心理特征的认知和评价。其本身亦是一个多层次的独立系统。

根据时间维度，可以分为过去的我、现在的我和理想的我。现在的我是个体从现实出发，对现实中的我的认知，过去的我是对以前自己的认知和评价。理想的我是个体从自己的立场出发，认为自己将来应当成为的那种人，是个体追求的目标，不一定与现实一致，但对个体的认知、情感和意志有很大影响。

二、职业自我意识的概念和结构

1. 职业自我意识的概念

职业自我意识被认为是胜任职业工作实践的一个必要条件，职业自我意识是从自我意识演变而来的，是利用个体发展的经验来促进职业身份的同一性。自我概念为一个人的职业自我概念提供了基础，个人的自我概念组成了一套复杂的自我态度。目前国内外对职业自我意识的研究比较多，大部分集中在护士、教师等职业群体中。亚瑟编制了护士专业自我概念量表，该量表由领导、技能、灵活性、满意度、沟通交流5个领域共30个条目组成，能从专业人员的角度衡量其自身的专业认识、自尊情感、行为取向。对教师职业自我意识的研究中，伊萨克·弗雷德曼和巴里·法伯（1992）通过研究发现，教师专业自我意识水平影响教师职业倦怠，其中教师的专业满意度与职业倦怠呈显著负相关，同时教师对自己的感知而不是别人对他的感知与教师职业倦怠显著相关，专业自我意识越高的教师职业倦怠程度越低。

从现有的研究中可以发现，多数学者对职业自我意识概念的界定是差不多的。一般来说，职业自我意识是指主体对自我从事职业工作应有的自我认知、自我体验和自我调控，是主体为了追求自己在职业上的发展对自己的思想和行为不断地进行审视反思，并根据反思的结果调整自己的思想、行为以达到发展的目的。

2. 职业自我意识的结构

借鉴自我意识的结构分类，职业自我意识的结构也可以有类似的分类。

在内容维度上，包括职业精神、职业理念、专业知识、专业能力和专业智慧等方面的自我意识。职业自我意识是在职业活动过程中逐渐形成和发展起来的，主要体现在对职业的认识能力和驾驭能力上。

按照时间维度，其内容构成包括三个方面：对自己过去职业发展过程的意识、对自己现在职业发展状态、水平所处阶段的意识，以及对自己未来职业发展的规划意识。

在过程维度上，职业自我意识主要包括三个方面：职业自我评价意识（现实的我）、职业自我反省意识（反射的我）、职业自我规划意识（理想的我）。

三、职业自我意识的作用

首先，职业自我意识的发展可以促进健全人格的形成。职业自我意识是自我意识的一个组成部分，是

推动人格发展的重要因素。一方面，职业自我意识发展水平对人格的形成和发展起调节作用。对初入职场的很多年轻人来说，由于其职业自我意识发展水平较低，人格发展主要依赖于外部因素影响，处于他律阶段。随着年龄的增长，人格发展更多地受到自我意识的调节，逐渐趋于自律。另一方面，职业自我意识中的职业自我评价、职业自我调控能力制约着人格发展的方向。

其次，职业自我意识发展是职业发展的内部动力。人本主义认为，人都有自我实现的需要，这也是人能够自强不息的精神支柱。提高职业自我意识的发展水平，有助于人通过自我教育，不断地发展自我、完善自我、实现自我。自我实现是人的最高的发展目标，它意味着充分地体验生活的意义，充分地表现自我的价值，意味着我们终于有机会发挥我们自身的潜能。客观上，职业自我意识的发展有助于职场中自我效能感的提升，从而促进职业发展。

自我效能感是指个体对自己是否有能力完成某一行为所进行的推测与判断。班杜拉对自我效能感的定义是："人们对自身能否利用所拥有的技能去完成某项工作行为的自信程度"。班杜拉认为，除了结果期望外，还有一种效能期望。结果期望指的是人对自己某种行为会导致某一结果的推测。如果人预测到某一特定行为将会导致特定的结果，那么这一行为就可能被激活和被选择。

四、职业自我意识的培养途径

职业自我意识的培养途径有三种，即通过与他人对比、借助他人评价以及进行自我教育。首先，通过与同行的比较、对照可以认识"现实的我"。工作中的职业人可以把他人作为一面"镜子"，通过与同行的比较，客观地认识自己的优点和缺点。发扬优点，规避缺点，不仅有助于职业自我意识的培养，更有助于事业进步。

其次，借助他人的评价可以优化"投射的我"。同事、组织和社会的评价对职业人职业自我意识的形成和发展也起到重要的影响作用。如果对职业人给予高度的肯定评价态度，会激发他们工作的信心，促使职业人积极努力的工作，并努力提高自身职业意识和职业素质。

最后，通过适时的自我教育来实现"理想的我"。从职业人自身来讲，要想提高职业自我意识，最重要的是自我教育。要树立正确的心态与观念，职业人应该明确自身的发展阶段和当前自身的素质，不能急于求成，明白"凡事都是遵循循序渐进的过程"发展的。踏踏实实地、一步一个脚印地去提高自身素质，从而达到提高职业自我意识的目的。

第六节　心理契约与组织承诺

心理契约理论与组织承诺理论一样，都是在社会交换理论的基础上发展出来的，都承认人与组织或社会存在一种交换关系。心理契约和组织承诺都涉及员工忠诚度的提升，属于职业意识领域职业态度的范畴，这两个理论为职业意识的完善提供了理论支持。

一、心理契约的概念和影响因素

(一)心理契约的概念

"心理契约"（Psychological Contract）概念最早提出于 20 世纪 60 年代初。Levinson（1962）在《员

工、管理和心理健康》中明确提出，心理契约是指"组织与员工之间的隐含的、未公开说明的相互期望的总合"。这些期望都有内隐特性，其中一些期望（工资）在意识上清楚些；另一些期望（如长期的晋升）则比较模糊。总体上说，心理契约的内容具有义务的特性，因为关系中的一方意识到另一方有一种义不容辞的责任去兑现这些"期望"。由于 Levinson 对于心理契约概念发展上的贡献，人们称其为"心理契约之父"。Schein（1965）在《组织心理学》中将心理契约界定为"个体与组织之间在任何时候都存在的一组没有明文规定的期望"，并明确指出它们对于行为动机方面的重要意义。Kotter（1973）在 Schein 研究的基础上，认为心理契约是个人与组织之间的一份内隐的协议，协议的内容包括一方对另一方付出什么同时又得到什么。

从 20 世纪 80 年代末开始，尤其是 90 年代以来，由于经济全球化进程的加快和知识经济的到来，传统雇佣关系发生了改变，对心理契约问题的研究也越来越多。Rousseau 为此做出了开创性的工作，他将心理契约界定为：在组织与员工互动关系的情景中，员工个体对于相互之间责任与义务的知觉和信念系统（Rousseau，1989）。

总的说来，心理契约可以定义为组织与员工之间隐含的对于相互责任与义务的知觉与信念系统。其内涵有以下几个方面：① 主观和内隐性。心理契约是个体水平上的认知，受到人脑加工过程的限制，受到个人经历和特点、员工和组织之间相互关系的历史以及更大的社会背景的影响，对于相互交换和相互责任的解释必然是不全面和主观的。②互惠性。心理契约的核心内容是各自承担的责任与义务之间互惠互利的交换关系。这里的交换内容并不限于物质财富的交换，还包括心理财富和社会情感方面的交换，并在公平原则的基础上进行。③动态性。心理契约处于一种随着时间和条件的变化而不断变更与修订的状态。任何有关组织工作方式的变更，无论是物理性的还是社会性的，都对心理契约产生影响。时间越长，心理契约所涵盖的范围就越广，隐含内容也就越多。④效能性。虽然并没有写明，心理契约却是组织中行为的强有力的决定因素。心理契约的破裂和违背有许多不利的影响，如员工对组织失去信任，责任感和忠诚度下降，工作满意感降低，消极怠工、偷窃、或倾向于离职等。

(二)心理契约形成的影响因素

心理契约的形成过程受到一系列因素的影响，这些因素从总体上可以划分为两大类：来自于组织和社会环境方面的外界因素，来自于个体内部的因素。

1. 外部因素

（1）社会环境

包括社会文化、社会规范、社会道德和法律等诸多要素。它们构成了在一个社会中人们对于责任、义务、权利的广泛理解和信念，是心理契约的形成背景和操作条件。

（2）组织提供的信息

这些信息包括在招聘录用时公司有关人员的许诺，组织高层人士的公开陈述、组织政策的描述（例如：公司手册，薪酬体系，其他有关人力资源方面的书面文件），公司在社会中赢得的信誉和社会形象，员工对于高层管理人员、直接上级主管、工作同事的言行观察等。从信息源的角度来看，形成心理契约的最初信息有的来自书面文件，有的是间接理解得来的。

（3）组织中的其他同事或团队成员的信息

组织中的其他同事或团队成员的信息在心理契约的形成过程中提供了三个方面的作用：一是提供契约形成的信息；二是传递对于契约条目理解的群体一致性社会压力；三是影响个体对于组织活动的解释。

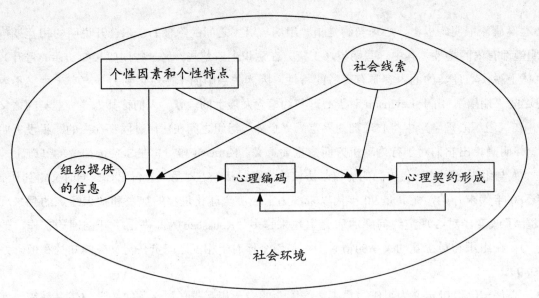

图4-1 员工心理契约的形成过程(Rousseau, 1995)

注：矩形代表个体过程，椭圆代表社会和组织过程

2. 内部因素

（1）心理编码

相比外界传输的信息而言，个体实际接收到的信息和个体对于这些信息解释的方式，对于契约的形成有着更大的影响。心理编码是个体对于组织提供的信息进行认知加工的过程。通过对相互责任、义务、权利的"心理编码"，形成了存在于员工内心世界中的心理契约。可见，心理契约的核心内容并非现实中的相互责任，而是人们对于现实中的相互责任的认知。在这些信息中，有的十分明显而且易于操作，如薪酬体系；有的则具有模糊性，如公司承诺"关注员工的个人发展"，这些内容在心理编码过程中很容易受到其他因素的影响。

（2）个人因素和个性特点

个体自身的一些具体特点会影响个体对于组织信息的理解和使用。性别、教育背景、过去的工作经历、工作的年限都会影响到个体的信息加工过程。另外，一些个性因素，如职业动机、责任意识等，也会影响心理契约内容的形成。例如，新员工对于毕业后的第一份工作的定位十分不同。在职业上高雄心和高抱负的人更强调高薪与勤奋工作之间的交换，而在职业上低雄心与低抱负的人更看重对企业的忠诚与工作稳定性之间的交换。

二、心理契约违背模型

为了适应当前激励竞争和不断变化的外界环境，大多数组织不得不改变已有的管理模式、人员结构及雇佣关系，这些变化增加了原有心理契约违背的可能性。同时，变动的环境会增加员工对组织产生误解的可能性，即使客观上没有出现心理契约的违背，员工也可能因为双方理解上的差异而认为有意违约。

Morrison 和 Robinson（1997）在总结过去心理契约违背的研究之后，提出了心理契约违背的发展模型，认为雇员感到心理契约违背经历了三个阶段：承诺未履行、契约破裂和契约违背。每个阶段都受到不同的认知加工过程的影响。心理契约的破裂（psychologicalcontractbreach）指的是个体对于组织未能完成其在心理契约中应承担的责任的认知评价。心理契约违背指的是个体在组织未能履行心理契约的认知基础上产生的一种情绪体验，其核心是愤怒情绪，个体感觉组织背信弃义或自己受到不公正对待。

图 4-2　Morrison 与 Robinson(1997) 的心理契约违背的发展模型

心理契约的破坏有两个根本原因：故意违反和对心理契约的理解不一致。

故意违反是指组织的代理人知道有一个承诺的存在，却故意不实现。比如一个高级管理者承诺三年内提升某员工，却没有兑现。这种情况的发生可能是组织没有能力去兑现，如环境变化，或是组织绩效的下降。一项研究表明，有 24% 的契约违反属于这种情况。当然，也可能是员工表现不如组织所预期，那么这种契约的违反是公平的。对心理契约的理解不一致是造成心理契约被破坏的主要原因。这是指雇员双方对一个承诺是否存在或对承诺内容的理解不同。例如招聘人员在招聘时声称："这个部门的员工一般在三年内会得到提升"。也许他的原意只是一种描述，但在雇员的眼中则是一种隐含的承诺。造成理解不一致的因素可能是双方对心理契约有不同的认知框架（认知框架是一个结构化知识体系），或者是由承诺本身的模糊性复杂性，以及由双方交流的缺乏造成的。

三、职业人心理契约的形成与违背

(一)职业人心理契约的形成

职业人心理契约的形成过程，实际上就是职业人对企业的责任与义务期望的形成过程。在此过程中，期望源以及相关制约因素起着重要的作用。

1. 期望源

企业所有者对职业人的承诺无疑是构成职业人期望的主要根源，是职业人心理契约的期望源。具体地讲，职业人期望源包括利益相关者通过书面或者非书面形式对职业人做出的许诺。社会对职业人的特殊要求与补偿要求、职业人对企业运作和自身发展的长远打算、对企业组织文化和标准操作惯例的感知等。

2. 期望的制约因素

职业人心理契约以期望的形式表现出来，期望的产生是职业人心理契约形成的基础。企业对职业人的许诺是否会导致职业经理人产生期望受以下几个因素的影响。

（1）自身需求

不同类型的职业人具有不同的需求，不同的需求导致不同的期望内容。与满足职业经理人需求息息相关的承诺，更容易导致其产生期望，否则，即便企业做出承诺，职业经理人也会认为"事不关己"，产生期望进而构成契约内容的可能性也较小。

（2）经验

职业人在过去所从事的工作中积累的经验让其学会了辨别来自期望源的承诺的可信度，并且对这些承诺进行筛选，也就是说，职业人仅对经验范围内认为可信的承诺产生期望。如果经验告诉职业人，来自期望源的承诺可信度不高（承诺落空的可能性大），则不会产生期望。

（3）自身评价

理性的职业人不单会考虑期望源所作承诺与满足自身需求的相关性及承诺的可信度，还会对自身给予一个比较客观的评价，这一评价主要是对自身能否或是否达到了让承诺者履行承诺的要求进行的评价。对职业人自认为自身能力与上级要求存在较大差距的项目，不会构成其期望。

(二)职业人的心理契约违背

在"实际得到的"与"组织承诺给予的"之间产生差异后,个体一般要经历差异感知、权衡、心理契约破坏、归因等过程。当他们将心理契约破坏的责任归因于组织或管理者等因素后,一般很容易产生心理契约违背。

1. 差异感知与心理契约破坏

心理契约是一种主观感受,职业人在企业没有或没有完全履约时不一定总能感觉到差异。职业人对所有者履约差异的感知是否导致契约破坏,取决于以下三个因素:一是职业人对契约项目重要性以及履行情况的主观评价。一般情况下,个体对特别重要的契约项目产生的差异比较敏感,往往更容易导致破坏。涉及满足职业人未实现的需求的契约项目、对职业人声誉或长远利益产生很大影响的契约项目等,都是特别重要的项目,职业人若感知到这些项目的履约差异,更容易导致契约破坏。二是差异幅度的大小。所有者承诺和职业人实际得到之间的差异幅度越大,职业人越能感觉到差异,越有可能导致契约破坏。三是职业人对公平的态度。职业人对公平的态度决定了职业人对付出是否得到公平的回报的敏感性,若职业人对是否受到公平对待很敏感,当职业人在感觉到自己很好地实现了利益相关者期望的同时也感觉到了利益相关者在履行其承诺中存在差异,职业人越有可能感到不公平从而导致契约破坏。

2. 归因与契约违背

当产生差异导致契约破坏时,利益相关者可能会对差异产生的原因进行解释,利益相关者的解释并不能完全影响个体的行为选择,关键在于职业人对利益相关者未能履约的归因。总的来说,当契约遭破坏时,职业人会从利益相关者履约能力、利益相关者意图(是否有意违约)以及履约的公平性等多方面进行评价,对契约破坏进行归因,职业人对契约差异和契约破坏的归因直接影响到其对契约违背的感知。

职业人归因的主要影响因素包括,组织因素、自身因素、社会环境因素等。

组织因素主要包括组织对成员的整体公平性、组织履约意愿以及组织履约能力。若组织仅对个别成员违约或组织有意违约,个体会感到不公平或有被背叛感,契约违背的可能性更大;另一方面,作为组织的一员,个体对组织履约能力的高低能够通过多方面进行感知,因此,若仅仅是由于组织履约能力的问题,个体更多的是表示理解。

由于职业人角色的特殊性以及行政部门权益的分配等问题,职业人对自身因素的理解比组织中其他个体稍复杂。在职业人看来,其与组织的心理契约遭到破坏,就自身而言,除了能力问题,更重要的是与企业的关系。如果职业人将差异的接受度大大提高,契约违背的可能性相对较小。但如果职业人将差异性归因于与企业的关系不够密切,这时职业人往往会认为契约的破坏是由于利益相关者的主观偏见或不公平对待而致,契约违背更有可能。

社会环境因素主要是指当时社会环境下的国家政策、市场条件等因素导致组织不能或不能完全履行契约,职业人若了解并且将差异归因于这一因素,则接受差异的可能性更大,也就不大可能产生契约违背,反之则可能产生契约违背。

四、组织承诺的概念、内容和影响因素

1. 组织承诺的概念

组织承诺的概念起源于社会交换理论。组织承诺(organizational commitment)也有译为"组织归属感"、"组织忠诚"等,最早由 Becker(1960)在 20 世纪 60 年代提出。他将承诺定义为由单方投入(side-bet)产生的维持"活动一致性"的倾向。在组织中,这种单方投入可以指一切有价值的东西,如福利、精力、已

掌握的只能用于特定组织的技能等。他认为，组织承诺是员工随着其对组织的"单方投入"的增加而不得不继续留在该组织的一种心理现象。它包含两方面的内容：一是离职所带来的损失，二是缺乏可供选择的工作机会。其实，离职所带来的损失除了工作机会和经济济损失以外，还有情感、关系等社会性损失。

此后，组织承诺的概念引起了越来越多的注意，学者们根据各自的研究对它提出了不同的看法。总体上可以归结为两种观点：一是行为说，一是态度说。行为说主要关心个人是怎样认同某种特定行为；是哪些情景性的因素使行为难于改变；它们又是怎样影响与行为一致的态度的形成的。Salancik G R & Pfeffer J.（1977）认为，组织承诺是个人对某一特定企业的依赖并依此表现出来的相应行为。他进一步指出了组织承诺的四条行为标准：①行为的清晰性，这些行为是否明确、可见；②行为的持久性，这些行为是持久的还是短暂的；③行为的自愿性，这些行为是发自内心的还是由于外界诱惑或其他外在压力被迫而为之；④行为的公开性，别人是否知道该行为以及谁知道该行为。态度说主要关心个人是怎样培养出对企业价值观的坚定信念；是怎样产生出为了企业利益而努力的意愿；以及如何培养个人想留在企业而不愿离开的意愿等。现在大部分研究都是从态度这个角度来进行阐述的（刘小平，2002）。

虽然不同学者对组织承诺的定义在细节上有所不同，但本质上区别不大。组织承诺一般是指个体认同并参与一个组织的强度，它不同于个人与组织签订的工作任务和职业角色方面的合同，而是一种"心理合同"，或"心理契约"。在组织承诺里，个体确定了与组织连接的角度和程度，特别是规定了那些正式合同无法规定的职业角色之外的行为。高组织承诺意味着对组织有非常强的认同感和归属感。

2. 组织承诺的内容

在对组织承诺（Organizational commitment）的概念界定中有两种典型的理解，即波特（L.W.Porter）的概念和梅耶（J.P.Meyer）与奥伦（N.J.Allen）的概念。波特将组织承诺界定为员工对组织的认同和参与的整体程度。在此定义中，组织承诺被认为有多个部分组成，但只是"感情依赖"这种单一维度结构。梅耶与奥伦将组织承诺分成三种：感情（Affective）承诺、持续（Continuance）承诺和规范（Normative）承诺。感情承诺涉及个人对组织的感情依赖；持续承诺涉及员工考虑了离职成本而留在组织中的动机；规范承诺则涉及员工对"保留为组织中的一员是一种义务"的感知。

另外，也有研究者认为组织承诺可以分为感情（affective）承诺和精明（calculative）承诺（O'Reilly &Chatman，1986）。其实这里的感情承诺和精明承诺类似于 Meyer 与 Allen 的感情承诺与持续承诺。总之，与其他承诺感相比，感情承诺在总的承诺感中的地位（focus of commitment）要重要得多，感情承诺感更加需要组织支持知觉，并要求与组织政策相一致。

我国的学者对组织支持知觉的概念发展方面，几乎未作研究，但对组织承诺的概念已作了一些有益的探索。如刘小平（2002）将组织承诺界定为员工对自己所在企业在思想上、感情上和心理上的认同和投入，愿意承担作为企业一员所涉及的各项责任和义务，并以主人翁的责任感和事业心努力工作。龙力荣、方俐洛、凌文轻（2002）引用了态度承诺（包括感情承诺和规范承诺）和权衡承诺（即继续承诺）的概念。张治灿等（2001）提出了组织承诺的五因素模型，将组织承诺分为感情承诺；规范承诺；理想承诺；经济承诺和机会承诺。并用二阶因子分析将前三者归为心理因子，将后二者归为社经因子。这些概念都将感情承诺作为组织承诺的重要一维。在实证方面，张勉、张德、王颖（2002）以西安15家企业中的742名雇员为样本，采用协方差结构等式模型对组织承诺三因素模型在中国企业雇员中的适用性进行了初步考察。研究主要发现：测量感情承诺和规范承诺的量表具有可接受的信度，但是测量连续承诺的量表信度较低；三个量表表现出可接受的会聚和区分效度，但是效标效度还需要进一步研究。

就目前的已有研究来看，组织承诺的内容分类以 Meyer 和 Allen 的分类方法影响最大，即组织承诺一般可以分为感情承诺、持续承诺和规范承诺。

五、职业人组织承诺的影响因素

组织承诺理论是在社会交换理论的基础上形成的。组织为员工提供理想的工作环境，员工就对组织形成承诺。组织承诺与理想的工作环境呈正相关，与不理想的工作环境呈负相关，但实际情况远比这个复杂。一般说来，影响组织承诺的因素主要有：工作特征、领导与成员关系、角色特征、组织结构特征、个体特征（刘小平，1999）。

由于不同的组织承诺的研究者对组织承诺的内涵的界定不同，他们得出的影响模型有些差异。影响感情承诺的主要因素来自组织因素和工作特征。组织对员工的投入被看成是影响感情承诺的主要方面。影响继续承诺的因素有：受教育的程度、所掌握技术的应用范围、改行的可能性、投入的多少、福利因素等。影响规范承诺的因素有：对承诺的规范要求、所接受的教育类型、个体经历等（凌文辁，1997）。年龄、资历、对晋升的满意度、对工资的满意度与继续承诺高度相关。与规范承诺高度相关的变量主要是个体特征。工作投入、工作满意感、对主管的满意度、对同事的满意度、职业承诺与情感承诺高度相关。

也有很多学者认为，人力资源实践是员工组织承诺的重要影响因素，如 Rosemary Batt（2002）实证研究了低离职率和组织业绩（包括组织承诺感）间的联系。他强调高技术培训、雇员参与决策、基于团队的绩效评估等是导致高组织承诺的主要因素。

还有学者认为，组织公平和组织支持是影响员工组织承诺的重要因素。人们认为员工会根据他们是否受到公平的待遇，或组织对员工的福利是否关心来评估他们的工作经历。如果真是这样的话，公平性和支持性感知将成为组织承诺产生的更为直接的原因。如果工作特征或组织政策是通过公平性和组织支持的塑造来影响组织承诺，那么后者起着中介的作用。就像组织承诺一样，组织公平现在一般被看作是多维的构思。与此模型相关的研究是把它分为结果的公平性（分布式公平）和用来决定结果的程序的公平性（程序性公平）。需要指出的是，现在有更多的研究是将组织支持而不是组织公平作为中间变量。

总之，影响职业人组织承诺的因素是多种多样的，既包括来自组织层面的因素，如组织特征、人力资源政策、领导成员关系；也包括工作层面的因素，如工作特征、工作所需的角色特征；还包括个体层面的因素，如个体特征、个体对组织公平的知觉、个体对组织支持的知觉等。

本章复习思考题

1. 什么是职业意识？职业意识包括哪些内容？

2. 简要分析职业意识的功能。

3. 什么是职业职业价值观？职业价值观有何功能？

4. 什么是职业兴趣？Holland 职业兴趣理论将人格分成哪些类型？

5. 试述职业兴趣的影响因素。

6. 什么是职业定位？职业定位与职业规划有何异同？

7. 试述职业人心理契约的形成与违背。

8. 什么是组织承诺？影响职业人组织承诺的因素有哪些？

本章自测题

一、单项选择题

1. 传统的组织生涯路径倾向于行政金字塔的攀登，限制了一些人的成长，其改进方法是（　　）。

A. 增加员工晋升的难度

B. 减小金字塔的高度和层级，让更多的人处于金字塔顶端

C. 做好员工思想工作，使其能够安然地面对现状

D. 根据需要与可能打开多条上升通道，并形成阶梯

2. 一个人在确定职业锚的时候需要考虑自身所处的社会大环境，下列选项中不属于社会大环境的是（　　）。

A. 人才市场　　　　　　　　　　B. 产业结构

C. 法律法规　　　　　　　　　　D. 组织文化

3. 一个人在进行目标抉择时，首先要做的是（　　）。

A. 发展战略分析　　　　　　　　B. 个人自我分析

C. 内外环境分析　　　　　　　　D. 取业岗位分析

4. 如果退休年龄按 65 岁计算，将职业生涯分为六个阶段，那么 18 到 30 岁是（　　）。

A. 职业生涯准备期　　　　　　　B. 职业生涯稳定期

C. 取业生涯选择期　　　　　　　D. 职业生涯适应期

5. 高中生填报大学志愿要慎重，在填报志愿时，下列做法错误的是（　　）。

A. 一定要选择自己喜爱的专业而不是自己擅长的专业

B. 根据自己的实际情况作出选择而不盲目跟随别人

C. 不一味追赶时髦专业

D. 把自己的志愿与未来职业联系起来考虑

6. 下面哪一项不属于职业自我认知的内容范畴（　　）。

A. 职业兴趣　　　　　　　　　　B. 职业价值观

C. 职业技能　　　　　　　　　　D. 职业类型

7. 关于我国就业结构变化的趋势，以下说法正确的是（　　）。

A. 第一产业就业份额和就业人数持续下降，第二、第三产业就业构成逐年增加，尤其是第三产业增速较快

B. 发展第三产业，可以创造大量的各种类型的就业岗位，满足不同层次的就业需求

C. 加大产业结构的调整力度，深化企业改革，推动第三产业中劳动密集型行业的发展，是今后一个时期增加就业的主要领域

D. 以上说法都正确

8. 外向型人的主要特征有（　　）。

A. 灵活、开放　　　　　　　　　B. 安全、规律

C. 缜密、严谨　　　　　　　　　D. 自我克制力强

9. 为了让自己在校期间就养成自学的好习惯，并为未来职业生涯的可持续发展奠定基础，职业人应该树立哪项意识（　　）？

A 勤学好问   B 终身学习

C 乐于助人   D 刻苦钻研

10. 如果一个人踏实肯干，有明确的发展目标并且能为之奋力向前，那么他适合下列哪种类型的企业文化（　　）。

A. 使命型文化   B. 企业家精神文化

C. 小团体文化   D. 官僚制文化

二、多项选择题

1. 作为一名职员，应当如何进行职业锚的自我开发（　　）。

A. 培养提高抉择能力   B. 提高取业适应性

C. 制定人力资源发展规划   D. 借助组织职位表，选择职业目标

2. 职业生涯成功标准的多样性体现在哪些方面（　　）。

A. 他人标准   B. 个人标准

C. 社会标准   D. 家庭标准

3. 新员工在早期工作中逐渐加深认识，得出更为清晰的职业自我意识，这种职业自我意识的组成包括（　　）。

A. 自省的态度和价值   B. 自省的原因和结果

C. 自省的动机和需要   D. 自省的才干和能力

4. 求职过程中保持积极的心态必须做到（　　）。

A. 要不怕挫折，遇到挫折后能采取积极的态度分析失败的原因。

B. 要敢于竞争，保持良好的竞争心态。

C. 要正视现实和自我，从实际出发，处理好理想和现实的关系。

D. 要保持什么事情都无所谓的态度。

5. 从学校人到职业人角色的转换可以通过两步完成（　　）。

A. 学生时代做好转换的心理准备

B. 学生时代只要学到知识就可以了

C. 在首次就业后，结合岗位特点，在从业实践中锻炼能力

D. 就业以后只要干好自己的工作就可以了

圆霖 绘

第五章　职业行为

学习目标

■理解职业行为的概念、内容和实质

■理解职业的积极行为和消极行为及其人性假设

■掌握工作职责行为的概念、内容和影响因素

■理解组织公民行为和反生产行为的概念、内容和影响因素

■掌握职业礼仪的概念、内容和培养途径

第一节　职业行为的概念、内容与实质

职业行为是指职业人为了适应环境变化的一种手段，涉及职业人的一切有目的活动。从功能上讲，主要有积极行为和消极行为；职业经理行为有独特的动机和本质，受环境因素和个人因素的影响。

一、职业行为的概念和分类

广义上的职业行为是指人们对职业活动的认识、评价、情感和态度等心理过程的行为反映，是职业目的达成的基础。从形成意义上说，它是由人与职业环境、职业要求的相互关系决定的。由于目标指向不同，广义上的职业行为有不同的种类，如职业规划行为、职业学习行为、职业工作行为等。由于职业行为受个人品质、习惯等个人因素的影响，职业行为往往表现出一定的稳定性特征。一次偶然的行为可能是习惯的表现。另一方面，由于职业行为与特定的职业活动有关，并受环境因素的影响，往往又表现出情境性的特征。职业行为的特征是多方面的，限于篇幅，这里不一一赘述。

狭义上的职业行为是指职业工作行为。职业工作行为是指职业人对其工作的认识、评价和态度等心理过程的行为反映，包括积极工作行为和消极工作行为。

Lehman & Simpson（1992）认为，员工通常会表现出积极的和偏差的两类工作行为；Robbinson & Bennett（1995）对此做了进一步的解释："积极的在职行为是指员工所表现出的与工作相关的积极方面的行为产出，既包括工作职责内行为，也包括加班、谏言等职责外行为；工作偏差行为是指员工自发地做出违反工作职责、损害工作环境或他人利益的行为。工作偏差行为是一种越轨行为，往往具有反生产性，也被称为反生产行为。工作偏差行为与积极的工作行为相对，是一种有害行为。

从已有的研究可以发现，狭义上的职业行为或者说是职业工作行为的分类还很凌乱，主要是概念的界定有所不同，如一些学者认为越轨行为中的某些行为有中性的特征，而另一些学者认为越轨行为与反生产行为没有本质的区别。综合现有的研究实际，本书将狭义上的职业行为或者职业工作行为分为积极工作行为和消极工作行为。积极工作行为是指员工表现出的与工作相关的行为，包括角色内行为和角色外行为，

角色内行为主要是工作职责行为，角色外行为具有自发主动性，主要是指组织公民行为。消极工作行为主要是指反生产工作行为。

在现实世界中，一些职业人恪守职责、兢兢业业地为组织奉献，视组织为自己的家，在组织的成长发展中实现自己的价值，是组织的好员工。而另一些职业人仅仅将组织看作实现自我的一个舰板，为满足自我的利益而为组织工作，此时的职业人将其他利益相关人视为自己的假想敌。同时更为复杂的是，一些职业人曾经是组织的好员工，但后来却蜕变为组织的掘墓人，为了达到自己目的葬送了组织的前程，而一些职业人曾经只想在组织中打一份工，做一名合格的员工人而已，后来在企业环境长期的熏陶下，却对组织产生了认同感，愿意为组织的利益着想。

上面的情况反映了职业人的积极行为和消极行为。职业行为是指职业人的一切有目的的活动。职业消极行为是复杂的，有自私的也有利他的，往往是自私的成分居多，具体表现在不够尽职、投资的短期行为（如研发投资少）、盲目扩大规模（如多元化经营）、过高的在职消费等行为。同职业消极行为一样，职业积极行为也是复杂多变的，但利他的成分居多。当职业人表现积极工作行为时，职业人往往是恪尽职守、可以信赖的好员工，其行为具有集体主义倾向。

积极行为和消极行为的主要区别表现在行为的目的、人性特点和治理机制等方面。两方面都有大量的文献从实证的角度去支持各自理论，从经验验证的角度看，两种行为理论都能够成立，这就形成了一个悖论同存的局面。积极行为理论与消极行为理论之间的主要争论集中在职业人行为的不同选择上。但从现实中可以看出，职业人的行为选择并不是可以简单概括的。在不同因素的影响下，职业人的选择会不同，已有的行为也会受到内外部环境因素的影响而发生变化。如果要全面地分析职业人的行为选择，必须将积极行为理论与消极行为理论融合起来，才能增强对现实问题的解释力。

二、职业行为的人性假设

一般来说对，人的行为分析总是以人性分析作为基本前提的，人性分析是行为分析的逻辑起点。对职业人行为选择的分析同样需要对职业人的人性进行分析。怎样看待"人性"，是对职业人行为分析的基本前提。积极行为理论和消极行为理论的前提假设是不同的人性分析。人性假设的不同，必然导致理念、策略、手段和工具研究的根本性不同。

消极行为理论的人性假设主要表现为"经济人"假设。在消极行为理论看来，人的有限性和自利性使得职业人具有天然的偷懒行为和机会主义动机，他们会利用一切可能的机会，以牺牲股东利益为代价来实现个人利益最大化。"经济人"假设以理性、自利和个人利益最大化为其典型特征。消极行为理论以"经济人"假设为前提，因此而推论职业人的行为表现多是自私行为。

积极行为理论的人性假设可概括为"社会人"假设。积极行为理论从组织行为与组织理论出发，认为职业人对成功的需求、责任心、他人的认可、集体主义的信仰等会使职业人努力工作，他们受社会动机和成就动机的驱动，他们的目标与所有者的利益和目标追求是一致的，通过实现组织目标能够实现个人目标。因此，他们不是机会主义者、不是偷懒者，而是努力工作的、能够成为所有者的"好员工"的。积极行为理论以"社会人"假设为前提，以此推论职业人的行为表现多是利他行为。

总而言之，两种理论在人性假设上是完全对立的。消极行为理论强调人是"经济人"，是个人主义、机会主义、追求个人利益最大化的；积极行为理论则强调人是"社会人"，是集体主义、合作主义、追求组织利益最大化的。消极行为理论与积极行为理论的人性假设与 X 一 Y 理论相一致。X 理论认为人是懒惰、消极、被动的，为了经济利益而工作，所以要对他们的工作进行监控，因此，消极行为理论与 X 理论对人性

假设的分析是一致的。而 Y 理论认为人是有责任感的，为了实现自我价值而工作，因此，积极行为理论与 Y 理论对人性假设的分析是一致的。

可以看出，消极行为理论的人性假设植根于经济学。经济学中对人性假设的分歧较小，基本是趋同的，一直没有跳出"经济人"的范畴。而积极行为理论的人性假更多植根于管理学和社会学，特别是管理学对人性假设、不同人性范式之间关联程度极小，从经济人、社会人、复杂人、自我实现人，乃至后来的文化人、学习人等，分歧较大。经济学与管理学中人性假设不同的关键，在于其研究对象的不同。经济学研究稀缺资源的配置问题，所以更关注人"趋利避害"的自然属性；管理学研究组织目标的实现问题，所以更关注人依赖于环境的社会属性。

积极行为理论和消极行为理论在人性假设上的对立，导致基于两种理论对职业人的行为分析完全不同，对现实的解释和应用具有完全不同的特点。例如，"经济人"假设注重职业人的自然属性，有利于进行数学分析，但对现实的解释具有一定片面性；而"社会人"假设则注重职业人的社会属性，对现实的解释比较符合客观实际，但难于建立数学模型，很难进行数学分析。可以说，"经济人"假设的优势正是"社会人"假设的不足，而"经济人"假设的不足又恰恰是"社会人"假设之所长。

从人性假设的历史演变来看，"经济人"是一个不断更新的概念，其内容和涵义不断变动，从"完全理性"到"有限理性"、从"完全信息"到"不完全信息"、从"利益最大化"到"目标函数最大化"等，尽管如此，"经济人"假设一直具有理论上的逻辑性和连续性，基于"经济人"假设的代理理论也一直作为公司治理的主流理论而存在。"社会人"假设则是人性假设演变过程中的一个分支，是对"经济人"假设的批判性继承，同时又不断被其他人性假设所替代，如自我实现人、复杂人等。基于"社会人"假设的管家理论尚未得到普遍认可，多年来一直作为一种非主流理论和代理理论的补充而存在。

在制度设计方面，"经济人"假设有利于避免高昂的制度失效成本，而"社会人"假设则可能建立更有效、更优的制度安排。"经济人"假设是一个"有用的虚构"，专注于人的私利动机，放弃任何纯粹的行为利他主义，对于制度设计而言具有分析上的意义。因此，对于厌恶风险的所有者来说，基于最差行为的"经济人"假设模型的公司治理制度安排能避免职业人采取最差的行为、避免产生最坏的结果。消极行为理论之所以能广泛被组织的管理方所接受，最重要的原因就是从制度设计的逻辑前提出发，避免产生高昂的制度失效成本。"社会人"假设则无法解释现实中大量存在的职业人败德行为和制度失效问题。

三、职业行为的需求特征、约束与本质

(一)职业行为的需求特征

马斯洛需求层次理论是人本主义科学的理论之一，由美国心理学家亚伯拉罕·马斯洛于 1943 年在《人类激励理论》论文中所提出的。书中将人类需求像阶梯一样从低到高按层次分为五种，分别是：生理需求、安全需求、社交需求、尊重需求和自我实现需求。一般来说，某一层次的需要相对满足了，就会向高一级的层次发展，追求更高一级层次的需要就成为驱使行为的动力。相应地，获得基本满足的需要就不再是一股激励力量。五种需要像阶梯一样从低到高，按层次逐级递升，但这样的次序不是完全固定的，是可以变化的，也有种种例外情况。同一时期，一个人可能有几种需要，但每一时期总有一种需要占支配地位，对行为起决定作用。

以马斯洛的需求层次理论为基础，结合其他需求理论，我们可以用来分析职业人的需求。从一般需求特征来看，职业人作为一般意义上的人，当然也有一般人所有的基本需求。职业人的需求一般有以下几个

方面：①经济收入的需求，包括年薪、奖金、福利、津贴、股票期权等收入的需求。②安全的需求，指职业人的职位、权力和未来收入等的保障。③尊重的需求，包括委托人（股东）和上司的认可和接受、社会的地位和声誉、他人的信任、赞扬和各种荣誉等各种受人尊重的需求。④权力的需求，即控制他人或感觉优越于他人，感觉自己处于负责地位的需求，它同时也意味着地位和声誉。⑤成就的需求，即一个人在发挥其全部潜能过程中，根据一定标准，希望自己越来越成为所期望的人物，以及完成与自己能力相称的一切事情的需求。强烈的事业成就感，以及由事业成功而得到更多的经济收入和良好的职业声誉、社会地位等，构成了职业人努力工作的重要需求。

一般而言，职业人往往有比一般人更高层次的需求，从总体上来看，职业人的需求有以下两个特点。首先，职业人的需求相对来说都是较高层次的，即马斯洛需求层次中的尊重的需求和自我实现的需求，麦克利兰成就需求理论中的成就需求和权力需求，阿尔德弗 ERG 理论中的成长需求。就安全需求而言，安全已不仅仅是人身的安全，而是扩展为职位的安全。又如，钱德勒认为现代企业中的高级经理视经营管理活动为"终身事业"，这种追求事业终身化的行为就是追求自我实现的行为。其次，经济需求仍然是职业人工作的重要需求。这种需求一方面源于一般生存需求之外的对更高生活水平的追求，另一方面也是一个人价值和能力高低的佐证。

(二)职业行为的约束

职业行为受到的约束主要有两个方面：一是个人自身的约束。二是组织约束。职业人必须具备一定的素质，这些素质构成了对职业人的行为约束，包括：道德修养，教育水平，知识结构和经验，判断能力，社交能力和管理能力，精神和信念，创造性思维，情感与意志等。职业人受到的组织约束主要有：①资本受所有者（股东、债权人）的约束。在存在委托代理关系的情况下，职业人受组织的契约约束。②组织资源的约束。③组织员工的约束。职业人不仅受与员工的契约的限制，也受到员工讨价还价能力的限制，如工会组织。④组织制度的约束。制度在短期内是不能完全改变，但在长期内，制度是内生变量，职业人可以通过组织去改变制度框架的规则或准则。

(三)职业行为的本质

从职业人自身来看，职业行为是一种自利行为。职业行为的经济人假定还暗含着关于职业人理性的假定。所谓理性，即指每个人都能通过成本—收益或趋利避害原则来对其所面临的一切机会和目标及实现目标的手段进行优化选择。用西蒙的话说，理性指的是经济人具有关于他所处环境的完备知识，有稳定的和条理清楚的偏好，有很强的计算能力，从而使其选中的方案自然达到其偏好尺度的最高点。路斯和莱法（Luose 和 Raiffa）则从博弈理论的逻辑出发，把理性定义为在两种可供选择的方法中，博弈者将选择能产生较合乎自己偏好的结果的方法，或者用效用函数的术语来说，他将试图使自己的预期效用最大化。

在职业人的经济人假设和理性人假设的前提下，结合职业人的需求和约束，可以分析职业行为的本质。实际上，职业行为的本质是在职业人的个人约束和外部约束条件下，追求个人效用的最大化。这里的效用是综合了职业人多种需求满足的结果。

第二节 工作职责行为

一、职业责任、工作职责与工作职责行为的概念

1. 职业责任

按照《现代汉语词典》的解释，责任的涵义包括两个方面：一是份内应做之事；二是没有做好份内应做之事而应承担的过失（不利后果）。前者是积极的解释，后者是消极的结果。

职业责任，就是行业和从事一定职业的人们对社会、组织和他人所必须承担的职责和义务，包括职业团体的责任和从业者的责任两个方面。其中，从业者的责任主要表现为岗位责任和对组织承担的责任。职业责任是通过职业章程和条款来规定的，反映一种职业的根本要求，它要求从业者把自己所从事的工作看作是出于自身的愿望和意志的要求，并承担相应行为的后果。

具体来说，我们可以从以下几个方面来理解职业责任：首先，职业责任与行为者承担的角色密切相关。一个人（包括自然人和法人，以下同）在某种制度结构中承担了一定的角色，制度赋予他某种特定的权利和义务，并决定他应该做什么，在这种情况下，此人对自己的行为就应该负"责任"。换言之，一个人承担什么样的角色，他就应该负怎样的责任，此即"份内应做之事"。其次，职业责任还与行为者在组织机构中承担的使命相关。如果行为者除了选择自己的行为以外，还要指导他人的行为，他就成为拥有权利或权威的人。那么，他不仅应该对自己所做的事负责，而且还应该为那些执行他的指令的行为负责。因此，责任与特定制度结构中个人的角色相对应，与个人在某种组织结构中承担的使命相关联。第三，职业责任与行为者造成的后果密切相关。一般来说，不管所从事的职业是否自愿，职业行为往往是一个人出于某种意图，经过审慎思考与推论后的选择，是根据自己的意图，在理性的基础上履行这一行为的。那么，由此而造成的不利后果当然就需要由行为者自己来承担。因此，责任与行为者造成的后果是密切相关的。

职业责任与职业道德相比，有相同的一面，那就是两者都强调社会、组织或他人对从业人员的义务。不同的一面在于，职业道德往往强调奉献，而职业责任则是与职业权利相对应的，职业道德的范畴要宽于职业责任的范畴。

2. 工作职责

工作职责是职位的职务、任务与责任的统一，主要包括该职位的职责范围、工作内容及工作过程的具体要求。详细的工作职责还包括完成的工作任务所使用的工具以及机器设备、工作流程、与其他人的联系、所接受的监督以及所实施的监督等，以及与本工作相关的其他工作和完成上级主管部门直接领导交办的其他临时性工作。

清晰的工作职责能让任职者及该职位的管理人员了解职位性质、工作内容等信息，使员工了解自己未来的发展方向，明确工作中的领导关系和相互协助关系。管理人员通常依据工作职责制定绩效考评标准，对员工进行绩效考评以及确定员工的薪酬工资等，从而使得各项工作都能做到有据可依，有利于组织客观、公正地进行人力资源管理。

3. 工作职责行为

工作职责行为，是一种角色内行为。关于角色内行为，Williams & Anderson（1991）认为，角色内行为是直接指向包含在工作描述中的正式的任务、职责和责任。Van Dyne 等（1994）认为，角色内行为可以概括为有预期、评价和奖励的工作行为。绝大多数学者认为，角色内行为只有工作职责这一单一维度。

综合现有的研究，我们认为，工作职责行为就是指员工正式工作职责范围内的工作行为，是组织对员

工的角色要求和期待的行为。

很多学者都对工作职责行为的维度进行了探讨。Tsui 从员工的工作质量、数量以及效率等三个维度来测量员工的工作职责行为。此种测量方法可能更适合加工制造业的一线工人，对其他员工的适合性很差。也有些学者通过向员工主管发放问卷调查的方式来了解用员工在完成岗位职责、业务绩效预期等方面的积极或消极表现（Villiams & Anderson，1991；Farh & Cheng，1999）。而 Van Dyne & Le Pine 则是通过向员工相互评价的方式对员工角色内行为进行衡量，共四道题项，包括"该同事能够完成岗位的职责要求"，"该同事能充分地完成被期待的任务"，"该同事可以基本达到业务绩效预期"，"该同事能够充分的完成被指派的任务"。向员工主管或者同事了解员工的行为表现，可以有效避免员工自我盲差，但是操作性和效率性较差。所以，为简单起见，也可以采取员工自我回答的方式调查员工的工作职责行为。

二、工作职责行为的影响因素

影响工作职责行为的因素是多种多样的。首先是来自组织战略、文化、结构和人员管理等组织层面因素，组织战略不清晰，会影响工作任务的分配，最终影响工作职责行为；组织文化中对责任、风险等共同价值观念，会影响工作执行，影响员工的工作职责行为。Hui，Law，Chen（1999）考察了中国背景下，领导-成员交换对工作职责行为的影响。结果发现，领导-部属交换与工作职责行为存在显著正相关，并且职业流动性对工作职责行为的影响并不大。Kim 和 Mauborgne（1996）的研究表明，子公司的高层管理者对总公司的资源分配决策的支持程度越高、对资源分配结果的满意程度越高、感知到的资源分配程序越公平，其角色内行为越多。

其次，影响工作职责行为的因素也有任务层面的因素。如 Borman、Motowidlo（1993）认为，员工的工作绩效可以分为任务绩效和关系绩效。其中，任务绩效考察的就是工作职责行为，即与具体职务的工作内容密切相关的行为。工作任务从难度、强度等多个维度影响员工的角色认知，影响员工的工作职责行为。

第三，影响工作职责行为的因素还有来自个体层面的因素。如个体能力、工作知识、对任务的理解程度等都是影响工作职责行为的重要因素。Piercy 等（2006）对销售人员的研究表明，员工表现出越多的组织公民行为，其角色内行为的绩效水平越高，并且角色内行为在员工的组织公民行为与绩效水平的关系中起中介作用。

三、工作职责行为的重要要求——岗位说明书

1. 岗位说明书的概念

岗位说明书，又叫工作职务说明书，是组织内部管理的重要文件之一，是对组织内部各类职位的工作性质、任务、责任、权限、工作内容和方法、岗位关系、工作环境和条件以及本职位任职资格条件所做出的规定。

岗位说明书主要通过描述工作职责来反映组织对员工的工作要求。工作职责是岗位说明书的核心内容，岗位说明书作为现代企事业单位人力资源管理必不可少的基础性人事文件，它为企业的人员招聘录用、培训教育、绩效考评、薪酬福利、工作分派、签订劳动合同以及职业指导等现代企业管理业务，提供了原始资料和科学依据。

2. 岗位说明书的作用

（1）岗位说明书为组织的目标管理提供条件

目标管理理论是由现代管理学大师彼得·德鲁克根据目标设置理论提出的目标激励方案，其基础是目

标理论中的目标设置理论。德鲁克认为,目标的实现者同时也是目标的制定者。首先,他们必须一起确定总目标,然后对总目标进行分解,使目标流程分明。其次,在总目标的指导下,各级职能部门制定自己的目标。再次,在目标实施阶段,应充分让下级人员进行自我控制,独立自主地完成各自的任务。同时,成果评价和奖励也必须严格按照每个人员的目标任务完成情况和实际成果大小来进行,激励其工作热情,发挥其主动性和创造性。岗位说明书的编制,最终是为了实现组织某段时期工作的总体目标。设置岗位并划分职责,是对总体目标的流程进行具体分解、细化。在目标实施阶段,员工可以把岗位职责规范作为为依据进行自我控制,完成职位说明书所列明的各项工作。工作完成后,管理者可以依据岗位说明书的岗位职责规范制定考核标准,考核员工的工作职责履行情况。

(2)岗位说明书为员工的岗位素养自我培养提供依据

20 世纪 70 年代,哈佛大学教授戴维·麦克利兰构建了岗位胜任模型,对人员进行全面系统的研究,从外显特征到内隐特征进行综合评价,即胜任特征分析法。这种方法为人力资源管理的实践提供了一个全新的视角和一种更便利的工具,它对于人员担任某种工作所应具备的胜任特征及其组合结构有明确的说明,成为人员素质测评的重要尺度和依据,为实现人力资源的合理配置提供了科学的前提。

岗位胜任模型是指根据岗位的工作要求,确保该岗位的人员能够顺利完成该岗位工作的个人特征结构,它可以是动机、特质、自我形象、态度或价值观、某领域知识、认知或行为技能,且能显著区分优秀与一般绩效的个体特征的综合表现。

岗位说明书包含职级设置、素质要求等内容。素质要求就是对组织中同一个职业种类中的同种职级人员提出的要求,包括该岗位工作者的资历、胜任能力、工作水平、培养周期、专业知识的广度与深度、掌握技术的熟练层级等多个方面。员工可以按照素质要求等标准,对照自己的实际,补缺补差,使自己的岗位素养达到本级岗位或高一级岗位的要求,促进自身的职业发展。

第三节　组织公民行为

一、组织公民行为的概念与结构

1. 组织公民行为的概念

组织公民行为研究的渊缘,可以追溯到 1938 年,"组织学派"创始人 Bamard（1938）提出的组织成员"想要合作的意愿"（willingness to cooperate）的概念。这是学术界普遍认可的组织公民行为的最早研究。

"二战"后,欧美经济发展迅速,新技术不断进入各类组织中,组织行为的研究也随之变化。

1966 年,Katz 和 Kath 提出了角色外行为的概念。他们认为,组织需要的员工行为有三种:员工加入组织并在组织中留任;员工必须用可靠的方式完成其担任的工作角色的任务和事项;员工须进行超越其角色职责范围的工作创新及自我训练。以上这三种行为可确保并提升组织效能,其中的第三种行为是角色外行为,有自发主动性。1983 年,Bateman、Organ 将第三种组织成员的主动性行为称为"组织公民行为"。

1988 年,Organ 首次界定了组织公民行为（Organizational citizenship Behavior,简称 OCB）,他认为组织公民行为是"一种角色外行为,这种行为是组织成员自觉与自愿的行为,与组织的奖励制度没有直接的关系,但对于提高组织绩效作用显著"。根据此定义,组织公民行为具有三个特征,第一,成员角色外行为。第二,不具有强制性的自愿行为。该行为没有被明确定义到员工的工作职责和任务描述中,员工可自行取舍。第三,对组织有正面意义。通常这种行为出自于员工积极的、正面的工作态度与表现。Organ 的组织公民行为界定得到了很多学者的认同，奠定了整个组织公民行为理论的基础。

2. 组织公民行为的结构

Smith（1983）认为组织公民行为包含两个基本要素：（1）利他行为，是一种主动协助同事的帮助性行为；（2）普遍性配合，是一种自觉遵守组织规定的个人行为。该模型的维度区分虽然有些粗糙，但仍然为后人对组织公民行为的研究起到了重要的借鉴作用。

Organ（1988）在前人研究的基础之上，对组织公民行为的结构进行了细致的划分，提出了五因素结构：（1）责任感（Conscientiousness）。是"普遍性配合"的缩略形式，表现为严谨、守时、勤恳，以高于工作要求的标准来完成工作任务的模式。（2）运动家精神（Sportsmanship）。指为了工作而愿意牺牲个人利益且没有抱怨的工作行为，容忍并接受工作中的不利环境因素。（3）举止礼貌（Courtesy）。指愿意主动采取礼貌行为以示对他们的尊重，从而帮助同事避免工作中的某些问题的发生。（4）利他行为（Altruism）。指乐意主动帮助他人完成工作的行为。（5）公民道德（Civic Virtue）。表现为对组织的各项活动表现为积极参与的行为。该模型得到了众多西方学者的认同，并且在实际研究中被运用。

Farh 等（1997）通过调查与研究，发现中国企业的组织公民行为与西方理论的组织公民行为有一些相同点，但也有不同之处，研究结果认为，中国企业的组织公民行为包含 5 个维度：（1）认同组织。与"公民道德"的涵义相近，指员工乐于自觉维护企业的声誉、宣扬有关企业的利好消息、为企业发展出谋划策。（2）利他主义。与"理他行为"涵义相似，也指乐于主动帮助同事完成工作。（3）尽职行为。与"责任感"涵义相似，指个人给自己高标准以完成工作。（4）维护人际和谐。指为避免个人利益与他人利益产生冲突而采取的行为措施。（5）保护公司资源。指避免因满足私人利益而对公司资源造成浪费、破坏而采取的保护行为。其中"维护人际和谐"和"保护公司资源"成为两个具有中国特色的独特维度。这是由中西方在文化背景上差异所造成的。

2000 年，Podsakoff 和 Mackezie 在 Organ 的理论基础上对组织公民行为的各种观点进行归纳和总结，最终得到了 7 个维度的划分结构，即帮助他人、运动家精神、忠于组织、顺从组织、自我驱动、公民道德和自我发展。

2000 年以后，组织公民行为的研究者不断从新的角度对其进行探索和研究（武欣等，2005），Lee 和 Allen（2002）按照行为指向不同，将组织公民行为划分为两类，即组织指向公民行为和人际指向公民行为，并指出它们的受益方分别是组织总体和组织中的个体。另外，从基于社会网络的角度分析研究者则更加关注人际公民行为（Interpersonal Citizenship Behavior，即 ICB），ICB 被定义为一种特定的组织公民行为表现形式。Settoon，Mossholder（2002）则进一步将人际公民行为从个人导向行为（person-focused）和任务导向行为（task-focused）两个维度进行结构划分，并且他们的问卷在后人的实证研究中，证明具有良好的信效度。

我们认为，Farh 等（1997）的研究是以我国企业员工为样本，有一定的代表性。以他们的研究为基础，本书认为，我国职业人的组织公民行为有五个维度，即认同组织、利他主义、尽职行为、维护人际和谐和保护组织资源。

二、组织公民行为的影响因素

影响组织公民行为的因素繁多，但归纳起来主要有两类：个体层面因素与群体组织层面因素。

1. 个体层面因素

影响员工组织公民行为个体层面的变量包括：个体态度变量，如情感承诺、工作满意度等；个体倾向性变量，如传统价值观、组织公平感等；个体动机，如印象管理、工具性信念等。

（1）个体态度变量

Williams 和 Anderson（1991）的研究显示，组织承诺和工作满意度对组织公民行为具有显著影响作用。Organ 和 Ryan（1995）的元分析也显示，工作满意度与组织承诺与组织公民行为存在正相关。

（2）个体倾向性变量

传统价值观是指个体对权威的尊重程度以及对不平等交换的接受程度。Chen 等（2008）在中国这个崇尚权威的集体主义国家，以温州 273 对领导－成员配对样本为被试，考察了传统价值观对组织公民行为的调节作用。研究结果显示，员工在感知到诱因破裂（PerceivedInducementBreach）后，与传统价值观低的员工相比，传统价值观高的员工表现出较高的指向个人的组织公民行为。

组织公平感是个体对公平的感知，这种感知包括分配公平、程序公平与互动公平的感知。周杰（2009）的研究结果表明，员工对分配公平、程序公平与互动公平的感知与组织公民行为存在正相关，即员工感知到较高的组织公平时，会表现出较高的组织公民行为。但是，进一步的回归分析显示，只有对互动公平的感知才能显著预测组织公民行为。曹慧和梁慧平（2010）的研究表明，员工对公平的感知对组织层面的组织公民行为（OCB-O）的影响要大于应对个人层面的组织公民行为（OCB-I）的影响。

（3）个体动机变量

Bolino（1999）认为，员工表现出更多的组织公民行为有可能是出于印象管理的动机。组织中，领导者控制着绝大多数的资源，员工往往会通过在重要领导人面前表现出被期望的组织公民行为获利。郭晓薇和李成彦（2005）的研究表明，印象管理能显著预测主管评价的组织公民行为，但是不能显著预测同事评价的组织公民行为。陈启山和温忠麟（2010）的研究显示，印象整饰可以显著预测组织公民行为的利他行为与个人主动性。

2. 群体组织层面因素

群体组织层面影响组织公民行为的变量主要有：组织支持、领导－成员交换、社会规范、组织学习与组织文化。

组织支持感（PerceivedOrganizationalSupport）是指员工对组织多大程度上重视他们的贡献、关注他们的生存状态的一种感知和信念。感知到较多组织支持的员工会对组织更加信任，也更愿意做出更多的组织公民行为。Moorman，Blakely，Niehoff（1998）的研究表明，组织支持感与组织公民行为的人际帮助、个人勤奋、忠诚维护维度存在显著相关。

领导－成员交换（Leader-MemberExchange）是领导与成员之间基于关系的一种社会交换，反映的是员工与直接领导间的交换关系。沈伊默和袁登华（2007）对 398 名中国员工的研究表明，领导－成员交换与组织公民行为的利他行为、个人主动性、人际和谐、保护公司资源维度存在显著相关，并在心理契约破坏与组织公民行为的关系中起完全中介作用。

社会规范是指社会情境对个体行为的期望，即个体倾向于使自己的行为与社会情境中群体希望的行为保持一致。否则，个体将感到不安，或受到不利影响。Bommer 等（2003）考察了社会规范对组织公民行为的影响。研究结果显示，同事们的组织公民行为水平会影响个体的组织公民行为，即工作群体中同事们都表现出较高的组织公民行为，个体也更倾向于做出更多的组织公民行为，至少也要达到平均水平。Somech，Drach-Zahavy（2004）考察了组织学习对组织公民行为的影响。研究结果发现，组织学习与指向组织的组织公民行为（OCB-O）、指向个人的组织公民行为（OCB-I）均存在显著相关。傅永刚和许维维（2005）的研究表明，不同文化类型下的组织公民行为存在差异，即市场型组织文化下的组织公民行为显著高于活力型组织文化、团队型组织文化与层级型组织文化下的组织公民行为。高崧和王雪峰（2008）的研究显示，追求集体利益的组织文化更有利于组织公民行为的形成。

三、组织公民行为与工作绩效的关系

大量的研究都证实了良好的组织公民行为能减少组织内部摩擦，有效提高组织绩效。Podsakoff（2000）的研究详细阐述了组织公民行为对绩效在七个方面的影响：①提高成员生产力；②改善管理效能；③增加生产资源；④协调组织内活动；⑤有助于构建组织文化，增加凝聚力，提升成员归属感，吸引优秀人才；⑥有效增加组织稳定性；⑦提高组织适应能力。

然而组织公民行为与工作绩效之间的关系仍然存在争议。关于两者之间的关系，目前主要有以下三种观点。

首先，组织公民行为本身就是关系绩效的一种。工作绩效从工作行为角度可划分为任务绩效（Task Performance）和关系绩效（Contextual Performance），其中关系绩效是指对组织、社会和心理环境的支持性活动，包括人际促进（Interpersonal Facilitation）和工作奉献（Job Dedication）两个维度。人际促进反映支持士气，鼓励合作等社会因素；工作奉献更多的是反映自律行为。但 Organ 在 1988 年提出两者的区别在于：关系绩效不要求该行为是角色外行为或自发性行为；关系绩效与该行为是否获得组织直接或间接回报的关系无明确规定。

其次，组织公民行为影响工作绩效。Podsakoff，MaCkenzie 的研究表明，组织公民行为解释了 17% 的员工工作绩效变异；组织公民行为中的一些指标，如运动员精神和公民美德与绩效成正相关，帮助行为与绩效成负相关。Podsakoff，Ahearne 的研究结果验证了组织公民行为与工作群体绩效间的相关性，组织公民行为解释了产品数量变异的 25.7%，而只能解释产品质量变异的 16.7%，即组织公民行为更多地解释了产品数量的变异。武欣、吴志明和张德（2007）通过实证研究发现，组织公民行为确实能够对团队绩效和团队成员的满意度产生积极影响作用，尤其是助人行为、维护人际和谐、信息分享等人际促进作用的作用最为突出。这些研究结论一定程度上支持了 OCB 对绩效的积极作用，对于作用机制也有一定启示。

第三，组织公民行为与绩效之间的因果关系很难定论。Karambaya 在研究中观察了工作群体绩效与工作满意感、组织公民行为之间的关系。结果表明，高绩效、高满意感的员工比低绩效的员工更多地表现出组织公民行为。因此很难断定是组织公民行为导致绩效的提高，还是高绩效导致员工具有较高的组织公民行为，两者间具有交叉滞后的因果关系，但有一点可以肯定，较高的组织公民行为与高绩效之间存在着密切的联系。

第四节　反生产行为

一、反生产行为的概念

反生产行为的概念形成于对员工消极行为研究从零散到整合的过程中。从 20 世纪 50 年代开始，在社会学、心理学等领域，开始出现了零散的、单个具体消极行为的研究，如怠工、缺勤、偷窃、言语辱骂等行为，研究的系统性缺乏。随着研究的深入，学者们逐渐发现，员工的一些消极行为之间有密切的关系，并且在研究这些行为与其他变量关系时，将一些行为整合在一起后进行研究得出的结果比以单个行为进行研究更显著，因此对这些行为的整合研究开始出现，并冠以不同的称谓。由于研究者从不同的理论视角进行研究，因此产生了许多描述上有重叠的术语。

Robinson 等（1995）首次对员工消极行为进行整合研究，他们将说谎、溜须、资源浪费、偷窃、怠工、迟到等行为归为职场偏离行为（Deviant Workplace Behaviors）并进行研究，将职场偏离行为定义为员工违反组织规范、政策或制度，对组织或组织成员的福利造成危害的自发的行为。Giacalone 等（1996）将反社会行为（Antisocial Behavior）定义为组织成员实施的对组织财产或组织成员造成伤害的行为。Robinson 等（1998）对说脏话、损坏财物、破坏规则、抱怨等行为归为反社会行为进行研究。Rayne 等（1997）对孤立、干扰、加压、威胁等行为归类为工作场所欺凌行为（Workplace Bullying）进行研究。Baron 等（1998）对偷窃、破坏财物、说脏话、不理睬、人身攻击等行为整合为职场攻击行为（Workplace Aggression）进行研究，并将职场攻击行为定义为在工作场所发生的组织成员对组织和其他成员实施的故意侵害行为。Skarlicki 等（1999）对人身攻击、故意搞破坏、私拿公司物品等行为整合为组织报复行为（Organizational Retaliatory Behavior）进行研究，并将组织报复行为定义为组织成员感知到来自组织的不公平后对组织或组织成员采取的惩罚性质的行为。

在 Fallon 等（2000）的论文题目中"反生产行为（Counterproductive Behaviors）"这一提法首次出现。与此提法相似，Fox 等（2001）的研究对反生产性工作行为（Counterproductive Work Behavior）做出了定义："反生产性工作行为是指对组织及组织成员的利益带来威胁、意图伤害组织或组织成员的自发性行为"。他们认为，"反生产性工作行为"这一术语更贴近管理学角度，更具推广性。Lau，Au，Ho（2003）指出，"反生产行为是指员工实施的任何故意的行为，它影响着个人的绩效，危害着组织的效率。反生产行为这一术语经常与偏差行为或反社会行为等同使用"。Spector 等（2006）认为工作场所反生产行为是故意伤害组织和组织利益相关者（如顾客、同事、上级）的一系列单独的行为。

除以上概念外，还有一些从不同理论视角提出的概念提法，如撤退行为（Withdrawal Behavior）、员工恶习（Employee Vice）、员工品行不端行为（Employee Misbehavior）。以上这些研究的共同点是，所有这些行为都是组织中的员工所从事的，对组织的影响都是不利的。这些概念尽管在字面上有所不同，但其内涵本质上有很大的交叉甚至在一定程度上具有一致性。从国内外研究文献来看，随着学者对工作场所中消极行为发生机制的关注，"反生产行为"这一术语的使用会越来越多地出现在管理学领域的理论和实证研究中。

根据以上对反生产行为的概念及其形成过程的梳理可以发现，现有的研究更加倾向于将反生产行为作为一个整合的概念进行研究，而不是只研究零散的、单一的消极行为。综合现有的研究。我们认为，反生产行为是指组织成员在工作场所中实施的有意伤害组织以及组织的利益相关者（如上级、同事、客户等）的行为。与组织公民行为一样，反生产行为带有自发主动性。不同的是，组织公民行为是一种有益行为，而反生产行为是一种有害行为。

二、反生产行为的维度

20 世纪 80 年代以前，有关反生产行为的研究更多地关注一些单个具体的反生产行为，而对反生产行为的分类研究较少。80 年代以后，随着反生产行为整合研究趋向的出现，对反生产行为的维度与测量的研究也逐渐多了起来。

Spector（1975）最早迈开了反生产行为结构探索的脚步。基于挫折——进攻的假设，他把工作场所中涉及挫折的行为列入反生产行为清单。然后通过因子分析得出六个因子：进攻他人、从事破坏活动、浪费时间及原料、对他人有敌意和抱怨工作、人际攻击、对工作漠不关心等。Wheeler（1976）在研究仲裁者如何处罚破坏规则行为时，把破坏规则行为分成严重冒犯和非严重冒犯两类。Hollinger 和 Clark（1982）开发了更为广泛的反生产行为清单，并将反生产行为分为生产偏差（Production Deviance）和财产偏差（Property Deviance）两种类型，生产偏差行为即违反组织有关工作绩效的数量及质量方面规范的行为，财产偏差即获取或损坏雇主财产的行为。这两类偏差行为实际上仅为组织指向的单一维度的偏差行为。

为拓展 Hollinger 和 Clark 的研究，Robinson，Bennett（1995）采用多维尺度法建构了偏差行为的二维结构体系，在单一组织指向偏差行为的基础上增加了人际指向的工作场所偏差行为，并按照行为性质（严重或轻微）及行为指向对象（组织或个体）具体分四类偏差行为：生产偏差（Production Deviance）、财产偏差（Property Deviance）、政治偏差（Political Deviance）和人际攻击（Personal Aggression），每个类别各例举了一些代表性的行为。为支持更深入的实证研究，Bennett，Robinson（2000）对他们之前的四象限分类体系进行了修正，他们指出，偏差行为从严重程度来分只是量的区别，而从指向对象来分却有质的区别，因此，不区分严重程度，仅按指向对象将偏差行为分为人际偏差（Interpersonal Deviance）和组织偏差（Organizational Deviance），并据此二维结构开发量表。量表共包含 19 个题项，其中人际偏差包含 7 个题项，组织偏差包含 12 个题项。量表具有较好的信度和效度，在反生产行为相关研究中广为应用。

Fox 等（2001）汇总了先前研究中以及参与者报告的 64 种反生产行为，通过因素分析得到五个维度：辱骂他人、偷窃、工作逃避、工作破坏和蓄意行为。辱骂他人和偷窃这两个维度指向组织成员，工作逃避和工作破坏两个维度指向组织，蓄意行为既指向组织成员也指向组织并且性质上更为严重。Gruys 等（2003）采集 343 名大学毕业生样本，运用多维尺度分析法通过检验不同反生产行为间的关系来研究反生产行为的维度，他们检验了 11 种反生产行为，结果表明，这些反生产行为可以分两个维度：人际一组织维度和任务相关维度。Spector 等（2006）发表了一篇总结反生产行为维度研究结果的论文，与 Robinson，Bennett（1995）的研究类似，也区分了组织指向和个人指向，得出反生产行为是包含偷窃（Theft）、辱骂他人（Abuse against Others）、破坏（Sabotage）、生产偏差（Production Deviance）和退缩行为（Withdrawal）的五维概念。

中国文化背景下有关反生产行为维度的实证研究不多。刘善仕（2004）研究了中国文化背景下越轨行为的维度，以 Robinson、Bennett（1995）的结构为基础运用因素分析法得出越轨行为分为生产型、财产型和关系型三类。Rotundo 等（2008）为探索中国情境下反生产行为的维度，以中国大陆员工为样本，得出反生产行为可以分为人际一组织维度和任务相关维度，进而可以将反生产行为分为 4 种类型。该研究结果与 Gruys 等的研究结果相似。

可以发现，国内外对于反生产行为的分类中，Bennett，Robinson（2000）提出的二维维度的观点以及 Fox 等（2001）的五个维度的观点更为引人注意。因此，本书认为，即根据行为指向不同，反生产行为分为人际指向的反生产行为和组织指向的反生产行为两类。进一步细分，可分为五个维度，即辱骂他人、偷窃、工作逃避、工作破坏和蓄意行为。其中，辱骂他人和偷窃属于人际指向的反生产行为，工作逃避和工作破坏属于组织指向的反生产工作行为，而蓄意行为既是组织指向也是人际指向的反生产行为。

三、反生产行为的影响因素

反生产行为是工作场所中的消极行为。因此，为预防和减少反生产行为的发生，对反生产行为的前因变量进行研究就显得尤为重要。纵观现有文献，可以发现，影响反生产行为的因素主要可以归纳为三个方面：个体因素、工作因素和组织因素。

1. 个体因素
个体因素包括三个方面：人格特质、工作态度及人口统计学特征。

（1）人格特质方面。人格特质类前因变量方面，学者主要从大五人格、负性情感特质、控制点等方面展开研究。大五人格（Big Five）包括外向性、开放性、稳定性、亲和性、责任心等五个维度，它是反生产行为的重要前因变量。Salgado（2002）的研究发现，亲和性和责任心分别与偷窃、违反规范、财物破坏等偏差行为显著相关。Mount 等（2006）通过路径分析得出，责任心与组织指向的反生产行为有直接关系，亲和性与人际指向的反生产行为有直接关系。

Bolton 等（2010）的研究表明，亲和性能够预测总体的反生产行为和人际指向的反生产行为，外向性能够预测偷窃行为，责任心能够预测总体的反生产行为以及怠工和偷窃行为，开放性能够预测生产偏差行为。负性情感特质会使人产生负性情绪，进而引发反生产行为。Kaplan 等（2009）的元分析结果表明，负性情感特质（Negative Affectivity）与反生产行为之间显著相关。Douglas 等（2001）研究发现，负性情感特质与进攻行为显著相关。控制点（Locus of Control）也可以对反生产行为产生影响。内控型个体倾向于将事情的结果归因于自己，而外控型个体则倾向于归因于外部其他因素，从而出现报复行为的可能性更大。Spector、O'Connell（1994）的研究发现，在工作压力过大时，外控型个体更可能实施反生产行为，在组织指向和人际指向的反生产行为两个维度中，与前者的相关性更强（O'Brien、Allen，2008）。

（2）工作态度方面。很多研究证实，员工的工作态度变量如组织承诺、工作满意感等对反生产行为有显著影响。Meyer 等（2002）通过元分析发现，组织承诺与反生产行为显著负相关⑦。Dalal（2005）的一项元分析显示，工作满意感与反生产工作行为显著负相关。Mount 等（2006）通过路径分析证实了工作满意感与组织指向的反生产行为和人际指向的反生产行为都有直接关系。然而，Lau 等（2003）通过元分析发现，工作满意与偷窃、生产偏差、缺勤等反生产行为间具有较弱的负相关关系，工作满意对迟到和酒精滥用有更微弱的影响。

（3）人口统计学特征方面。学者们主要从性别、年龄、教育水平、任职时间等方面考察对反生产行为的影响。Hollinger、Clark（1983）的研究表明，男性比女性有更多偷窃行为，年轻组（16—25 岁）比年老组（25 岁以上）更容易偷窃雇主。Lau 等（2003）发现，总体上年龄大的人从事较少的反生产行为（包括偷窃、生产偏差、迟到、缺勤及酒精滥用）；男性更容易酒精滥用，女性更容易缺勤；随着年龄的增加，缺勤行为逐渐减少。郭文臣等（2015）的研究结果显示，不同性别的员工在反生产行为各个维度上存在显著差异，且男性比女性有更多的反生产行为。Mensch、Kandel（1988）的研究发现，一个人的教育水平与工作场所酒精及药物滥用有关。Robinson 等（1998）的研究中指出，岗位任职时间与和反社会行为有关。

2. 工作因素

工作的一些特征可以使员工产生工作压力，引发员工的负性情绪，进而产生反生产行为。Martinko 等（2002）将任务困难性列入反生产行为的情景因素。Hackman、Oldham（1980）认为，当员工所从事的工作丰富化程度低时，员工倾向做些摆脱单调感的事情，比如休息。而从事丰富化工作的员工则表现出较低的缺勤率和离职率。Klein 等（1996）的研究发现，工作自主性差的员工报告了更多的反生产行为。技能多样性、任务完整性、自主性等工作特征与退缩行为之间有负相关关系（Rentsch 等，1998）。Fox 等（2001）发现，自主感与组织指向的反生产行为显著相关。

3. 组织因素

组织因素主要包括组织公正、组织控制和组织伦理氛围。根据因果推理理论，当员工感到组织不公时，员工负性情绪被激发，因此容易产生报复组织的行为。Aquino 等（1999）考察了组织公平的三个维度：分配公平、程序公平和互动公平与员工偏差行为的关系，研究表明，互动公平、分配公平与人际指向偏差行为负相关，而互动公平与组织指向偏差行为负相关。Hollinge 等（1982）的研究发现，对员工偏差行为进行非正式控制比正式控制更有效，他们发现，组织处罚的确定性和严厉性与员工偷窃行为相关。Trevino、

Youngblood（1990）的研究指出，组织伦理氛围与员工的道德决策密切相关，员工不道德的决策使偏差行为出现。

四、反生产行为的控制策略

反生产行为控制策略的实证性研究不多，主要是理论性探讨。对组织和管理者来说，反生产行为的控制策略有以下几个方面。

1. 加强在员工招聘过程中的素质考察

管理者在招聘与选拔工作实践中，应加强对候选者责任心、伦理意识等素质的考察，通过诚实性测试等测试工具将那些具有反生产行为倾向潜在特征的个体筛选出去，从而通过招聘环节来减少反生产行为。

2. 重视员工的职业生涯管理

因为当员工有了更好的期待后，就会越加要求自己在工作上有更好的表现。对员工的职业生涯规划加强管理，尽力满足员工的期待。这既是对员工的尊重，也是组织发展的内在要求。当组织中的员工把组织当成"家"来看待，个体的反生产行为自然会减少。

3. 规范领导和管理行为，公平对待员工

如果领导能够以身作则切实关心员工和组织的发展，那么下属就会用规范的行为来严格要求自己，减少自己的反生产行为。

领导者和管理者要在组织中用公正的态度和做法对待员工，对待工作，要统一起来，要一个标准，要一碗水端平。这样，整个工作氛围就会是一个公正公平的环境，也使得员工自己以公正公平的态度对待工作、对待自己。

4. 向员工提供支持与帮助

组织可通过提供支持和帮助来安抚员工，降低员工内心的消极情绪。比如，组织通过培训来提高员工的工作技能，从而使得员工可以承担压力大的工作；领导也可以通过沟通、谈心、反馈等不同的方式消除员工的不满，但是在与员工进行沟通时注意不要摆架子，尽可能地倾听员工的心声；组织通过心理咨询也可以有效调节员工的负面情绪，在组织有关部门设立心理咨询处，或者有条件的基础上成立一个心理咨询小组。这些方法和措施都会有效解决员工的负面情绪，提高员工的积极性，进而避免组织中反生产行为的发生，提高组织办事效率。

5. 端正态度，正确识别建设性和破坏性反生产行为

需要改变传统对反生产行为的片面认知，不要一致的以为反生产行为就是消极的、不良的和没有任何积极作用的行为，我们要学会用更加全面的、辩证的态度来对待反生产行为，既要看到反生产行为的消极影响，同时也应该思考并抓住反生产行为可能的积极作用。这个观点在后文的思考与总结里面也会有进一步的阐述。

管理者需要根据反生产行为产生的真实原因和动机以及对行为潜在影响的综合分析来进行判断。若员工行为带有很强的投机性，给组织和他人带来严重的消极影响和后果，则可视为破坏性反生产行为；若员工行为只是表达对组织不公平的不满或其他旨在改进组织的行为，其中做出了某些破坏组织纪律和组织规章，但是没有产生恶劣结果的不自觉的行为，则可视为建设性反生产行为。对于建设性反生产行为，组织应该持鼓励的态度，但是要对员工做好工作，即要求员工能够以恰当和适当的方式表达自己对组织的意见。对于破坏性反生产行为，组织应加强惩戒措施。

此外，也有学者认为，应当加强组织文化建设，倡导尊重员工的文化。但另一些学者认为，组织文化

建设的操作性较难，不能只是借"以人为本"而纸上谈兵，而是必须思考如何将"尊重"体现在对员工的具体工作中。显然，这些学者更注重反生产行为控制的硬性策略，如聘用制度和职业生涯管理制度的完善等。不过，从理论上讲，管理既需要硬性手段，也需要软性方法。如果尊重员工的文化真正得以建立，反生产工作行为将有所减少。

第五节　职业礼仪

随着国内国际交往的频繁，各种场合对人的礼仪的要求越来越高，礼仪日益成为个人修养和社会文明的一个重要标志，人们的正常生活中离不开礼仪。正如古代道德家孔子说过的，"不知礼，无以立也"。职业礼仪不仅是职业人自身良好职业道德修养的表现，更为重要的是，职业礼仪是职业人职业行为规范的重要组成部分。作为一名合格的职业人，不仅要有高尚的品德修养、广博丰富的知识、高超的工作能力，还要有受人尊重的职业形象。而职业形象的提升与对职业礼仪的遵守是分不开的。职业人的职业礼仪的核心是对本职工作的尊重与热爱。

一、礼仪与职业礼仪的概念

1. 礼仪

礼仪是人类文明和社会进步的重要标志，它既是人际交往活动的重要内容，又是社会伦理道德文化的外在表现形式。在进入文明社会以后，礼仪活动被运广泛用于各种社会交往中。

从字面上来看，"礼"，主要是指礼貌、礼节；"仪"，是指仪表、仪式。在人际交往当中，凡是把人的内心的待人接物的尊敬之情，通过良好的仪表表现出来就是礼仪。礼是人们在社会生活中交往相处时，应按各自身份所遵循的行为规范。仪亦为礼，两者相通，仪侧重体现礼的外在形式，使礼更具有权威性和可操作性。

礼仪是在社会交往中由于受历史传统、风俗习惯、宗教信仰、时代潮流等因素的影响而形成的、为人们所认同和遵守的、以建立和谐人际关系为目的的行为准则与规范的总和。具体表现为礼貌、礼节、仪表、仪式等。其中，礼貌是指在人际交往过程中，通过言语和动作向交往对象表示谦虚和恭敬的表现，它侧重表现人的品质和素养；礼节是指人们在交际场合，待人接物的行为规则，具有严格规定的仪式，并反映着某种道德原则，反映着对人的尊重和友善；仪表是指人的外表，包括容貌、姿态、风度、服饰和个人卫生等；仪式是礼的秩序形式，即为表示敬意或表示隆重而在一定场合举行的、具有专门程序的规范化的活动。总之，礼貌、礼节、仪表和仪式都是礼仪的具体表现形式，礼貌是礼仪的基础，礼节、仪表和仪式是礼仪的基本组成部分。

从国家和民族的角度来看，礼仪是一个国家和民族的社会风貌、道德水准、文明程度、文化特色及公民素质的重要标志。中华民族是一个拥有五千年文明历史的民族，我们拥有灿烂的、博大精深的文化，而中华民族又素以崇尚礼仪而著称于世，被誉为"礼仪之邦"。我国《公民道德实施纲要》指出，开展必要的礼仪、礼节活动，对规范人们的言行举止有重要作用。

2. 职业礼仪

职业礼仪是在职业人际交往中，以一定的、约定俗成的程序、方式来表现的律己、敬人的过程，涉及着装、交往、沟通等多个方面。职业礼仪是职业人职业素养的外在表现，是职业道德观念所反映的行为准则，是职业行为规范的重要组成部分。从交际的角度来看，职业礼仪是职业人际交往中适用的一种艺术、一种交际方式或交际方法，是职业人际交往中约定俗成的示人以尊重、友好的习惯做法。从沟通的角度来看，职业礼仪是在人际交往中进行相互沟通的技巧。

职业礼仪具有职业性的特征，不同的职业可能会有不同的礼仪规范。职业礼仪也有引领性、示范性的特征，上司的礼仪表现会深深地影响下属员工的礼仪，因此职业礼仪规范的遵守影响着组织文化的建设。职业礼仪还具有整体性的特征。一个职业人职业礼仪的失范可能会影响职业群体的整体形象，影响整个组织形象。

二、职业礼仪的内容

(一)仪表礼仪

仪表风度是职业人自身素质的外在表现，也是一种影响工作的因素。仪表的好坏，有时会影响工作时与人沟通的效果。因此，职业人一般应当具有净素的仪表美、儒雅的风度美，衣着款式应简洁大方、色彩雅致，化妆自然清新，使整个形象庄重得体。

1. 着装礼仪

职业人的着装不仅反映着职业人的个性、文化素养和审美品位，还体现着社会风尚。职业人不一定要统一着装，但要干净、整齐、文雅，要适合自己的身材、性别、年龄的特点，要显得有素养、有艺术品位，没必要穿奇装异服，也没必要穿华装革履。除了某些特殊职业，一般不能过分张扬和凸显个性。在工作中，职业人的着装要简洁端庄、美观大方、赏心悦目，不能打扮得过分休闲，女性衣服不能过短、露、紧、透、艳、异，男性不能脏、乱、破，一般不能太前卫、太时尚、太轻浮，要符合时间、地点和职业人的身份。要和谐而得体，朴实而自然。

2. 妆饰礼仪

在现代生活中，化妆的目的在于表现个人的整体美，身体各部分的化妆需要协调统一、整体考虑，要体现健康、优美、充满活力的精神面貌。女性职员应着淡妆，一般不能浓妆艳抹，要注意化妆技巧，做到与服饰协调、与环境协调。不在办公室、社交场合、同事的面前化妆。饰和服要整体搭配、整体协调，佩带饰物要注意把握分寸，慎重选择，表示独特的品位。工作妆要自然，妆成有却无。

修饰主要是对仪容的修饰，在仪表礼仪中，仪容一般是指不着装的头部和手部这两大部位。仪容的修饰有利于维护自尊，体现对他人的尊重，更有利于沟通和交往。职业人要保持仪容的端正，应当对仪容经常修饰，做到干净、整洁、卫生，比如对头发的修剪要求头发干净、整齐、长度适当、发型简明；女性职员的头发一般不能太短，不能过分地时尚和前卫。男性职员的头发一般不能太简约或太长。面部的修饰要注意面部干净、眉毛修剪、眼部修饰、口腔清洁等；手部的修饰要求双手清洁、修剪指甲、保养良好。

(二)言谈礼仪

职业人言谈时应该多使用敬语，但过分夸张的敬语是一件令双方都很尴尬的事，这需要在平时待人接物上下工夫。说话时要注意视线处理，不要低头，要看着对方的眼睛或眉间，不要回避视线，不要一味直勾勾地盯着对方的眼睛。做出具体答复前 . 可以把视线投在对方背景上约两三秒钟做思考。开口回答问题时，应该把视线收回来。

谈话时要集中注意力。无论谈话投机与否，或者对方有其他的活动，如暂时处理一下文件接个电话等，

你都不要因此分散注意力。一般不要四处看，显出似听非听的样子。过分冷淡或过分热心都使得对方难以应对，都容易破坏交谈。职业人应避免不良的言谈习惯。

(三)举止礼仪

举止是指人们的仪姿、仪态、神色、表情和动作，可以体现人的思想和感情。职业人的表情要以一种自然放松的状态和对象互动，要友善，不能高高在上，要有亲和力，不能冷若冰霜。职业人要使自己的举止得体，以高雅的举止展现自己良好的礼仪形象，需要做到举止标准正确、稳重端庄，姿态动作落落大方，不能指指点点，动作要少而精，肢体语言要检点，有示范效应。这就要求职业人无论是站姿、坐姿、走姿，还是手势，都要大方、美观、规范，符合时间、场地的要求，举手投足都表现出职业人应有的文明礼貌。职业人从容的步履、端庄自然的站姿、亲切关心的目光、生动恰当的手势等，都能给对象以美的感染从而便于职场人际关系的沟通与处理。

(四)场所礼仪

除特殊职业外，一般职业人大部分时间都是呆在工作场所里，职业人的工作场所礼仪由许多的分支组成，如岗位礼仪、办公室礼仪、公共场所礼仪等。其中，岗位礼仪是基本礼仪。职业人要坚守岗位，敬业奉献。要按时保质完成工作，以免影响工作流程中他人的工作。在工作岗位中，对待同事和客户要互相尊重，维护秩序。

就办公室礼仪而言，职业人应在细节上来规范自己。首先，办公室礼仪应注意首先要保持环境美；其次，要注意办公行为规范。在办公室要办公，不能办私事，为人处事要认真，一丝不苟，要细致耐心；最后，办公室的办公工具要摆放有序，力求美观和谐。

由于工作的关系，职业人经常为了工作出入公共场。要遵守公共场所规则，守时、守纪、守礼。遵守公共场所作息时间。要爱惜公物，讲究秩序，保持安静，不能损害公物，在公共场所中要文明待人，礼让三分，表里如一。

(五)活动礼仪

职业人因为工作的原因需要参加很多社交活动，如拜访活动、招待活动、宴会活动、面试活动等，无论参加什么活动，职业人都应遵守基本的社交行为规范。活动礼仪要求，自己在活动中要正确了解对方，恰到好处地表达自己对方的尊重和善意。职场中要面对各种各样的人际关系，职业人要妥善处理各种关系。要摆正位置，若非原则问题不要评判对方。要端正态度，表现出对交往对象的尊重和宽容。

以客人的身份拜访他人时候，要有约在先，约好时间和地点，以公共场合为好。守时限定，遵时守约非常重要，如果不能履约，应及时通知。谈话要限定内容，限定活动范围，适可而止，该结束就结束。

招待客人时，要注意迎来送往，要定好时间，定好地点，定好接送的人，显示接送的规格，要注意善始善终；款待客人还要注意准备好茶水、糖、烟等；招待客人时候还要注意专心，不要对客人不理不睬，要平等对待，不能厚此薄彼；在细节上还要考虑到膳宿的问题，作出周到、细致的安排。

参加宴会，要尊重礼节，从同客人共同进餐的表现来看，要不吸烟，多让菜，祝酒不劝酒，不在餐桌上化妆和修饰自己，吃东西的时候不要发出声音。安排宴会的时候首先要考虑座次的问题，其次要考虑客人之间的关系问题，将关系好的安排在一起。座次安排上要注意场合有别。

职业人参加面试活动时也需要注意礼仪。进面试房间后，一般应关门，动作要轻，面试开始前，要行礼并说出自己的名字，面试中要使用敬语，保持注意力，要做到知之为知之、不知为不知，诚实礼貌待人。

三、职业礼仪的培养途径

1. 增强职业礼仪意识

一些职业人，由于从小养成的习惯，平时不太注意一些礼仪规范，举手投足都比较随便、散漫。比如走姿、站姿、坐姿不规范，说话不用文明用语，甚至不知道轻拿轻放、随手关门，穿着打扮不注意场合身份等。这些虽然都是小事，但是到了特定情况下就会成为影响职业人一生的大事。因此，组织需要通过各种途径让职业人意识到礼仪的重要性。比如，可以在平时的上下级接触中，上司有义务向初入职场的职业人说明遵守礼仪的重要性。当然，最重要的还是职业人自身需要多了解并理解礼仪知识，加强学习，在工作实践中增强意识。

2. 培养日常礼仪习惯

养成个人职业礼仪的良好习惯，不仅是提升自身竞争力、提高职业能力的需要，也是组织发展的要求。俗语说"习惯成自然"。英国哲学家约翰·洛克曾经指出，礼仪是儿童与青年所应该特别小心地养成习惯的第一件大事。有些职业人之所以不懂职业礼仪，习惯差，都是因为在平时的生活中不注意礼仪习惯的培养。实际上，职业礼仪深受日常礼仪的影响。对于某些已经散漫惯了的职业人，要培养职业礼仪习惯，就要从最基本、最日常的要求做起。比如，要求做到站如松、行如风、坐如钟，不随便丢垃圾，见到上司要问好，和同事客户谈话要面带微笑，随时使用"请、谢谢、对小起"等文明用语，穿着打扮要自然大方等。同时，同事之间要进行互相监督，随时纠正不良的行为习惯。如果职业人注意遵守日常礼仪规范，职业礼仪习惯的养成就指日可待。

3. 向优秀同行学习职业礼仪规范

不同行业对职业礼仪的要求是有区别的。已入职场的职业人可以向本组织的优秀同事学习，也可向其他组织的优秀同行学习。实际上，职业礼仪作为一种行为规范，需要在潜移默化中得到培育，为此，职业人需要在工作中多接触优秀员工，学习他们的优秀礼仪规范。

对于即将步入职场的学生，学校要拓展实习空间，实习中不仅要注意能力的提高，也要注意职业礼仪的培养。要使学生认识到与本专业有关的职业礼仪，必须让学生进行实地的观察和专业的训练。如旅游专业的学生可以去旅游公司，亲自感受优秀导游的礼仪规范，亲身体会专职导游的专业用语和文明用语以及接待游客的方式方法等。

4. 参加形式多样的职业礼仪培训和竞赛活动

虽然很多职业人在学校时就已了解了职业礼仪规范，并且可能接受了基本的专业礼仪训练，但为了使职业人进一步熟练掌握礼仪规范，组织有必要组织员工开展各种形式的职业礼仪培训和竞赛活动。对服务型岗位来说，更是如此。如银行柜台、宾馆前台、景点解说、商场柜台等。职业人要积极参加培训与竞赛活动，要从表情、服饰、姿态、礼貌用语、热情接待服务等多方而进行训练，使自己进一步感受到行业气氛，熟悉并学会各种礼仪规范。

本章复习思考题

1. 什么是职业行为？简述职业行为的分类。

2. 一般职业人的需求有哪些？与非职业人相比，职业人的需求有何不同？

3. 职业人行为一般收到哪些约束？职业人行为的本质是什么？

4. 什么是职业责任？简述职业责任与职业道德的异同。

5. 什么是工作职责？岗位说明书有何作用？

6. 什么是组织公民行为？组织公民行为的内涵有哪些？我国职业人组织公民行为有哪些维度？

7. 什么是反生产行为？简述反生产行为的影响因素。

8. 什么是职业礼仪？试述职业礼仪的培养途径。

圆霖 绘

本章自测题

一、单项选择题

1. 当你写完一份公司年终工作总结后，你通常会采取哪一种做法（　　）？

A. 反复检查，确认没有错误才上交

B. 确信自己已做得很好，不再检查就上交

C. 先让下级或同事检查，然后自己检查后再上交

D. 先交给上司，视领导意见而定

2. 在工作中当你业绩不如别人时，你通常会采取哪一种做法（　　）？

A. 顺其自然

B. 努力想办法改变现状

C. 请同事帮忙

D. 换个工作

3. 当你的同事把公司的实际情况告诉顾客，使得即将签定的一份生意丢失时，你认可以下哪一种说法（　　）？

A. 损害了公司的利益，是一种不敬业的表现

B. 损害了公司的的名誉，是一种严重的泄密行为

C. 虽然损害了公司的的名誉，但是一种诚信行为

D. 虽然损害了公司的的利益，但维护了公司信誉

4. 关于人与人的工作关系，你认可以哪一种观点（　　）？

A. 主要是竞争

B. 有合作，也有竞争

C. 竞争与合作同样重要

D. 合作多于竞争

5. 假设你是单位公关部职员，需要经常参加宴请宾客的活动，饭桌上喝酒是少不了的，但你不胜酒力。为了既做好公关工作，又能让客人满意，你通常会采取哪一种做法（　　）？

A. 为了完成工作，不能喝也喝

B. 事先向客人做出解释，获得客人的理解

C. 客人怎么劝也不喝

D. 虽然自己酒量不行，但可以通过展示自己的人格魅力，赢得客人的尊重

6. 当领导交给你一项对你来说比较困难的工作时，你会选择哪一种做法（　　）？

A. 先接受，能否完成再说

B. 接受时向领导说明情况，再想尽办法去完成

C. 接受时向领导说明难度，请求领导多派人手

D. 接受时让领导降低难度

7. 如果经理做出一项影响公司效益的决定并委派你执行时，你会采取哪一种做法（　　）？

A. 说服经理改变决定

B. 尽管不情愿，还是努力完成任务

C. 采取迂回战术，把事情拖黄

D. 坚决反对，拒不执行

8. 厂长让会计小林在账目上做些手脚，以减少纳税额，并对他说，若不这样做，小林的工作不保，假如你是小林，你认为以下哪一种做法是可行的（　　）？

A. 宁可被开除，也不做假账

B. 向有关部门反映

C. 做真假两本账，既能满足厂长的要求，又能保留证据

D. 明确提出辞职

9. 假如你是某公司的销售人员，在销售活动中，购买方代表向你索要回扣，你会采取哪一种做法（　　）？

A. 向公司领导请示，按领导指示办

B. 为了与对方建立长期的供货关系，可给对方一定数量的回扣

C. 不给回扣，但可以考虑适当降低价格

D. 考虑用小礼品替代回扣

10. 某电冰箱厂总装车间清洁工在打扫卫生时发现了一颗螺丁，假如你是这位清洁工，你会采取哪一种做法（　　）？

A. 将这颗螺丁放入垃圾埇内，以免扎伤人

B. 将这颗螺丁捡起后交给仓库保管员

C. 将这颗螺丁交给车间主任，并请其查证是否是漏装的

D. 当作可回收废品处理

二、多项选择题

1. 你认可以下哪些说法（　　）？

A. 碗里剩下一粒米也要吃光　　　　　　B. 工作忙时，地上掉了一块钱也不去拣

C. 水龙头滴水，马上关紧　　　　　　　D. 打印纸用完正面再用反面

2. 下列做法中，不利于塑造自身良好职业形象的是（　　）。

A. 应酬时冲别人打哈欠、咳嗽和打喷嚏　　B. 面试时翘着二郎腿

C. 与人交谈时要言到心到　　　　　　　D. 衣服不整洁且有异味

3. 我们的职业形象包括下列哪些方面（　　）？

A. 简单的修饰　　　　　　　　　　　　B. 得体的着装

C. 优雅的仪态　　　　　　　　　　　　D. 岗位的职能

4. 关于遵守职业礼仪的意义，以下叙述正确的是（　　）。

A. 职业礼仪是职业成功的助力

B. 职业礼仪可以展现职业的本色

C. 职业礼仪能够协调企业内部的人际关系，促进企业和谐

D. 职业礼仪能够塑造企业良好的形象，提升企业竞争力

5. 人格是影响个体行为的重要因素。下列选项中，哪些属于大五人格（　　）？

A. 外向性　　　　　　　　　　　　　　B. 开放性

C. 稳定性　　　　　　　　　　　　　　D. 亲和性

第六章　职业核心能力

学习目标

■ 理解职业核心能力的概念和内容

■ 了解信息处理和问题解决的步骤，理解这两种能力的概念

■ 理解情商和人际沟通模式，掌握人际沟通能力和跨文化沟通能力的概念

■ 理解创新能力、内部创业能力、自主学习能力的概念和影响因素

■ 掌握时间管理的概念和方法，理解执行力和领导力的概念和培养方法

第一节　职业核心能力的概念与内容

一、职业核心能力的概念发展

20 世纪 70 年代以来，随着全球经济结构的调整和劳动力市场需求的变化，一些国际组织和主要工业化国家开始日益重视对劳动力市场及其劳动力政策的研究，并对教育政策进行规划调整。1972 年联合国教科文组织国际教育发展委员会提交了《学会生存——教育世界的今天和明天》的报告。报告明确指出，"教育应该帮助青年人在谋求职业时有最适度的流动性，便于他们从一个职业转移到另一个职业或从一个职业的一部分转换到另一部份"，"建议把终身教育作为发达国家或发展中国家在今后若干年内制定教育政策的主导思想"。在经济合作与发展组织（OECD）和国际劳动工局（ILO）的框架内，德国联邦劳动市场与职业研究所（IBA）开始对劳动力市场和职业领域的有关问题开展研究，其中劳动力的供求关系与教育的策略是这个机构的一个重要研究领域。1972 年，IBA 的所长梅腾斯向欧盟提交了一份题为《职业适应性研究概览》的专题报告，第一次运用了"核心能力"的观念，并提出核心能力的目标是"教育内容和方法，以确保全面性和可迁移性"，并把核心能力看作是"进入日益繁杂和不可预测的世界的工具"，是"促进社会变革的一种策略"。1974 年，梅腾斯又在其《关键能力——现代社会的教育使命》一文中对核心能力做了系统的论述。梅腾斯认为，核心能力是指具体专业技能和专业知识以外的技能，是一种"跨专业的"、"可携带的能力"。并且这种能力已经成为劳动者的基本素质，从而能够在变化了的环境中重新获得新的职业知识和技能。

核心能力的概念提出后，很快被普遍接受和进一步发展，并在八九十年代广泛地被应用于教育领域，成为学校教育、特别是职业教育的一个基本概念。在职业教育领域，一般认为，职业核心能力是指职业人在其职业活动和职业生涯中所拥有的，具体专业技能和专业知识以外的，满足个人与组织发展需要的基本职业能力。

职业能力可以分为一般能力（Ability）、专业技能（Skill）和综合能力。作为跨专业的职业核心能力主要是一种综合职业能力，但也会涉及一般能力，因为不同能力素养本来就是互相影响的。

二、职业核心能力的内容

由于各国历史文化渊源和政治经济状况不同，对职业核心能力内容的理解也有着见仁见智的差异。英国构建了完善的核心能力培训认证体系，实施了六项核心能力（与人交流、信息处理、数字应用、与人合作、解决问题、自我提高）的培训和认证。美国劳工部获取技能部长委员会（SCANS）提出，劳动者应拥有五种基础能力，即合理利用与支配各类资源的能力、处理人际关系的能力、获取信息并利用信息的能力、系统分析能力和运用多种技术的能力。新加坡就业技能体系（ESS）中的 10 项基本技能则涉及"工作读写和计算能力、信息交流技术、解决问题与决策、积极进取与创业、与人沟通与人际关系管理、终身学习、全球化意识、自我管理、心理平衡技能、健康与安全工作能力"等。

我国从 20 世纪 90 年代开始，陆续开展对职业核心能力的理论研究与实践探索。1998 年，劳动和社会保障部在《国家技能振兴战略》中将人的职业能力分为三个层次：职业特定能力、行业通用能力和职业核心能力。其中，把职业核心能力分为 8 项，称为"8 项核心能力"，包括与人交流、数字应用、信息处理、与人合作、解决问题、自我学习、创新革新、外语应用等能力。2011 年，教育部教育管理信息中心全国职业核心能力认证办公室编制的《全国职业核心能力测试大纲》（第一版）提出，"职业核心能力是在人们工作和生活中除专业岗位能力之外取得成功所必需的基本能力"，包括基础核心能力、拓展核心能力、延伸核心能力。其中，基础核心能力主要包括职业沟通、团队合作、自我管理；拓展核心能力包括解决问题、信息处理、创新创业；延伸核心能力包括领导力、执行力、个人与团队管理、礼仪训练、五常管理、心理平衡等。

综上所述，可以发现，虽然世界各国都认为这些能力对人们的职业发展是最基本的和必需的，但对于职业核心能力的理解和认识各有侧重、各有不同。考虑到当前人才培养的重点是"培养产业转型升级和企业技术创新需要的发展型、复合型和创新型的技术技能人才"的人才培养定位，那么，核心职业能力包括哪些基本内容？首先，对发展型人才而言，产业转型升级或者技术发展意味着社会职业与岗位的变迁，新的专业技能急需被掌握，因此，信息处理、时间管理、执行力、学习等能力就显得特别重要。其次，从复合型人才的要求来讲，既要有专业能力，更要具备问题解决、人际沟通、团队领导等能力。再者，对创新型人才而言，其学习能力、创新能力则是必需的。

本章以 2011 年教育部教育管理信息中心全国职业核心能力认证办公室的分类为蓝本，结合现有的研究和实际，主要介绍信息处理能力、问题解决能力、时间管理能力、执行力、人际沟通能力、领导力、创新创业能力和学习能力。我们的观点是，信息处理能力、问题解决能力和时间管理能力是所有职业人都需要注重培养的基本型核心职业能力；执行力、人际沟通能力和领导力，分别是企业一般员工、中层员工和高层员工尤其值得重视的关键型职业核心能力；创新创业能力和学习能力是发展型职业核心能力。

第二节　信息处理与问题解决能力

一、信息处理能力

关于信息处理能力的界定，目前还没有统一的比较权威的观点。有人认为把信息处理能力和信息能力是一致的；也有学者根据不同的角度（如技术学），将信息素养定位于信息处理能力，但从严格意义上来说，信息处理能力和信息能力是有区别的，从两者的关系上看，信息处理能力是构成信息能力、信息素养的一部分。迄今为止，关于信息处理能力的论述相对较少，关于信息能力的研究则很多。"信息能力"一词的出现与时代有着很大的关系，事实上，信息能力是一种一直都存在的能力，只是早期没有学者对其概念做专门的论述。日本一位学者指出，信息能力从人类产生之初就已经出现了，因为人类无时无刻不在进行着信息的获取、加工、传递和运用，这些都是信息能力的功能表现。人类若不具有基本的信息能力，就无法生存，人类社会也就不会发展，人类文明也将不会存在。我国信息能力的概念最早来源于情报能力，发展到后来就用"信息能力"一词代替"情报能力"，主要包括能充分利用新的信息技术去获取以及处理所需要的信息的能力；遇到问题时能清楚知道需要哪种信息去解决问题；具备分析、鉴别、评价信息的来源及其价值的能力；能探求与个人兴趣有关的信息；能够精确地、创造性地使用信息等。

关于信息处理能力的论述，乔以斯、韦尔在《信息处理教学模式》一书中指出，信息处理指的是个体接受外界环境的刺激，进而组织材料、发现问题、形成概念和解决问题的一系列过程，以及运用言语和非言语符号的方式。根据学者们对信息处理的界定，本书将信息处理能力界定为：个体能够从各种性质的材料、信息中提取出关键的、有效的信息，对提取出的有效信息进行加工处理、整合，应用于实际问题的解决，并能完成对信息的评价与创新的能力。具体可以从以下四个方面去理解其含义：

首先，是信息的提取。信息的提取指的是根据一定的目标，能够采取一定的方法、手段从众多的信息源中搜集到符合目标的信息。要能够全面地提取所需信息，必须了解和掌握各种信息源，判断所需信息的信息源范围。信息提取能力是信息处理能力的基础，只有能够有效提取所需信息，才能进行对信息的加工处理、利用以及表达交流。

其次，是信息的加工和整合。即对所提取的信息进行分析整理，去粗取精，去伪存真，筛选出有效信息，用各种方法手段对信息进行加工处理，使信息有序化、系统化，形成一个统一的知识网络，以便读懂、理解其中隐含的有意义的信息。信息的整合是指通过对信息的提取、鉴别、加工处理后，把自身的信息和所获取的信息进行系统综合，并表达交流。

再次，是信息的应用。应用信息是将经过分析、加工、整合后的新信息，用来解决实际问题的过程，目的是实现知识的升华。前面信息的提取和加工处理的目的就是为了能够有效利用信息，只有有效地利用信息来解决问题，信息的价值才能真正得以体现。

最后，是信息的评价创新。对所需信息进行提取、加工整理和应用后，还要对信息进行评价，以便创新信息并进一步应用于实际工作和生活中。

二、解决问题能力

如果说问题发现能力在于洞察力，在于如实认知，那么解决问题能力则涉及更多的方面。一般而言，问题发现是前提，但问题发现并不等于问题的解决，虽然问题的发现有助于问题的解决。职业工作中常见的现象是，知道问题所在，但没有办法。一个广泛存在的例子是，大家都知道身体重要，但身体不够健康的人比比皆是。因此，解决问题能力的培养尤其需要重视。

1. 解决问题能力的概念

问题（problem）是指在目标确定的情况下却不明确达到目标的途径或手段。解决问题（problem solving）是指在问题空间中进行搜索，以便使问题的初始状态达到目标状态的思维过程，是个体对问题情境的适当的反应过程。心理学对解决问题的解释是，由一定的情景引起的，按照一定的目标，应用各种认知活动、技能等，经过一系列的思维操作，使问题得以解决的过程。例如，证明几何题就是一个典型的解决问题的过程。几何题中的已知条件和求证结果构成了解决问题的情境，而要证明结果，必须应用已知的

条件进行一系列的认知操作。操作成功，问题得以解决。

解决问题能力（problem solving ability）就是一种面对问题的习惯和处理问题的能力。这种能力体现在：一个人在遇到问题时，能自主地、主动地谋求解决，能有规划、有方法、有步骤地处理问题，并能适宜地、合理地、有效地解决问题。

解决问题能力是数学能力的基本成分之一。因此，解决问题能力的培养可以通过发展数学思维能力来提高。解决问题能力的培养是复杂的，涉及多种能力的培育，如培养预测能力就是一种有效的方式。我们每天都要面临如何解决问题的困境。在这种情况下，无论在时间上还是在资源上都不允许调查完所有情况后再拿出解答。如果你能在限定的时间内只用很少信息就能找到最佳解答，这就意味着你的解决问题能力已经实实在在地提高了。这里，如果预测能力不足，你是很难高效地选择信息的，一旦信息过多，就会延误做决策的时机。并作出决策效率和效果，最终影响问题解决。

2.“解决问题”的主要步骤

（1）拟定问题的解决计划。

问题的解决计划可以理解为解决问题的总体思路或者总体方案。总的思路要包括问题的指向、解决的计划等。制订解决问题计划要坚持如下原则：“解决途径应当或是分析性的，或是启发性的，或是二者的结合。二者都必须首先确定以前的经验、原先的知识和解决方式能被用在当前场合的程度”。分析就是将研究对象的整体分为各个部分、方面、因素和层次，并分别加以考察的认识活动。“分析的意义在于细致的寻找能够解决问题的主线，并以此解决问题。”这就需要分析问题的性质。问题的性质不同，相应的解决途径也不同，解决的步骤计划也不一样，选择方式也不同。自我启发是解决问题的起步阶段，也是提出推测性解决步骤的最初设想。

在解决问题的过程中，要根据任务需要和个体学习的客观规律，结合问题的实际情况，采用多种思维方式，如发散性思维，达到启发思维并调动个体的主动性和积极性的目的。这两者要引发个体对以前是否遇到类似的解决问题和解决方法的联想，对相关内容的再现。这就需要个体对信息有一定的储备，再根据不同的具体情况，进行有效选择。“在问题情境中，总是存在三个基本情境因素，即主体已掌握的信息，掌握过程，要掌握的信息。”这三个基本情境因素往往会影响到个体的解决问题程序，影响个体知觉所需的知识和技能。脑内的和书面的解决问题的计划，是由分析上述诸情境因素以后形成的。解决问题计划中，可能涉及几种解决方法，但是拟定的计划必须包括解决方案中的优选。

（2）提出推测和论证假想。

提出推测是在前一个步骤的基础上进行的。解决计划的拟定靠的是预见，也就是下一步规划的技能及经验。个体会根据解决一般问题的经验和现有储备的知识，确定自己行动的先后顺序，思维进行必要的加工，模糊地想像问题的解决方式。或者，采用直觉思维，通过猜测来达到问题的部分或者完全解决。经过这种尝试、这种思维加工运作，最终产生出如何解决问题的想法并得出推测。要获得推测，可以通过两条途径：一是从已知的理论、观念、原则和准备中引出；二是根据工作和生活经验中已知的，或由经过观察或进行试验而获取的那些事实和现象，并对这些事实和现象进行必要的归纳而得出。这一过程既是问题性学习的特征，也是一般形态上的科学性研究的特征。这些推测是在最初的、不确切的概念和观念上做出的，因而这些推测或假设有合理的成分，也有不合理的成分，这就需要思维进行下一步活动，即从多种可能推测中选择较为合理的一种假想。例如，“是什么力量推动着大洋里的水运动？”这个问题，可以有四种推测：①大洋的底部不平，水从浅处向深处流；②大海连接陆地，因而高于大洋，故水从大海流向大洋；③流入大海和大洋中的河水引起海洋中水的运动；④风引起海洋中水的运动。经过进一步分析，第①、②、③个推测都不成立，只有第④个推测似乎成立从而成为假想。可见，不是所有推测都能成为假想，只有那些经过论证的那个推测才能成为假想。那么，下一步的任务就是证明（证实）假想。

（3）证明假想。

有这样一种逻辑行为，即在它的过程中，某一思想的真理性可以用"实践已证明的另一种思想"来论证。这种逻辑行为就叫作证明。同时证明也有其相应的结构："论题——它的真理性需用别的判断来论证；论据——借助它们来论证论题的真理性；论证过程本身——是论据与论题的逻辑联结，即一连串推理，其中一个推论跟另一个推论紧密相连。"这里的"别的判断"是指经过实践检验或者事实验证的结论，也就是现有的重要的概念、事实和各种方法以及确立的那些原则，用它们来做证明的论据。

这意味着个体要善于分析和把握信息，分清主要成分和次要成分，沿着推理的思路，对目标进行分析论证。在这个过程中，个体的思路要指向分析、比较和结论等方面，利用事实对假想进行论证。

（4）检验问题的解决结果。

问题的解决是否有效？这需要检验，也就是说，问题的解决过程以通过"检验解决结果是否正确"而告一段落。在一般情况下，已获得解决的问题是否能立即的到检验取决于问题的性质，因为不同问题所需要的时间是不同的。对于即时性问题，可以立即检验，而对于需要时间来检验的问题，判断问题解决的效果是困难的事。不过，对于需要时间来验证的"解决问题"，重温和分析解决过程是必要的步骤。它有助于问题未来的真正解决。

（5）重温和分析解决过程。

为了进一步解决问题。或者，为了牢固掌握对问题解决的方法，重温和分析解决过程显得尤为必要。清楚地重温解决过程的步骤和方法，尤其是分析过程中的错误，认清所出现错误和不正确推测及假想的原因，可以帮助个体认知哪些逻辑方式和操作是合理的，哪些是错误的。重温和分析可以让个体反思，是不是有更为准确的、更为清晰的问题概述方法？有没有更为合理的解决途径？实际上，重温和分析问题解决过程是解决问题的必要步骤，有助于经验的积累，有助于解决问题能力的提高。

总之，解决问题的五个步骤，其实就是强调过程的重要性。而在现实问题解决中，一些职业人过分依赖上司和同事的指导，这对培养自己的问题解决能力是不利的。问题的解决过程，实质是通过解决问题来达到掌握知识、技能的过程。所以职业人需要经常独立自主地解决问题。因为只有在行动本身的过程中才能真正掌握住任何一种行动方式。

第三节 情商与人际沟通

一、情商

情商，又称情绪商数（Emotional Quotient）或情绪智力（EmotionalIntelligence），简称 EQ 或 EI，是心理学家提出的与传统智商相对应的，用以衡量情绪智力水平的一个概念，主要用来反映个体表达、评价、调控和应用情绪的能力。

早在 20 世纪 30 年代，美国著名心理学家亚历山大在其所著论文《具体智力与抽象智力》中首先提出"非智力因素"这一概念。维克斯勒深受亚历山大的启发，在 1940 年提出"一般智力中的非智力因素"这一问题。经过多年的理论和实践探索，1950 年，维克斯勒又在《美国心理学》杂志上发表了《认识的、先天的和非智力智慧》这一论文。在该论文中，他重新阐释了"非智力因素"这一概念。从智力和智慧行为的心理结构方面，维克斯勒对非智力因素的含义做出了这样的概括：从简单到复杂的各种智力因素水平都反映了非智力因素的作用；非智力因素是智慧行为的必要组成部分；非智力因素不能代替智力因素的各种基本能力，但对智力起着制约作用。

到 20 世纪 70 年代中期，以提出"成功中乐观情绪的重要性"理论而闻名的宾夕法尼亚大学心理学教授马丁·赛里格曼，在接受美国某保险公司的邀请后，对该公司 1.5 万名新员工进行了两次测试。一次是该公司常规的智商测试，另一次是赛里格曼自己设计的用于被测试者乐观程度的测试，并对他们进行了跟踪研究。结果表明，没有通过智商测试却在乐观测试中取得"超级乐观主义者"成绩的那一组人在所有人中工作任务完成得最好，他们的推销业绩比"一般悲观主义者"均高出很多。实际上，赛里格曼的"乐观测试"就是情商测验的一个雏型，它在该保险公司中获得的成功在某种程度上证明了：与情绪有关的个人素质在预测此人能否成功中起着非常重要的作用。这为情商这一概念和理论的诞生提供了强有力的实践支持。

1983 年，美国哈佛大学教育研究所心理学教授霍华德·加德纳出版了《心境》（Frame of Mind）一书（又被译为《智能的结构》）。该书被认为是一部影响深远的反智商宣言。加德纳开始致力于智商以外的智力研究。在该书中，加德纳提出了著名的多元智能理论，他认为，人生获得成功的关键不仅取决于某一种独占性的智能，而是取决于范围更加广泛的多元智能。它们是：语言智能、数理智能、空间智能、音乐智能、体能智能、人际智能和内省智能。很显然，加德纳的多元智能理论所包含的七种智能中，涵盖了两种情绪维度的成分：内省智能和人际智能。不难看出，这里的人际智能与内省智能实际上都属于情绪智能的范畴，只不过当时还没有明确使用情绪智能来描述与此相关的能力，这一切为情商概念的产生起到了有益的铺垫与促进作用。

自 20 世纪 90 年代开始，情商理论开始兴起并逐步发展。经过长期的研究，美国耶鲁大学心理学家彼得·沙洛维和新罕布什尔大学心理学家约翰·梅耶于 1990 年首次提出了"情商"这一概念。他们认为，情商主要用于解释以下三种能力：表达、评价情绪的能力；调控情绪的能力；应用情绪体验以取得成功的能力。后来，随着对情商的更进一步深入的研究，彼得·沙洛维又明确指出，情商主要由这四种能力组成：感知自己和他人情绪的能力；利用情绪帮自己思考、决策的能力；了解情绪产生及其波动方式的能力；控制自己和他人情绪以获取正面成效的能力。实际上，"情商"的概念承继了 20 世纪 30 年代亚历山大的"非智力因素"这一概念，其本身乃是一个心理学上的概念。只不过在此之前，人类的智慧活动大都被分为"智力因素"与"非智力因素"这两大类别，其中，"非智力因素"与"智力因素"相对，指除智力因素外的所有其他因素，而在某种程度上，那些相对于智力因素以外的其他因素又可以被总体概括为"情绪智力因素"，因此，根据智商的概念，"情绪智力因素"的商数自然就被称为"情商"了。彼得·沙洛维和约翰·梅耶提出"情商"这一创造性的概念，对情商理论的发展作出了巨大的贡献。

真正使得"情商"风靡全球的乃是美国哈佛大学心理学教授丹尼尔·戈尔曼。1995 年 10 月，时任《纽约时报》的行为科学和脑科学专栏的作家丹尼尔·戈尔曼出版了《情商：为什么情商比智商更重要》一书，该书一出版，随即被翻译成数十种文字，在全球引起广泛轰动，一时间成为街谈巷议的话题。在该书中，戈尔曼指出，在决定人成功的各要素中，智商是重要的，但更为重要的则是一个人的情商。换句话说，一个人能否取得成功，关键在于他的情商而非智商。这是对一直以来传统"唯智商"论的强有力的批判，它开启了情商的新时代。在彼得·沙洛维和约翰·梅耶关于情商理论研究的基础上，戈尔曼将情商的基本内涵做了进一步的拓展与总结，并将其概括为以下五个方面的能力：

①了解自身情绪的能力。古希腊著名哲学家苏格拉底的名言"认识你自己"，揭示了情商的基石——自我意识。自我意识是否良好，意味着个体是否能及时了解和准确认识自身情绪的发生以及处于何种具体的情绪状态之中。

②管理自身情绪的能力。这是一种建立在自我意识基础上的能力，能很好地控制、调节自身情绪的人

可以更快地从生活的失意中走出来，而那些控制自身情绪能力较差的人则常常受到消极情绪的困扰。

③自我激励的能力。一是延迟满足和抑制冲动，这是成功的基础；二是不断地保持对事物的热情，加强自身的动力。

④识别他人情绪的能力。戈尔曼指出，建立在自我意识基础上的同理心是基本的"人事技能"，有同理心的人能够设身处地了解别人的情绪，更能关注到他人的需要或欲望以及其他感受。

⑤处理人际关系的能力。识别他人的情绪是处理人际关系的一个重要方面，善于处理人际关系的人更能得到他人的欢迎与青睐。

戈尔曼关于情商的理论在全世界得到广泛传播，《情商：为什么情商比智商更重要》一书成为 20 世纪最具影响力的书籍之一，雄踞美国《纽约时报》畅销书排行榜前 10 名长达半年之久，连续畅销 10 年，全球销售超过 800 万册。随后，戈尔曼及其研究伙伴对情商的研究继续深入，相继出版了一系列有关情商的书籍。情商理论开始影响人们社会生活的各个方面，开创了人类思维的新起点。在美国，情商不仅被广泛应用于很多大型企业、公司的员工培训和潜能开发，还被列为 MBA 必修课程。情商理论已经在各国教育界引起了强烈的反响，情商培养课程在多个国家已被纳入正式教育体系。

二、人际沟通的内涵与模式

1. 人际沟通的内涵

沟通一词，源自拉丁文，原意为"共同"之意，具有"分享"或"建立共同看法"之意。沟通是一种目标导向，所以人与人之间必须对沟通行为建立期望。由于沟通涉及传播学、社会学、语言学和心理学等学科，因此，从不同的学科的角度对沟通的定义和解释也大相径庭。持机械论观点的学者认为，沟通是指传送者经由管道传送信息给接受者。按心理学观点来解释，沟通是指两个人借相互指导表达他们对刺激的认知。持交互作用论观点的学者认为，沟通是指借设想他人立场来解释某项活动的意义。持系统论观点的学者认为，沟通是指两人结构性关系的互动模式。

沟通的心理学解释认为，沟通是有选择性的、有结构并有模式的，它不是随机、无法遏制或无法则的，它是自愿的、可控的、有方向和目的的。沟通是一方经由一些语言或非语言的管道，将意见、态度、知识、观念、情感等信息传达给对方的历程，而这种信息传达的历程可以发生在人与人之间，也可以发生在团体与组织之间，甚至可以扩展到地区与国家之间。沟通的主体是个人或团体，沟通的内容为观念、态度等信息，沟通媒介和工具的多样性以及沟通是一个过程。沟通是一个影响和改变对方态度的过程，主要通过语言文字来实现，也是一种基本的人际相互作用的社会过程，目的在于建立和发展人际关系和社会关系。总之，沟通是指人与人或团体与团体之间交流传递信息的过程，受到环境、场所、时间、交流者数量和文化背景的影响。沟通是动态的、连续的和不断变化的。沟通过程一般由七个要素组成，包括信息源、信息、通道、信息接受人、反馈、障碍和背景。

人际沟通是指两个以上的个体为了达成各自的目标或实现个人愿望而运用不同的沟通渠道向沟通对象传递知识、态度、情感等有意义信息的相互作用、相互影响的过程。

人际沟通的概念包含以下内涵：沟通主体是一两个以上的人，包括信息发送者和接受者；信息内容涉及知识、情感、态度等方面；沟通渠道为言语或非言语方式；人际沟通具有自己的目标与功能。

人际沟通具有以下特点：①沟通的主体都有各自的动机、目的和立场，都会对自己所发出的信息产生预期。②沟通信息要产生效用，需要沟通的主体之间形成同一的编码体系，即要求具有相同的词汇和语法以及对语义的相同理解。③沟通主体之间处于不断的相互作用之中，刺激与反应互为因果。④沟通中出现的特殊的沟通障碍与某些沟通渠道的弱点以及编码、译码的差错无关，这是个体社会性和心理性的障碍。

2. 人际沟通的模式

早期的人际沟通模式与现今的沟通模式存在较大差异。拉斯韦尔提出的线性模式是最早的沟通模式。这种模式将人际沟通中的沟通者、信息、通道和效果用简明的线性关系予以说明，但是其模式强调沟通的单向循环，忽略了人际沟通的情境和反馈因素。后期将人际沟通看作是一种包含情境、沟通管道、信息传送者和接收者、信息本身、回馈、干扰的过程。该人际沟通模式得到了较多研究者的共识。除了这一基本人际沟通模式，影响较大的人际沟通模式还有以下三种。

（1）实用人际沟通模式

该模式由 Fisher、Adams（1994）提出，认为人际沟通就像螺旋动态流动的过程，强调实用人际模式由个人内在系统、人际系统及情境三个要素组成，这三个要素在人际沟通中皆有其重要性。

（2）韦玻人际沟通模式

韦玻认为，人际沟通的研究就是人际关系的研究。在该人际沟通模式，中他强调四个观点：一是人际沟通关系是随着时间而发展的；二是人际沟通的研究核心是人际关系；三是人际沟通是动态的相互关系，沟通双方同时且持续地发送与接受信息；四是人际沟通是一种交流关系，这种关系不只在人与人之间，也发生在人与环境之间。

（3）人际互动扩展模式

人际互动扩展模式提出了人际互动中的六个要素：第一，目标和动机。沟通技巧的主特质是具有目标导向、有意图的，整个模式即是个体寻求目标并透过相关动机得以达成。第二，中介因素。主要指个体的内在状态、活动或运作历程。第三，反应。如声音、手势、面部表情等，是根据外显行为而使人际互动意义变得更加清晰明了。第四，回馈。其可视为某一系统的输出，成为另一原先输出系统重新被输入的运作控制历程。第五，知觉。是根据物理环境、事件或他人提供我们外在环境的信息而感觉到事物的历程。第六，人与情境的脉络。其中人的因素包括人格、性别、年龄和外貌情境包括目的、角色、规则、行为技能、概念、技巧、困难、语言、演说、物理环境及文化等相关特质。

理解人际沟通模式，有利于我们了解人际沟通中的基本结构和影响因素，把握人际沟通中的可控制因素，加深对人际沟通能力内涵的认识，分析人际沟通中存在的主客观因素，改进人际沟通行为和认知。

三、人际沟通能力与跨文化沟通能力

1. 人际沟通能力

不同理论对人际沟通能力的界定有差异。人际沟通能力的本质内涵可以用特质论、情境论和情境——关系论、过程论三种理论来解释。

持特质论观点认为，沟通能力是个体具有反映跨情境和跨内容的沟通能力特质或倾向，这种特质具有指挥个体沟通行为的能力，使不同刺激能导致相似的行为，特质具有预测人的沟通绩效的功能。因此，只要找到沟通能力的特质，就能通过沟通能力预测人的沟通绩效。

情境论和情境——关系论认为，沟通能力具有一种对特殊作用情境的评估功能，离开特定的沟通情境参量就无法对这种能力作出适当的评估。沟通能力是在情境压力下沟通者在各种可能的沟通行为中选择合适的行为去达到个人目的，且维持着他自己和沟通对象的面子和关系的能力。认为人际沟通能力是指个体的行为适合情境，并实现个人或关系目标的程度。沟通能力不是有无的问题，而是在给定的关系、情境下沟通行为是否适当的问题。也认为不存在理想的沟通方式，因为能力是受情境性影响的，能力的行为表现会因情境和人不同而出现较大变化。同时还认为沟通技能不是人们有或无的一种特质，而是我们经常或很少达到的一种状态。现实的目标不是变得完美，而是增加良好沟通的次数。

沟通能力过程论是在特质理论和情境理论的基础之上发展起来的沟通能力理论，它既吸纳了情境论的某些观点和研究范式，又在沟通能力特质模型中加入了情境变量，注重研究典型情境下人的跨时间的能力特质。将沟通能力定义为个体在社交上运用有效的和适当的方法进行沟通的能力。他们把沟通能力分为两种水平：一是表面水平，即在日常行为中实际表现出的看得见的能力。它说明某人经常在实践中表现出的有效而适当的沟通行为。二是深层水平，包括我们为工作表现所必须知道的每一件事，称之为过程能力。它由所有的对产生适当表现所必须的认知行为和知识组成。总之，沟通能力过程论将特质论和情境论有机结合在一起，强调人际沟通能力是在特定的人际互动情境中所表现出的个人特质，这一理论较特质论和情境论单独强调沟通能力的特质成分和情境成分更为合理，更好地解释了人际沟通的本质。

结合过程论与已有研究中对人际沟通能力界定，我们可以将人际沟通能力定义为：个体在人际沟通时，根据不同情境不断调整认知，运用适当而有效的沟通知识和行为达成沟通目标并符合情境需要的人格特征。而此观点也常运用在沟通能力的定义上，也就是说沟通能力定义的一个重要特色为适应能力。因此，人际沟通能力与人际适应能力以及人际适应性在本质上具有相似之处。

2. 跨文化沟通能力

与一般情况下的沟通过程相比，跨文化沟通更具复杂性。跨文化的简单解释就是不同群体间的文化，如种族间的文化、国家或地区间的文化等。跨文化沟通能力不同于单一文化情境下的沟通能力。跨文化沟通能力强调的是在跨文化情境中能够得体而有效地进行沟通的能力。

随着全球经济一体化进程的加快，职业人会面对更多的跨文化问题，需要与不同国家或民族的上司、同事、下属和客户进行跨文化沟通。因此跨文化沟通能力也是职业人需要具备的重要沟通能力。

职业人的跨文化沟通能力主要有三个方面的内容：一是情感维度。指情景引发的双方情感变化。主要包括：自我认识、开放性思维，对跨文化问题的非判断性态度以及放松式沟通和社交。二是认知维度。通过理解母文化与其他文化的异同来改变个人对环境的认知。包括自我意识和文化意识。三是行为维度。要在跨文化互动中完成工作目标，达到沟通目的。主要包括传递信息的技巧、恰当的自我展示、互动管理、行为的灵活性和社交技巧。

要提高跨文化沟通能力，职业人需要培养自己的基础能力，特别是社交能力；要意识到跨文化问题认知的复杂性，勇于承担角色；要善于在特定情境中控制环境，通过成功沟通达到目标；要重视使用语言和非语言技巧，与他人建立和睦关系。

第四节　创新创业能力与自主学习能力

一、创新能力与职业人创新能力

(一)创新能力

英国经济学家和思想家，被誉为"经济学之父"的亚当·斯密（1732—1790）在《国富论》中指出，经济增长是以劳动分工深化为基础的社会经济组织结构自发演进的结果。因为劳动分工深化，导致技术进步和生产率提高，从而促进了经济的增长。可见，亚当·斯密时代有了最早的创新理论萌芽。最早开创性地提出了"创新思想"的是美籍奥地利经济学家熊彼特。他于1912年在其代表作《经济发展理论》中指出，

"创新"是经济发展的根本现象。按照熊彼特的定义，创新就是建立一种新的生产函数，把一种从未有过的生产要素和生产条件的"新组合"引入生产体系。创新主要包括五种情形：（1）引进一种新的产品或赋予产品一种新的特性；（2）引入一种新的生产方法，主要体现在生产过程中采用新的工艺或新的生产组织方式（3）开辟一个新的市场；（4）获得原材料或半成品新的供应来源；（5）实现任何新的产业组织方式或企业重组。熊彼特描述的五种创新，大致可以归纳为三大类：一是技术创新，包括新产品的开发、老产品的改造、新的生产方式的采用、新供给来源的获得，以及新原材料的利用；二是市场创新，包括扩大原有的市场份额及开拓新市场；三是组织创新，包括改变原有的组织形式以及建立新的经营组织等。

创新能力的概念是由 Burns & Stalker（1961）首次提出，最初是被赋予经济和管理学上的意义，用来表示"组织成功采纳或实施新思想、新工艺及新产品的能力"。巴顿（Barton，1992）认为："企业创新能力的核心是掌握专业知识的人、技术系统能力、管理系统能力及企业的价值观。"

(二)职业人在组织创新能力培育中作用

职业人在组织创新能力培育中发挥着重要的作用。不过，在组织中不同岗位的职业人，在组织创新中的作用是不同的。

首先，处于高层岗位的职业人发挥创新领导与创新组织的作用。他们可以通过组织的再设计，将所管理的部门分解成多个团队或者任务小组，在组织上保证创新活动的开展；促进部门、团队和小组内外部之间的相互交流，克服创新的潜在障碍。

其次，处于中层岗位的职业人发挥支持的作用。他们应充分利用组织与自己所属部门的资源，对创新规划和计划的实施进行支持。应合理设计工作流程、安排工作时间，使下属和员工有时间思考创新、有空间实践创新；要最大限度地给予财政上的支持，激励创新意愿、奖励创新成果、包容创新失败。他们在日常工作中对创新的支持，有助于培养下属和员工积极创新的意识。

三是基层职业人带头示范的作用。基层员工的示范作用是指职业人在自己的岗位上做好工作，积极引入和实践组织所需要的创新。通过他们的努力和示范，共同营造创新文化，重塑企业的价值观，使组织创新力得以真正体现。基层职业人在组织创新能力培育中的示范作用需要职业人个人有较高的创新能力素养。

(三)职业人的创新能力的内涵与内容

1. 职业人的创新能力的内涵

创新是建立组织竞争优势的有力手段，它能够为组织带来高额回报，但是，创新过程通常是充满风险与不确定性的过程。在一定的环境条件下，职业经理的创新能力能有效降低组织创新活动中的风险，是影响组织发展的重要因素。

职业人的创新能力是指职业人赋予组织资源以新的创造财富的途径的能力。表现为职业人在组织活动中善于敏锐地观察组织管理中的问题，提出大胆的、新颖的设想，并进行周密论证，拿出可行的方案以付诸实施。职业人的创新能力是职业人能力素养的一个重要方面。

职业人创新能力的内涵有三个方面。①职业人的创新能力是对组织创新要素的整合能力。组织创新要素涉及技术、组织、文化、制度、流程等各个方面。②职业人的创新能力是一种持续创新。职业人的创新能力是自己或与他人协作（包括管理他人）不断地从事创新实践活动。③职业人的创新能力是一种协同效应。职业人的创新活动是创新要素间的协同创新。

2. 职业人创新能力的内容

职业人的创新能力主要由观念与思维创新能力、制度创新能力、技术创新能力、市场创新能力、组织创新能力等五个方面组成。职业人的创新能力是以观念与思维创新能力为先导、制度创新能力为前提、技术创新能力为关键、市场创新能力为途径、组织创新能力为保障的。

职业人的观念创新能力主要是指职业人在创新活动中的创新意识与态度。职业人的思维创新能力是指职业人在创新活动中的创造性思维的广度与深度。观念创新能力与思维创新能力有着紧密的联系，都受知识的影响，主要通过智商、情商等个性心理特征表现出来。在经济全球化的大背景下，职业人的观念和思维模式也必须发生根本性的转变，循规蹈矩、冷静有余、创新不足的思维模式，显然不能适应时代发展的要求。

职业人的制度创新能力是对组织进行产权制度、治理制度和管理制度创新的能力。既包括对现有制度变革的影响力，也包括对新制度的设计能力。产权制度和治理制度创新能力是制度创新能力中的重要部分。产权制度的创新将导致新的更有效的资源组合形式，而治理制度创新影响相关利益者权益。因此，职业人往往对组合产权制度和治理制度的创新显示出更大的热情。但产权制度创新和治理制度创新是在宏观制度创新的基础上进行的，会受到政治、经济、社会等宏观环境的限制。虽说管理制度创新也受很多因素影响，但职业人在其管理部门的管理制度设计上，是有较多的创新影响力的，特别是处于中高层管理职位的职业人。

职业人的技术创新能力和市场创新能力是指职业人的技术革新和市场开拓的能力。这两种能力各自是生产职业人和营销职业人的关键创新能力。职业人的技术创新能力使得其所服务的组织能在激烈的竞争中保持技术竞争的优势，而职业人市场创新能力则将组织的成果不断带入新旧市场，并在新旧市场上拓展创新，使组织保持市场竞争的优势。

职业人的组织创新能力正是指职业人通过重新构建组织以使组织获得竞争优势的能力。当作为一个组织面临着技术和市场等不断创新时，必须及时调整组织结构，积极采取变革措施，以提高效率。中高层职业人的组织创新能力主要包括，领导所属部门创新共享新愿景，营造企业文化，调整组织结构，促进沟通的能力，也包括与其他部门或企业的沟通协调能力。而基层职业人的组织创新能力主要是通过团队组织创新能力来实现的。

二、职业人内部创业能力

（一）创业与内部创业

创业的本质是创新，其核心在于超越既有资源限制而对机会的追求（Stevenson，1999）。杰夫里·提蒙斯（Jeffry A.Timmons）所著的创业教育领域的经典教科书《创业创造》中的观点是，创业是一种思考、推理结合运气和行为方式，它为运气带来的机会所驱动，需要在方法上全盘考虑并拥有和谐的领导能力。科尔（Cole，1965）认为，创业是发起、维持和发展以利润为导向的企业的有目的性的行为。

最初的创业学的研究主要集中在新建公司，而传统的战略管理则更热衷于对已建公司的研究。创业活动主要包含两种：现存组织外部的创业活动和现存组织内部的创业活动，即独立创业（或个体创业）和公司创业。对于公司创业，又可进一步从不同角度予以描述，如内部创业、外部创业、创新、战略性更新等（见图6-1）。

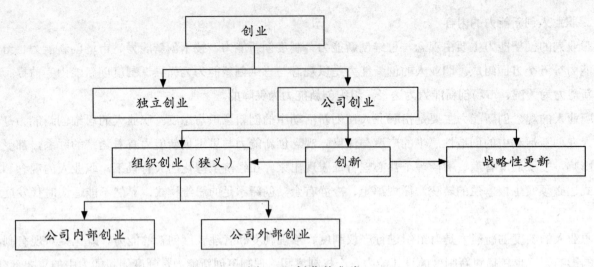

图 6-1 创业的分类

20 世纪 80 年代，美国的一些企业出现了鼓励和支持员工创业的新现象。Miller（1983）第一次提出了公司创业的概念。随后，公司创业战略的概念不断发展演进，出现了许多新的专业术语。例如，内创业，公司业务新拓（corporate venturing）等。美国学者 Gifford Pinchot 在详细考察了 3M、IBM、GE 等公司在这方面的实践之后，提出了"员工内部创业"的概念。员工内部创业是指企业内部员工，在企业的支持下进行创业经营活动，并与现有企业共担风险、共享收益的创业模式。

Carrier（1996）内部公司创业是指为提高组织盈利能力和促进公司竞争地位，在已建公司内部创造新业务的过程。Antonicic、Hisrich（2001）认为，内部创业是指在已建组织内开展的活动，包括新业务开拓以及其他的革新活动，诸如开发新产品、新服务、新技术、新管理技能、新战略和新竞争方式。

理论界对内部创业的概念界定一直以来都有两种：一种是宽范畴的界定，即认为内部创业就是在现有企业内部的创业活动。另一种是窄范畴的界定，强调内部创业是从事某类"创造新业务"的活动的过程，用现存组织内的创业资源及雇员进行新业务建立活动。

(二)职业人的内部创业能力

职业人离开组织开展个人创业会，使得职业人身份发生变化，成为创业者，虽说这样对个人和社会是有价值的，但却是大多数现有组织不鼓励的。而职业人的内部创业可以满足多方利益者需求，职业人内部创业能力的提高可以为个人、组织和社会创造价值。

职业人的内部创业能力是指职业人利用组织的创业资源在组织内部创造新业务的能力。主要包括机会识别能力、资源整合能力、组织管理能力、关系能力、战略能力和承诺能力。机会识别能力是指采用各种方法，探索并发现市场机会的能力。资源整合利用能力是指整合利用各种资源，开发落实商业机会的能力。组织管理能力是指组织协调各种内外部资源，以及团队建设、员工培训和控制等方面的能力。关系能力是指能否建立个体对个体，或个体对群体的良好互动关系的能力。战略能力是指能否制定和执行组织既定战略的能力。承诺能力是指能否保证对所有者、供应商、员工、客户等各种利益共同体的承诺的能力。

职业人内部创业能力的提高需要良好的国家政策和法律环境，需要社会的鼓励和提倡，需要组织的资源和内部制度的支持。就职业人个人来说，要提高内部创业能力，还需注意以下几个方面。首先，要勇于扮演内部创业家的角色。内部创业家的角色介于创业家与职业人之间，其特征变量为：在组织中从事创业活动的人；被组织所雇佣；要承担一定的财务风险。其次，要有内部创业精神。内部创业精神代表了一种在现有组织之中发掘机会，并组织资源建立新事业，进而创造市场新价值的一种历程。最后，要勇于创新。内部创业的本质是创新。创新是组织隐性知识及显性知识的最主要来源，职业人的创新能力和组织的战略行动相契合，可以有效地提高职业人的内部创业能力。

三、自主学习能力

(一)自主学习能力的相关概念形成与发展

"自主学习"（Autonomous Learning）理论早在 20 世纪 60 年代就已在国外被提出来，之后一直是学术界关注的一个重要课题。有关自主学习的研究虽然已 50 多年，国内外学者在理论与实践方面都产出了一系列的研究成果，但到目前为止，有关自主学习和自主学习能力的概念问题仍没有统一的看法。

Holec 于 1981 年指出，自主学习是学会如何学习，是一种学习的能力。自主学习是指学习者在学习的过程中"能够为自己的学习负责"，并为自己的学习制定符合自己实际要求和水平的学习目标，选择适合自己能力和知识积累的学习内容，设定自己可以经过努力就能完成的学习进度，选择和使用有利于自己个性化学习的学习方法和学习策略，自觉监控自己的学习过程，评估总结自己的学习效果等。Dickinson（1987）认为，自主学习"既是一种学习态度，也是一种学习能力"。学习态度是指学习者对自己的学习负责任；学习能力是指学习者能够对自己的学习过程进行决策和反思；学习者能够根据教学目标确定适合自己的学习方法和学习策略、监控自己的学习过程、评估自己的学习结果等。

D. Little（1994）认为，自主学习能力是指学习者能够进行批判性思考、能够自主做出决定并能实施独立行为的能力。他指出，自主学习者不应该完全是自我指导学习。他同时指出，自主学习还表示学习者在学习过程中能充分享受学习的自由，当然，这种自由是被条件束缚和受限制的，因为人们在社会中是互相依存的，所以，绝对的自由是理想化的、不切合实际的。

国内对自主学习进行系统研究者之一的是庞维国。在他的《自主学习——学与教的原理和策略》一书中，庞维国主要研究并总结了三种不尽相同的观点。一种观点认为，自主学习从本质上讲就是个体在学习中进行自我指导的过程。另一种观点认为，自主学习实质上是个体掌控自己学习的行为。自主学习的实施由内部因素和外部因素共同促成，因此进行自主学习需要学习动机，整个学习过程包含三个方面，即个体对自己的学习进行自我指导、自我控制和自我强化。第三种观点则认为，自主学习是学生有效监控和评估自己的学习后，根据自己的学习能力和水平对自己的学习方法和学习策略进行调整和选择，以使学习过程高效有序。

虽然研究者们对于自主学习有诸多解释，但有几个相对集中的观点，即自主学习是一种学会学习的能力和一种学习态度。学习者的学习自主性体现在他们对自己的学习材料、学习目标、学习方法和学习策略实施的自主性选择上，并能自主监控自己的学习过程、评估学习结果等。学习过程以学习者为中心，强调学习者自我参与和自我指导。因此，我们的观点是，自主学习能力是指学习者能自主地对自己的学习材料、学习目标、学习策略和学习方法进行选择，并能自主地监控学习过程和评估学习结果的能力。

(二)自主学习能力的理论基础

自主学习能力是学习能力的一种表现，其理论基础包括：建构主义学习理论、非正式学习理论、人本主义学习理论和经验学习理论等。

1. 建构主义学习理论

以皮亚杰、维果斯基为代表的建构主义的学习观认为，学习不是简单地从教导者到学习者的传递知识，而是学习者在已有知识和经验的基础上主动的建构自己知识和经验的过程，而这个过程必须要学习者自己完成。建构主义还强调学习环境对学习的影响，学习环境必须为学习者的知识构建所服务，好的学习环境应该是：有利于知识构建的情境、及时的沟通、容易展开的协作和意义建构这四个部分。

2. 非正式学习理论

非正式学习是相对于正式学习而言的，正式学习的学习地点一般都在学校，而非正式学习的地点不再局限于学校，它隐含在学习者日常的各种活动中，如聊天、看电视。很多相关研究表明，学习者的很多知识都不是来自于正式的课堂学习，而是来自于日常的非正式学习。自主学习往往采用非正式学习方式，非正式学习理论会指导自主学习的发展。

3. 人本主义学习理论

以马斯洛和罗杰斯为代表的人本主义学习理论主张，教育应该以学习者为中心，要让学习者的个性得到良好发展，潜能得到全面发挥，使他们能够愉快的、创造性的学习和工作。所以，人本主义学习理论也是自主学习的理论基础，而自主学习推动了人本主义学习理论的发展。

4. 经验学习理论

库珀的经验学习理论认为，学习是思考、活动、反馈、理解的反复循环过程，学习者在学习过程中思考抽象概念、参加活动实验、形成活动经验、理解抽象概念，在学习过程中，需要丰富的经验作为指导。自主学习是学习者在已有的知识和学习经验的基拙上主动地学习新的知识，所以，经验学习理论是自主学习的理论基础，而自主学习是经验学习理论的一种呈现方式。

(三)影响自主学习能力的因素

由于学习者的个性特点、学习背景、知识积累等不尽相同，其自主学习的能力也会有强弱之差异。自主学习能力较强的学习者与自主学习能力较弱的学习者在学习效果方面就会有很多不同。影响自主学习的因素很多，归纳起来主要有两大类，即认知与非认知因素和环境因素。认知与非认知因素包括智力因素和非智力因素、元认知因素等；环境因素包括自然、家庭、学校和社会等环境的各类因素。这些因素之间相互制约、互相影响，构成一系列影响自主学习的因素。

首先，认知因素与非认知因素对自主学习有着深刻的影响。在学习中，学习者靠认知来学习基本知识、培养技能。从认识过程来看，影响学生认知的因素便涉及他们的观察力、记忆力、思维力、想象力、分析判断力、创造力等认知能力，认知能力是通过观察、记忆、想象、思维和判断等认知活动的各种因素表现出来。由于学生认知因素的个性差异，使得他们对自主学习材料的理解和掌握程度各不相同。

在非认知因素对自主学习活动的影响中，一是学习动机对学习活动的影响。学习动机是一种内部启动机制，也是一种开动或抑制个体行为的内在原因。因此，学习动机能激发学习者开始和进行学习活动，并使学习活动围绕着既定的学习目标展开，同时还可对学习行为进行调整、维持或停止。二是学习过程的心理情感因素对自主学习的影响。学习者在学习过程中的情感体验是积极轻松的还是消极焦虑的，都会直接影响他们自主学习的效率和效果。

其次，影响自主学习的环境因素主要有学习资源、家庭环境、组织环境以及社会环境等。

学习资源的可获得性对自主学习有着重大的影响。虽然自主学习强调个体的主动性，但是毕竟人性中都有惰性等弱点，学习资源获得的难易降低或促进自主学习的积极性。

家庭环境尤其是父母的自主学习态度对后代的影响很大。家庭经济能力差、父母自主学习能力差对后代的负面影响都比较大。家庭的不良环境更多是催生被动学习方式。当然，这种影响也不是固定的，如果后代个性中主动性人格占优，这些不良环境的影响力就会大大减弱。

组织环境包括同事的学习方式、组织培训课程的教学观念、方法、组织资源等。社会环境包括，社会学习的大环境、图书资料等信息资源、教育理念等。这些都是影响个体自主学习能力的环境因素。

第五节　时间管理、执行力与领导力

一、时间管理

(一)时间管理的概念

什么是时间管理？简单地说，时间管理是为了提高时间的利用率和有效性，而对时间进行合理计划和控制、有效安排与运用的管理过程。时间管理的中心原则是"努力集中必要的批量时间去潜心做最重要的工作"。时间管理的最终目标，不仅仅是以效率较高的方式去管理时间，而且是用以谋求人的创造性的发展。

时间管理这一概念，来源于学术领域，而后在发展过程中逐渐变成一个通俗化的概念。这可能是因为时间管理的确与每个人的日常生活息息相关的缘故。"时间是构成生命的材料"，个人如何合理地利用时间，巧妙地安排时间，挖掘时间潜力，提高时间效能，充当时间主人，对时间的使用如何从"被动的自然地经历与随意打发"，转变至"系统的有计划主动分配"等，都属于"时间管理"要关注的问题。

实际上，时间管理的核心是人的自我管理，人们研究它是为了最大限度地利用自己宝贵的时间资源。一个人能否有效地管理时间，不单单是方法和技巧是否掌握的问题，还与这个人对时间价值的认识、自身素养（包括文化素养、知识素养、智力水平、性格等等）以及对工作和休闲的看法有关。新一代时间管理理论，尤其强调目标和方向，这实质上是将时间管理放在人生这一宏阔的背景下，使之与个人的人生观、价值观联系起来，与个人的发展联系起来。这是时间管理的深层内涵，也是其终极价值所在。

(二)时间管理的实践与理论的历史沿革

时间管理是现代管理学兴起后产生的一个概念。但事实上，自人类有史以来，人们在形成时间概念的过程中，就伴随着对于时间的管理。开始是一种不自觉的管理——自然管理，而后进入了自觉的管理——现代管理。

有学者认为，在时间管理的发展过程中，它经历了三个阶段，即自然管理阶段、科学管理阶段和现代管理阶段。第一阶段，自然管理阶段，也称为及时记录阶段（自人类诞生到19世纪）。人们认为时间的基本特征是圆形运动和重复发生的。他们在一定程度上认识到了时间的价值，并试图去珍惜时间、管理时间。但总的说来，这一阶段，人们管理时间的基本特点，还是非定量化的、初步的。第二阶段，即科学管理阶段（19世纪到20世纪60年代），人们认为时间的基本特征是直线型，不可逆性。这个阶段人们开始对时间进行量化的科学管理，想方设法节约时间，提高效率。第三阶段，即现代管理阶段（20世纪60年代开始），人们认为时间变化是一种螺旋上升的复合运动。现代管理科学理论的不断发展、完善，使时间管理手段的

科学化、定量化水平不断提高。

对于时间管理的进程，柯维领导中心的创始人史蒂芬·柯维认为，时间管理理论经历了四代嬗变。第一代理论着重利用便条与备忘录，在忙碌中调整分配时间与精力，即"便条式"管理理论。它使人能够逐步完成待办事项，但却没有严整的组织结构，容易令人在忙忙碌碌中疲于应付；第二代理论强调日程表，简言之就是"规划与准备"，即"时间表式"管理理论。反映出时间管理已经注意到规划未来的重要性，通过制定目标和规划，能完成较多事项，但容易导致"实现了更多目标，却不见得满足真正的需求"的后果；第三代理论讲求优先顺序的观念，注重效率，将价值观化为目标和行动，即"做最重要的事"的管理理论。但也可能在不同角色间造成规划过度、失衡等情形；第四代时间管理理论是迄今为止的集大成者，又被称为"罗盘理论"，它注重任务的轻重缓急的性质，以价值、成果、贡献为中心，强调目标和方向，对效能的关注高于效率，这一学说主张，关键不在于时间管理，而在于个人管理。

(三)时间管理的原则

1. 目标原则

目标是时间管理的基础，目标原则是时间管理的基本原则。目标管理（MBO）是美国管理大师彼得·德鲁克（Peter Drucker）于 1954 年在其名著《管理实践》中最先提出的，认为有了目标才能确定每个人的工作。没有目的性的时间管理，就如同终点不明的马拉松赛跑，如果不知道到达终点的距离，他是不可能安排好自己的速度和精力使用的。不告诉终点的马拉松赛根本不算马拉松赛，没有目标的时间管理也根本不可能管理好时间。从时间管理的角度来看，没有目标或目标不明确，朝三暮四，反复多变，或者左顾右盼，即使是终日忙忙碌碌，不曾闲过一分钟，但由于精力分散，也难以取得成就。因此，要管理好时间，必须遵循目标原则。

2. 计划原则

时间管理，还必须遵循计划原则。目标明确了，就需要制订行动计划。计划是未来行动纲领的先期决策。作为职场工作人员，每天都要面临在一定时间内完成多项工作的问题，如果许多事情都不能按照计划来完成的话，工作势必会一团糟。因此，遇事首先进行计划再去执行是非常重要的。制订计划，就是在所确定的目标基础上，建立目标规划体系。唯有建立统一协调的目标规划，才能使得秘书工作人员在做事时有条不紊、忙而不乱。

3. 有序原则

科学的时间管理计划还体现为有序性。所谓有序性就是先做什么后做什么，要有条有理，不能穷于应付。时间管理，从一定意义上说，其实就是选择一个较佳的时间次序，从而增加单位时间的功效。要更好地做到时间管理的有序性，需要尽量做到工作秩序条理化、工作方法多样化以及工作内容简明化。只有这样，才能有效地利用时间，掌握时间管理主动权。

4. 效率原则

时间管理的一个重要目标就是追求高效率。因此，效率原则也是时间管理的一个重要原则。在时间管理中，存在帕金森现象，即只要还有时间，工作就会不断扩展，直至用完所有时间。其实，时间之于每个人都是平等的，但却会给人带来两种结果：对于高效率者，时间奉献给他的是累累硕果；对于低效率者，时间就像贫瘠的土地，无论付出多少，收获仍甚微。

5. 平衡原则

时间管理还需要有平衡原则。工作人员要科学地管理时间，必须考虑尽可能多的因素，综合平衡，才能求得最佳效益。但是在时间管理的实践中，百分之百抓住每一个细小的因素，既不现实也无必要，保持一定的弹性，才能应付自如。既紧张又有秩序，既有计划又注意调节的平衡原则，是时间管理的一条重要原则。需要平衡个人学习、工作、锻炼和娱乐休息之间的关系，平衡工作、家庭和生活的关系，以使各方面能达到整体平衡，求得时间管理的最佳效益。

（四）时间管理的重要方法

1. 目标计划法

目标计划法是一种流程式的时间管理方法。首先，周到地考虑工作计划，确定实现工作目标的具体手段和方法，预定出目标的进程及步骤。其次，善于将一些工作分派和授权给他人来完成，提高工作效率。再次，制订详细的工作任务清单，将事务整理归类，并根据轻重缓急来进行安排和处理。最后，为计划提供预留时间，掌握一定的应付意外事件或干扰的方法和技巧，准备应变计划。

2. 计划表控制法

时间计划表是管理时间的一种手段，它是将某一时段中已经明确的工作任务清晰地记载和标明的表格，是提醒使用人和相关人按照时间表的进程行动，从而有效地管理时间，达到完成工作任务的方法。一般而言，时间计划表分为年度计划表、月计划表、周计划表、日程表等多种形式。

3. "四象限" 法

美国著名管理学家科维提出了时间管理的象限理论，把工作按照重要和紧急两个不同的程度进行了划分，基本上可以分为四个"象限"：A. 重要且紧急（比如救火、抢险等）。这类事情必须立刻去做。B. 紧急但不重要（比如有人因为打麻将"三缺一"而紧急约你、有人突然打电话请你吃饭等）。时间管理中，"重要"的优先等级高于"紧急"。在工作和生活中，对于紧急但不重要的事情可以考虑寻求他人的帮助。C. 重要但不紧急（比如学习、做计划、与人谈心、体检等）。只要是没有其他事情的压力，应该当成紧急的事去做，而不是拖延。D. 既不紧急也不重要（比如娱乐、消遣等事情）。时间浪费往往是因为过多地做了这类事情引起的。因此，这类事情应当尽量少做。

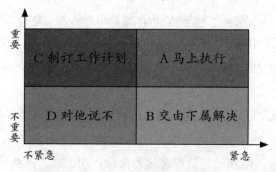

图6-2　时间管理的"四象限"

4. ABC 时间管理法

ABC 时间管理法是把"二八原则"与"四象限法"相结合。很多情况下，工作的百分之八十的价值，是集中在百分之二十的工作中的。这种方法运用"关键的事情占少数，次要的事情占多数"这一普遍规律，根据其价值不同而付出不同的努力来定量管理个人的时间支出，其目的在于用二分的努力达到八分的效果。这是一种分类管理、重点控制的时间管理方法（见表 6 - 1）。

表6-1 ABC 时间管理分类

分类	比例	特征	管理要点	时间分配
A 类	占总工作量的20%~30%	最重要、最迫切,具有本质上的重要性和时间上的迫切性	重点管理。必须做好;现在必须做;必须亲自做	占总工作的60%~80%
B 类	占总工作量的30%~40%	重要,一般迫切	一般管理。可亲自也可授权	40%~20%
C 类	占总工作量的40%~50%	无关紧要,不迫切	不管理,可以忘掉	0

5. 记录统计法

要提高时间的利用率和有效性,必须对的实际消耗的时间进行记录统计,从而有效诊断时间利用率和有效性,找出浪费时间的因素,提出减少浪费时间的措施,达到科学管理时间的目标。它是通过对时间计划表中一段时期内所消耗的时间记录的全部数据或者部分抽样,以获取真实数据,再把这些信息反馈到时间管理计划中去,从而使时间管理更加有效。

二、执行力

(一)执行力的概念

执行是企业战略的一个重要组成部分,是职业经理的主要工作之一。执行力是企业赖以生存的一种重要能力,它反映了一个企业实现其战略目标的能力,关系到企业的成败。对职业经理而言,具备出色的执行力,是一位成功职业经理的重要通行证。拉里·博西迪(Larry Bossidy)与拉姆·查兰(Ram Charan)的《执行:如何完成任务的学问》一书在美国问世,使执行力得到了企业界的普遍重视。

Larry Bossidy、Ram Charan 认为,执行力贯穿于企业经营管理的整个循环中,它不是局部的某个环节,而是企业制定战略目标必须考虑的问题,它要求企业管理者在制定战略目标时,要考虑目标的可执行性,员工要严格按计划实施战略方案,进而实现战略目标。迈克尔·希特(2002)认为,执行力可以理解为有效利用资源、保质保量达成目标的能力。这一定义包含两层基本的含义,其一是结果导向,它强调的是实实在在的结果;其二是对资源的识别和合理配置,以发挥资源的效用。

戴尔(DELL)电脑的创办人麦克·戴尔(Michael Dell)认为,执行力是指在工作的每一阶段都尽力做到最好,并切实执行。GE 的前任 CEO 杰克·韦尔奇(2005)认为,"执行力是一种专门的、独特的技能,它意味着一个人要知道怎样把决定付诸行动,并继续向前推进,最终完成目标,其中之一还要经历阻力、混乱,或者意外的干扰"。

不同的学者和业界人士对"执行力"这一概念的定义不尽相同。综合他们的观点,执行力是指有效利用资源将企业战略和经营目标转化为实际方案和实际行动的能力。该定义的内涵主要包括以下几个方面:执行力是一种能力,是将企业战略和经营目标转化为实际行动的能力;执行力是一个系统的、动态的过程。它涉及企业运营的方方面面。要想高效运营一个企业,实现企业的战略目标就必须强化执行力;执行力涉及企业战略目标实现过程中资源的有效利用问题。

根据主体不同,执行力可以分为企业执行力和个人执行力。就职业人而言,可以认为,职业人的执行力就是职业人独自或者带领部属有效运用可控资源、保质保量完成工作和任务的能力。

(二)职业人执行力的内容和要求

执行力是针对角色来讲的,不同层级的职业人在组织中都要具备执行力,企业的高层职业人应该成为企业的高层执行者，中级职业人应成为中层执行者，基层职业人则应成为基层执行者。前面已经指出，在众多的能力中，基层职业人尤其要具备出色的完成任务的能力，即执行力。那么，职业人的执行力有哪些内容和要求呢？

1. 职业人执行力的内容

（1）领会与设计能力

执行始于委派，首先要明确需要完成的任务和完成任务所必需的条件；其次是对任务进行分解和设计，以制定完成任务的路线图。要有将模糊、笼统的期望转化成清晰、具体目标的能力；再次是组成任务团队。要为每一项任务找到合适负责人。

（2）按原则办事的能力

按原则办事，主要是发生在授权和监督过程中。首先，要具备有效的指挥和命令的能力，在授权时，要明确任务和任务背景以及完成任务的标准，既要给予权力和支持，又要对方做出承诺。其次，要尊重公开承诺，培养责任感；再次，要有严格的计划、时间表、预算和控制体系；最后，要能适时的监督。监督主要针对的是绩效表现，关键点在于监测工具与手段。

（3）处理棘手问题的能力

职业人在生产和服务的工作活动中，常会碰到紧急、棘手问题。这需要具备克服和牵制各种障碍，赢得支持的能力；要杜绝延误，具备保持主动性的能力。

（4）学习能力

受认知能力的影响，任务的领会和设计不是一次就能完成的，需要不断在实践中总结，向经验学习。另外，与不同的员工沟通和交流、监督的方法等都是需要不断地学习。学习能力不仅是执行力提高的保证，也是执行力的内容。

（二）职业人执行力的要求

衡量一个职业人是否具备出色的执行力，主要看他是否能够做到以下几个方面。

首先，了解自己所在的企业、上司和员工。必须用一种客观的态度来看待企业和他人，尤其是在将自己所在的公司与其他公司进行比较的时候。要非常清楚地了解公司当前所发生的一切，同时还要放开眼界，在衡量自己进步的时候，把眼光放在与其他企业的对比之上，而不是仅仅局限于本企业的内部。

其次，确立明确的目标和实现目标的先后顺序。职业人要关注那些重要而明确的目标，只有目标明确，才有动力和方向。再者，如果没有在事先设定清晰的目标顺序，在完成任务时很可能陷入无休止的争论之中。

再次，建立一种及时的跟进机制，以确保自己和同事能够意识并切实完成自己的任务。因为"人们所做的并非你所期望的，而是你所要检查的"。

第四，对执行者进行奖励。职业人应该做到奖罚分明，并把这一精神传达到整个部门或团队当中，确保自己和他人都清楚地知道：得到的奖励和尊敬完全建立在工作业绩之上。

第五，提高能力和素质。作为职业人，其工作与学习是分不开的，这需要与他人共享知识和经验，对管理者来说，更是如此。管理者需要指导和培训下属员工，通过这种方式来不断提高组织中个人和集体的能力。

最后，了解自己、认识自我。职业人必须具有坚韧的性格，只有这样，才能诚实地面对自己，诚实地面对自己的业务和组织现实。只有对自己和他人做出正确的评价，才能容忍与自己相左的观点，才能建立起一种执行型文化。

(三) 职业人执行力的影响因素与培育

影响职业人执行力的因素来自多个方面，有的来自企业的外部，如社会文化因素；有的来自企业的内部，如组织结构、管理制度、工作流程、行为规范等。其作用机制也比较复杂。

对职业人执行力的影响因素主要包括：企业领导者对执行力的重要性认识不到位；管理层制定的战略目标不具有可执行性；企业中层管理者执行战略决策方案不坚决；企业员工缺乏对执行力的认识；组织结构缺乏动态性；薪酬制度没有得到很好实施的评估机制欠缺；企业的运作模式不科学；制定的企业文化不符合执行型文化等。

正是由于影响职业人执行力的因素来自多个方面，职业人执行力的建设不是职业人自己短期内就能完成的，是需要多方长期努力的。首先，领导者、企业文化和人员配置是提高职业人执行力的基础，要想提升组织执行力就必须先制定具有可执行性的战略，然后在良好的文化氛围下，由具有执行力的员工去实施。其次，要有完善的工作流程和制度。要建立良好的评估体系。如要将薪酬制度与员工绩效结合起来，对那些执行力强的人给予更多的奖励。

三、领导力

(一) 领导力与领导力开发的概念

领导能力又简称领导力。广义的领导能力是指领导者有效开展领导工作所必须具备的个性心理特征和实际技能。传统特质理论认为，领导者的特质（包括能力）是"天赋"的，是否具有良好"天赋"特质，是一个人能否成为领导者的根本因素。美国心理学家吉伯（Gibb，1969）指出：天才的领导者应具备以下七项特质（其中有四项涉及领导能力）。①善言辞（言语表达能力）；②外表英俊潇洒；③智力过人（强调智力水平）；④具有自信心；⑤心理健康；⑥善于控制（自我控制能力强，具有支配控制他人的能力）；⑦外向而敏感（洞察力、社交能力）。领导行为理论认为，领导行为内容的描述都是以一定的领导能力为基础的。

综合现有的研究表明，领导者应具有多种能力，如战略计划能力、言语表达能力、创新拓能力、应变能力、决策能力、指挥和协调能力、选才用才能力、情绪控制能力、沟通能力、学习能力等。显然，领导特质理论和行为理论中强调的领导能力是广义上的领导力。

狭义上的领导力是指影响他人的能力。美国领导力发展中心的创始人赫塞博士强调，"领导力是对他人产生影响的过程，影响他人做他可能不会做的事情。领导力就是影响力。任何人都可以使用领导力，只要你成功地影响了他人的行为，你就是在使用领导力。领导他人基本上基于专业才能或者个人魅力，绝对不是单纯地依靠你的职位称呼"。

领导力就是领导者影响别人的能力，尤其是要激励别人实现那些极具挑战性的目标。当领导者激励他人自愿地在组织中做出卓越成就时，也就将领导者的愿景转化为现实。因此狭义上的领导力又是一种把愿景转化为现实的能力。

领导力开发的概念有三种解释，包括过程论、内容论和目的论，其中目的论逐渐占据主流地位。

Bass（1990）指出，领导力开发是一个持续不断的过程。Barker（1997）认为，领导力开发应该超出技能和能力的开发，并且强调所处的环境以及将领导力的学习作为一个过程来理解。Van Velsor，McCauley，Moxley（1998）指出领导力开发的定义：领导力开发是领导角色和过程中个体有效能力的拓展过程。

内容论学者 Dixon（1990）主张，领导力开发是指构建能够使得群体解决不可预知的问题的能力。

Fulmer、Vicere（1995）从领导力开发的内容角度指出，领导力开发是指明确和推进那些能改变和提高组织的例外人员的知识、技能和资格能力。

虽然领导力开发的过程论和内容论大有人在，但越来越多的学者强调领导力开发主要是一种目的。Kaagan（1998）指出，大多数学者认为，领导力开发即传授领导力，是通过指导者对潜在领导者的积极作用，从而指导潜在领导者如何成为一个有效的领导者。在当代背景下，领导力开发要求学习者不仅能够明确和完成他们个人的目的，还要帮助他们的追随者来实现个人的目的。Day（2001）认为，领导力开发是一种整合策略，这种整合策略能够帮助人们通过自我意识理解怎样与他人相处，协调它们的努力，培养承诺和建构社会网络来推动个人和组织目标的实现。Velsor 等（1998）给出了关于领导力开发概念中的三个基本的假设。首先，领导力开发的首要目标是提高个人的能力水平；其次，不是试图确定成为"领导者"的必要条件，而是寻找有效领导角色的必要因素是什么，这种领导角色存在于正式职位或非正式职位上，且存在于不同类型的环境下；再次，领导者可以被开发，换言之，个体有能力拓展他们的领导力。

（二）领导力开发的内容和途径

1. 领导力开发的内容

为了帮助职业人承担应有的责任，可以对职业人（尤其是那些作为组织人才储备的核心员工）进行全面的领导力开发。全面的领导力开发可以从四个领域展开。这四个领域分别是：分析领域、概念领域、情感领域和精神领域。

首先，在分析领域，开发对复杂事务的认识和分析能力。例如，计算新业务中的收支平衡点就需要强有力的分析能力。

其次，在概念领域，培养概念能力，概念技能是指一种洞察既定环境复杂程度的能力和减少这种复杂性的能力。具有很强概念能力的职业人更容易理解和管理整个组织或团队的发展。例如，对一项新业务进行设计和规划需要较强的概念技能。

再次，在情感领域，开发领导者对于情感上问题的协调能力。高情感协调能力的职业人擅长于理解和管理自己和他人的情感、情绪问题。例如调整部门领导的情绪需要高级职业经理有很好的情绪调节技能。

最后，在精神领域，开发职业人的意识和精神。精神受到启迪的职业人能够使得他们将组织的使命与持有的道德价值结合起来。例如，具有先进精神领导技能的高层级职业人会更好地关注员工的精神信仰和价值标准，也会考虑组织的社会道德和责任问题。

2. 职业人领导力开发的途径

职业人领导力开发的途径有：360 度反馈、行动学习法、教练辅导、工作分配、技能培训、基于问题的学习、团队培训和案例研究等。以下主要介绍前面四种。

（1）360 度反馈

360 度反馈作为领导力开发的一个有效工具，将个人绩效与组织经营战略和组织目标联系起来，明确有助于组织成长和发展的领导力技能和资格——构建一个标准；使用 360 度反馈评估技能和能力，领导力行为的改变能够被测量且将其与组织目标结合起来。主要是通过获得来自于监督者、同事和下属的建议和通过对于工作绩效以及领导资格进行的全面的开发评估，对个人的成功、失败和机会等进行全面的反馈。

（2）行动学习法

所谓行动学习就是要参与者以学习团队的形式，在一定时间内解决组织存在的真实问题的一种领导力开发方法。这种方法有如下几种特点：首先，将具有丰富经验的参与者作为重要的学习资源，重视学习过

程中的经验共享，并使得参与者充分发挥自主学习能力；其次，行动学习法以企业面临的重大问题为载体，参与者的任务就是集中解决这些问题，参与者在解决问题的过程中提升了自己的能力。行动学习法使得企业的开发投入产生了直接效果；还有，行动学习培养了企业员工的领导力，行动学习是一个团队合作的过程，参与者之间的经验交流、相互启发、积极反馈以及学习结束后的反思有效改善了参与者的个人态度，提高了其领导能力，改进了组织的行为方式，从而实现了领导开发和促进企业变革的目标。McGill、Beaty（2001）认为，"行为学习是一个不断学习和反复的持续的过程，在同事的支持下进行，目的是完成要做的事情。通过行为学习，个人面对现实的问题并思考他们自己的工作经历，参与者一起进行学习"。这些学者涉及了"实践学习/经验学习周期"，包括四个阶段：体验阶段。该阶段观察和思考一定情境下行为的结果；理解阶段，该阶段形成或者重新理解问题；规划或计划阶段，即在新形成的理解的基础上计划影响情境的行为；行动阶段，即执行或者尝试执行特定情境下的计划。

（3）教练辅导制（Coaching）

教练辅导是一种目标定向的一对一式的学习和行为改变方式，主要用来提高个体工作绩效、工作满意感和组织效能，它既可以是围绕提高某一特殊领导技能而实施的短期干预，也可以是通过一系列不同方式开展的一个较长期的过程。教练通常由学习者在组织中的直线管理者（line manager）或由组织之外的专业教练担任。学习者一般为个体，有时也会是一个由12至15人组成的团队。近年来，作为一种促进商业领域领导者发展的方式，教练辅导越来越流行。教练辅导的功能具体表现为：①个性化强，辅导时间也相对集中，有助于管理者提高自我认知，实现行为变化和自己的职业生涯规划；②可以帮助领导者明确奋斗目标，将自己有限的精力和时间合理地用于学习和目标实现上；③通过构建一种纽带关系来帮助高层管理者提高自己的能力，接受新的挑战，并减轻他们的孤独感；④选拔和培养合格的领导者，使组织成功应对高层领导的继任问题。Bassett（2001）通过比较开发范围，区分了导师制和教练制：导师制更多倾向于职业生涯开发，一般不在学习者和他们的管理者或评估者之间展开；而教练制被认为能够使得个体提高他们的绩效，主要是用于技能开发领域。West、Milan（2001）从一般的领导力指出，开发技能的教练与绩效教练的不同在于，开发教练的任务是创造学习的条件。开发教练首先创造一个心理空间，允许学习者回到工作场所，并且提供一个支持的、挑战的关系和对话。在这其中，学习者能够进一步观察、理解和思考自己的工作实践以及在组织中自己的领导力任务。

（4）工作分配（Job assignment）

工作分配为领导者提供学习的机会。在大多数组织中，以领导力开发为目的而进行的系统化的和深思熟虑的工作分配是非常流行的。重视该途径的学者认为，许多管理者将工作经历看作学习的首要途径（McCauley等，2004）。研究发现，相关工作的分配和经历对于个人来说是最好的领导力开发实践之一（Fulmer等，2000）。为领导者提供大量挑战性的工作经历可以帮助开发领导力才能以支撑企业文化并为将来的职位提供了候选人（McCauley等，2004）。为开发领导力的工作分配行为包括：工作轮换、专门分配、团队项目、全面的分配、新兴起的交易或者结束一种交易、为参与者提供工作相关的经历以培养领导力才能等（Gebelein，1996）。分配具有挑战性的工作任务进行领导力开发，主要是分配包含多种逐级提升责任的任务。实践证明，这类开发方法提高了领导者的领导力水平。

本章复习思考题

1.什么是职业核心能力？职业核心能力的内容有哪些？

2什么是问题解决能力？问题解决有哪五个一般步骤？

3简述情商内涵中涉及的五种能力。

4 职业人的执行能力有哪些主要内容？

5 简述职业人创新能力的内涵。

6. 试述职业人创新能力的主要内容。

7. 试述领导力开发的内容与方法。

8. 什么是内部创业能力？有哪些方面内容？如何提高职业人的内部创业能力？

圆霖 绘

本章自测题

一、单项选择题

1. 人际沟通能力低下容易导致社会交往亚健康。社会交往亚健康是由诸多因素引起的，如工作环境变换、人际关系复杂处理、家庭的建立、子女的养育、工作压力、知识更新等。在不同年龄段的人群中，最容易导致社交亚健康的人士是（　　）。

A. 成年人 B. 青少年

C. 老年人 D. 幼儿

2. "人们对自身完成某项人物或工作行为的信念，它涉及的不是技能本身，而是自己能否利用所拥有的技能去完成工作行为的自信程度。"是指（　　）。

A. 学习效能感 B. 自我效能感

C. 自我评估 D. 自我估量

3. 要事第一，以下哪件事情应该先做（　　）？

A. 重要不紧急 B. 重要又紧急

C. 紧急不重要 D. 不重要不紧急

4. 关于 80/20 时间管理原则，以下表述不正确的是（　　）。

A. 80% 的工作占整个工作 20% 的价值

B. 20% 的工作占整个工作 80% 的价值

C. 集中 80% 的精力要做 20% 的工作

D. 投入 20% 精力做另外 80% 的工作

5. 在与人的高效沟通中，以下哪一项不属于有效倾听（　　）。

A. 积极回应 B. 适当的身体语言

C. 眼神交流 D. 据理力争

6. 下列不利于提高执行力的个人特点是（　　）。

A. 理解能力强 B. 耍小聪明

C. 注重细节 D. 敢于面对风险

7. 相比于管理者，领导者更侧重于下列哪个方面的培养（　　）？

A. 关系 B. 金钱观

C. 指挥力 D. 人格魅力

8. 下列各项中，对提高职业人创新能力帮助不大的是（　　）。

A. 坚定的信心和顽强的意志 B. 先天生理因素

C. 思维训练 D. 标新立异

9. 下列对于目标管理原则的描述中，错误的是（　　）。

A. 不可衡量性原则 B. 清晰性原则

C. 挑战性原则 D. 可行性原则

10. 下列关于情商的描述中，正确的是（　　）。

A. 情商就是感情商量

B. 情商比智商重要

C. 情商是指情绪智力指数

D. 提高情商有利于发展人际关系，但对自我完善影响不大

二、多项选择题

1. 高情商的品质包括（　　）。

A. 自知   B. 自控

C. 自励   D. 和蔼相处

2. 解决问题时，要关注细节。下列对于"关注细节"的认知，理解合理的是（　　）。

A. 提供资料或信息前，能够主动通过多种途径，对其真实性进行反复检查，交叉验正，确保准确无误。

B. 对他人的工作进行检查，发现或纠正其工作中的差错和疏忽。

C. 详细考虑行动和结果的细节，并提前做好准备。

D. 天下之难事必作于易，天下之大事必作于细。

3. 下列属于公司的运营成本不断升高原因的是（　　）。

A. 管理者不善于成本结构的比较

B. 从不节约不必要的开支

C. 很少收集市场信息，也不加强研究市场信息

D. 未坚持既往的计划

4. 下列关于"提高学习能力"的描述中，正确的是（　　）。

A. 学习环境在提高学习能力的过程中扮演重要的角色

B. 看电视也是提高学习能力的一种途径

C. 提高学习能力的目的之一是实现潜能

D. 提高学习能力的重要途径是积累学习经验

5. 下列描述中，属于提高执行力的要求的是（　　）。

A. 了解组织和同事，敢于面对现实   B. 做好计划，建立跟进机制

C. 加强员工培训，提高员工能力   D. 奖罚并用，以奖为主

各章自测题参考答案

第二章自测题参考答案

一、单项选择题

1.C；2.C；3.C；4.D；5.A；6.C；7.C；8.D；9.A；10.D

二、多项选择题

1.ABCD；2.ACD；3.ABCD；4.ABC；5.ABCD

第三章自测题参考答案

一、单项选择题

1.C；2.D；3.C；4.C；5.D；6.C；7.A；8.C；9.B；10.D

二、多项选择题

1.CD；2.ABD；3.CD；4.ABC；5.ABD

第四章自测题参考答案

一、单项选择题

1.D；2.D；3.B；4.C；5.A；6.D；7.D；8.A；9.B；10.A

二、多项选择题

1.ABD；2.BCD；3.ACD；4.ABC；5.AC

第五章自测题参考答案

一、单项选择题

1.A；2.B；3.D；4.B；5.B；6.B；7.A；8.A；9.C；10.C

二、多项选择题

1.ACD；2.ABD；3.ACD；4.ABC；5.ACD

第六章自测题参考答案

一、单项选择题

1.A；2.B；3.B；4.A；5.D；6.B；7.D；8.B；9.A；10.C

二、多项选择题

1.ABCD；2.ABCD；3.ABC；4.ABCD；5.ABCD

圆霖 绘

第七章　职业素养模拟考试试卷

职业素养考试模拟试卷一

一、单项选择题(每小题1分,共10分)

(答题要求:以下各小题中,只有一个选项是正确的,将各题正确的选项填在题后的括弧内)

1. 下列关于职业素养的叙述中,不正确的一项是 ( )。

A. 职业素养是一个人在职业过程中表现出来的综合品质

B. 职业素养主要是由先天素养决定的,与后天努力关系不大

C. 在组织的人力资源管理中,比较重视资质、知识、行为和技能等显性职业素养

D. 职业道德、职业意识等隐性职业素养更深刻地影响着员工发展

2. 在选拔人才时,最需要注意的是人才素养的哪个方面 ( )?

A. 职业道德 　　　　　　　　　　B. 职业意识

C. 职业行为 　　　　　　　　　　D. 职业技能

3. 职业信念是职业道德的表现形式之一。下列关于信念的叙述,不正确的一项是 ( )。

A. 信念是一种坚定的心理状态 　　　B. 信念是一种强大的精神力量

C. 信念是一种正确的思想观念 　　　D. 信念是一种稳定的思想观念

4. 下列关于职业道德的说法中,正确的是 ( )。

A. 职业道德与人格高低无关

B. 职业道德的养成只能靠社会强制规定

C. 职业道德从一个侧面反映人的道德素质

D. 职业道德素质的提高与从业人员的个人利益无关

5. 从形式上看,自我意识除了表现为自我认识、自我体验,还表现为哪种形式 ( )?

A. 自我反省 　　　　　　　　　　B. 自我调节

C. 自我提高 　　　　　　　　　　D. 自我效能

6. 下列关于职业生涯规划的叙述,不正确的一项是 ( )。

A. 职业生涯规划就是一个人有意识地计划个人工作的全过程

B. 正确合理的职业生涯规划是事业取得成功的关键因素

C. 不管在什么情况下都要坚定不移地按照规划执行

D. 制定职业生涯规划,有利于认识特质,发掘潜力,实现长远发展

7. 假如你是某公司的推销员,在向客户推销某一产品时,你通常会采取哪一推销方法 (   )?

A. 为了推销成功,不主动说明产品存在的不足之 处,客户问到时再说

B. 实事求是地介绍产品的状况

C. 实事求是地介绍产品的优点

D. 与其他同类产品相比较,实事求是地说明本公司产品的优点

8. 关于上班是否快乐,有不同的观点,上班对你来说应该是 (   )。

A. 一件愉快的事 　　　　　　　　　 B. 谈不上快乐,也谈不上很烦恼

C. 为了生活,不得已而为之 　　　　 D. 非常痛苦的事情

9. 有时为了加快信息的传递,财务部的主管会计与等级比他高的销售经理之间需要进行沟通,这是 (   )。

A. 上行沟通 　　　　　　　　　　　 B. 下行沟通

C. 平行沟通 　　　　　　　　　　　 D. 斜向沟通

10. 下列选项中,不同创新主体合作推动创新的创新组织形式是指 (   )。

A. 自主创新 　　　　　　　　　　　 B. 仿创新

C. 合作创新 　　　　　　　　　　　 D. 习创新

二、多项选择题(每小题2分,共10分)

(答题要求:以下各小题中,有两个或两个以上的选项是正确的,将各题正确的选项填在题后的括弧内,多选少选均不得分)

1. 在企业生产经营活动中,员工之间团结互助的要求包括 (   )。

A. 讲究合作,避免竞争 　　　　　　 B. 平等交流,平等对话

C. 既合作,又竞争,竞争与合作相统一 　 D. 互相学习,共同提高

2. 下列说法中,符合言谈礼仪要求的有 (   )。

A. 多说俏皮话 　　　　　　　　　　 B. 用尊称,不用忌语

C. 语速要快,节省客人时间 　　　　 D. 不乱幽默,以免客人误解

3. 职业能力是胜任某种职业岗位的必要条件,直接影响职业生涯的发展。你认为职业能力包括 (   )。

A. 专业能力 　　　　　　　　　　　 B. 一般职业能力

C. 综合职业能力 　　　　　　　　　 D. 特殊能力

4. 在日常生活中,为求职做好的准备有 (   )。

A. 收集就业信息 　　　　　　　　　 B. 掌握求职技巧

C. 提高自身素质 　　　　　　　　　 D. 掌握面试技巧

5. 团队工作成员要默契合作,必须注意的三个方面是 (   )。

A. 清楚自己和他人在团队中分别所扮演的角色

B. 发挥个人完美特质优势,力争成为最佳业绩英雄

C. 做到最大可能地发挥自己角色的优势

D. 做到主动补位他人角色的不足

三、名词解释题(每小题3分,共15分)

1. 职业素养

2. 道德失范

3. 职业定位

4. 工作职责行为

5. 职业人的执行力

四、简答题(每小题5分,共25分)

1. 职业化的特征包括哪几个方面?

2. 从道德心理的视角来看,职业道德包括哪些层面?

3. 职业管理学家萨柏把职业生涯划分哪五个主要阶段?

4. 组织行为学专家 Katz 认为,组织需要的员工行为有那几种?

5. 简述时间管理的原则。

五、论述题(每小题10分,共20分)

1. 试述职业素养的培养策略。

2. 从职业人角度,试述职业礼仪的培养途径。

六、案例分析题(20分)

1. 案例一:致明的经历

十年前致明从学校走入社会,当时他和许多年轻的朋友在一起,除了上班之外就是玩。工作是学校统一分配的,竞争也不激烈。尽管收入不高,但同事们都很高兴很快乐。那时的目标和期望就是从单位分到一套住房,可以不再住集体宿舍,不再吃集体食堂的饭了。

后来致明有家了,有房子了。在过了一段舒适和安定的生活后,昔日的朋友一个个开始有了新的打算,有调离的,有出国的,还有继续上学深造的。致明也觉得自己的工作没有什么挑战,整天好像在混日子,他开始思考该如何过以后的生活。

经过长期的思考和准备,致明离开了自己工作七年的单位,进入一家外企公司工作。工作的内容同以往类似,但外企的工作环境和工作方式却完全不同。经过一段时间的适应,致明渐渐喜欢上了这种富有挑战性、有压力的工作。他现在的工作非常稳定,收入也不错,而且有足够的闲暇时间与朋友们在一起。但是偶尔静下心来,致明还是觉得自己应该再追求些什么。

根据以上案例,回答以下各题。(每小题2分,共10分)

(答题要求:将各题正确的答案填在题目后的括弧内,只有一个答案是正确的)

1. 致明的经历,说明( )。

A. 人生的不同阶段有不同的目标

B. 职业规划不是太重要,需要应急处理

C. 大学时不需要职业理想,只需好好学习

D. 人的个性跟职业选择没有关系,压力来时,不干也得干

2. 致明如果想为自己做一个职业生涯规划,做法不正确的是( )。

A. 多了解职场信息

B. 按照热门行业确定自己的志向

C. 多了解自己的个性，做规划时要考虑自己的职业兴趣

D. 职业规划时既要有长远目标，又要有阶段性目标

3. 一般来讲，人们的目标按照时间的长短可以分为三种，这三种目标不包括（　　）。

A. 远期目标、
B. 阶段性目标

C. 近期目标、
D. 总目标

4. 对于目标的不同层次之间的关系，说法不正确的是（　　）。

A. 远期目标不需要精确，近期目标一般要求精确

B. 远期目标必须是非常精确的，近期目标不需要精确

C. 近期目标不一定是阶段性目标

D. 一般而言，阶段性目标是达成远期目标的条件

5. 致明喜欢富有挑战性、有压力的工作，这是对自己职业兴趣、性格等的分析。这属于职业生涯规划基本步骤中的那个部分（　　）？

A. 了解职场信息
B. 选择职业定位

C. 进行自我评估
D. 制订具体规划

2. 案例二：缺料风波

邵丽是公司采购部的资深采购员，在公司工作了十多年，经验丰富，但脾气很不好，常和同事发生磨擦，尤其是和计划部的王刚关系极差。一次，王刚因为缺料又和邵丽发生矛盾，王刚认为下周要生产的物料得两周后才能到，不能接受，要求邵丽提前交货；邵丽表示交期无法提前。王刚不同意，要求物料一定要按时到，否则停产，王刚的强硬态度让邵丽大发脾气：停产是你计划的事，跟我没关系！王刚愤然离开，直接到采购部经理办公室投诉：我和你们部门的人没法沟通！

采购部廖经理刚上任二周，对公司正处于熟悉状态，得知自己部门的工作会影响到生产进度，他立即叫来邵丽："怎么回事？！缺料停产这么大的事，你怎么不早来报告？"邵丽满不在乎地说："你刚来公司不久，对供应商还不太熟。我已经向李经理报告了此事。"（李经理是SCM部门经理，也是廖经理的顶头上司）廖经理怒道："我才是你的上司，弄清楚自己的位置在哪。"邵丽不作回答。廖经理："现在缺料的状态如何？"邵丽："物料安排的是海运，现在还在海上漂呢。"廖经理："如此紧急的物料，你还安排走海运？你干什么吃的？！"邵丽："是计划部突然提前了生产，不是我的错！"说完转身离开了经理办公室。

问题：

（1）邵丽和廖经理的沟通分别存在什么问题？（6分）

（2）邵丽的沟通如何改进？（4分）

职业素养考试模拟试卷二

一、单项选择题(每小题1分,共10分)

(答题要求:以下各小题中,只有一个选项是正确的,将各题正确的选项填在题后的括弧内)

1. 下列关于职业素养的说法中,不正确的是( )。

A. 职业素养受先天因素和后天因素双重影响　　B. 职业素养的提高,离不开后天的培养

C. 职业素养既有显性要素又有隐性要素　　　　D. 职业能力和技能是职业素养的最重要内容

2. 下列叙述体现了时间的珍贵的一项是( )。

A. 最严重的浪费就是时间的浪费(布封)

B. 在所有的批评家中,最伟大、最正确、最天才的是时间(别林斯基)

C. 时间最不偏私,给任何人都是24小时;时间也最偏私,给任何人都不是24小时(赫胥黎)

D. 时间待人是平等的,而时间在每个人手里的价值却不同

3. 中国古代文化中的"仁"的中心思想是( )。

A. 爱人　　　　　　　　　　　　　　B. 人心

C. 诚信　　　　　　　　　　　　　　D. 谦让

4. 与法律相比,道德( )。

A. 产生的时间晚　　　　　　　　　　B. 适用范围更广

C. 内容上显得十分清晰　　　　　　　D. 评价标准难以确定

5. 下列关于兴趣的叙述,不正确的一项是( )。

A. 兴趣是最好的老师,所以,只学感兴趣的,不学不感兴趣的

B. 兴趣可以激发人的热情、好奇心、欲望、干劲

C. 兴趣是选择职业方向的重要依据

D. 兴趣是成功的必要条件

6. 对于高中生的职业生涯设计,下列说法错误的是( )。

A. 注意自己的职业兴趣　　　　　　　B. 高三之前,以全面发展为基础

C. 形成自己的爱好和优势学科　　　　D. 尽早确定自己的职业生涯发展规划

7. 员工小张一贯准时上班,但在一次上班途中,突遇大雨而迟到了,你认可的做法是( )。

A. 小张虽然违犯了公司规定,但事出有因,情在可原,可以理解

B. 应该严格按照公司规定,处理小张

C. 给予小张口头批评

D. 偶然一次,应该谅解

8. 某公司没有专门的保洁人员,也没有制定打扫卫生的轮值制度,办公室的卫生由公司职员自己打扫,如果你是该公司职员,你会采取哪一种做法( )?

A. 上班后,看有没有人做卫生,如果没人做,就自己做

B. 不管别人做不做,自己都做

C. 如果公司有比自己年轻的同事,可以让他们去做

D. 等领导安排自己做的时候再做

9. 下列关于学习的叙述，不正确的一项是（　　）。

A. 学习是动物和人类生存和发展过程中普遍存在的一种行为和现象

B. 只要持之以恒、不断学习，就能持续不断的成长、进步和发展

C. 学习是人类文明延续和发展的桥梁和纽带

D. 学习是动物和人与环境保持平衡、维持生存和发展所必需的条件

10. 解决问题能力的提高，离不开对目标有清晰的理解。下列关于目标的叙述，不正确的一项是（　　）。

A. 目标是对预期结果的主观设想，是头脑中形成的一种主观意识形态

B. 目标可以指明方向，指导人们集中力量达成目标，取得成功

C. 只要有明确坚定的目标，就没有达不成目标取不得成功的可能

D. 目标可以成为激励人们达成目标、取得成功的巨大精神力量

二、多项选择题（每小题2分，共10分）

（答题要求：以下各小题中，有两个或两个以上的选项是正确的，将各题正确的选项填在题后的括弧内，多选少选均不得分）

1. 下列选项中，哪些不属于人格范畴（　　）？

A. 气质　　　　　　　　　　　　B. 智商

C. 相貌　　　　　　　　　　　　D. 强健的体魄

2. 要做到相互平等尊重，需要处理好的关系包括（　　）。

A. 上下级　　　　　　　　　　　B. 同事

C. 师徒　　　　　　　　　　　　D. 从业人员与服务对象

3. 下面自我意识的作用，说法正确的是（　　）。

A. 自我意识是个体认识外界客观事物的条件

B. 自我意识对发展情商帮助不大

C. 自我意识是个体改造自身主观因素的途径，它促使个体不断地自我监督、不断地自我完善

D. 良好的自我意识是通向成功的唯一指标

4. 某商场有一顾客在买东西时，态度非常蛮横，语言也不文明，并提出了许多不合理的要求。下列做法中，你认为不合理的处理方法有（　　）。

A. 坚持耐心细致地给顾客作解释，并最大限度地满足顾客要求

B. 立即向领导汇报

C. 对顾客进行适当的批评教育

D. 不再理睬顾客

5. 下列方法可以调节抑郁情绪的是（　　）。

A. 接受现实　　　　　　　　　　B. 换个角度看问题

C. 多接触乐观的人　　　　　　　D. 适量运动，进行情绪释放

三、名词解释题（每小题3分，共15分）

1. 职业

2. 道德

3. 职业价值观

4. 反生产行为

5. 实用人际沟通模式

四、简答题

1. 简述职业素养培养的教化机制和内化机制的联系。

2. 简述职业道德的构成要素。

3 简述职业意识的功能。

4. 简述影响工作职责行为的因素。

5. 简述人际沟通概念的内涵。

五、论述题

1. 试述职业生涯规划的 SWOTA 分析方法。

2. 有人说："现在的同事都很自私，对自己的工作帮助不大，所以跟同事打交道应敬而远之。"

结合建构主义学习理论的观点，谈谈你的看法。

六、案例分析题

1. 案例一：推销之神的职业形象

在日本的人寿保险界，有一位响当当的人物，被日本人尊崇为"推销之神"。他就是身高只有 1.45 米、被人称为是"矮冬瓜"的丛原一平。貌不惊人、又矮又瘦的他，横看竖看，实在缺乏吸引力，可以说是先天不足。但他却苦练笑容，加强自身的职业素养培养，时刻践行职业礼仪习惯，克服了先天不足，成功塑造了良好的职业形象，取得一般人、甚至哪些条件比他好得多的人都没法取得的成功。他的笑被日本人誉为"值百万美金的笑"。

问题：

（1）丛原一平被人称为"矮冬瓜"到被人尊崇为"推销之神"的变化，说明在职场要获得成功需要怎样开始？（3分）

（2）"值百万美金的笑"为丛原一平的推销生涯增添了魅力，成功地让别人悦纳了他。那么我们要塑造自身良好的形象，应该学习哪些职业礼仪？（4分）

（3）此故事对你在职业形象塑造方面有何启示？（3分）

2. 案例二：赵冲的时间管理

赵冲从来没有做工作记录的习惯。工作上的事情总是一件做完了接着做另一件，整日里忙忙碌碌。公司经理也要求他们只要一直在忙工作就行，从来没有人思考过如何提高工作效率。这样的状况持续了很久，直到不久前他所在的公司新来了一位老总，才打破了这种局面。新来的老总提出提高工作效率的问题。他要求大家把自己在工作中做的所有事情都记录下来，记录在一个被他称做"活动跟踪表"的表格中。在做完这样的一个记录之后，赵冲重新阅读了一遍活动跟踪表，结果令他大吃一惊。分析了一天的活动跟踪表之后，赵冲发现自己做有意义的事情的时间很少，许多时间被无谓地浪费了，在实际的工作中做了许多无效的工作。这使赵认识到应该采用新的管理方式来提高自己的时间利用效率。

根据以上案例，回答以下各题。（每小题2分，共10分）

（答题要求：将各题正确的答案填在题目后的括弧内，只有一个答案是正确的）

（1）在分析了活动跟踪表以后，赵冲发现自己很多时间都浪费在了无意义的事情上，为了区分事情的轻重缓急，赵冲可以运用（　　）。

A.时间管理四象限法

B.二八法则

C.目标计划法

D.计划表控制法

（2）根据工作优先级划分，赵冲首先应该考虑（　　）的任务。

A.紧迫而不重要

B.重要而且紧迫

C.重要而不紧迫

D.不重要也不紧迫

（3）根据工作优先级划分，优先级的任务特点是（　　）。

A.紧迫而不重要

B.重要而且紧迫

C.重要而不紧迫

D.不重要也不紧迫

（4）根据工作优先级划分，（　　）不属于优先级B的任务。

A.召开部门临时会议

B.学习专业技能

C.锻炼身体

D.跟爸妈谈心

（5）根据工作优先级，11：30—11：50准备下午的部门周会材料属于（　　）的工作。

A.优先级A

B.优先级B

C.优先级C

D.优先级D

圆霖 绘

职业素养考试模拟试卷三

一、单项选择题(每小题1分,共10分)

(答题要求:以下各小题中,只有一个选项是正确的,将各题正确的选项填在题后的括弧内)

1. 职业化是职业人在现代职场中提高职业素养的过程,在这一过程中,首要的是( )。

A. 职业道德和专业知识的重视　　　　B. 职业技能的培训

C. 职业行为规范的遵守　　　　　　　D. 职业生涯的开拓

2. 职业活动中要想树立艰苦奋斗的品质,下列做法不正确的是( )。

A. 正确理解艰苦奋斗的内涵　　　　　B. 树立不怕困难的精神

C. 永远保持艰苦奋斗的作风　　　　　D. 过苦日子

3. 人们在社会生活中形成和应当遵守的最简单、最起码的公共生活准则是( )。

A. 社会公德　　　　　　　　　　　　B. 职业道德

C. 家庭道德　　　　　　　　　　　　D. 生活道德

4. "慎独"体现了( )

A. 夜以继日,废寝忘食　　　　　　　B. 精忠报国,反对侵略

C. 修身为本,严于律己　　　　　　　D. 立志勤学,持之以恒

5. 下列关于自信的叙述,不正确的一项是( )。

A. 自信是发自内心的自我肯定与相信　B. 自信是相信自己行的一种信念

C. 自信是对自身力量的确信　　　　　D. 有自信就一定能成功

6. 下列气质类型与职业定位的匹配中,不恰当的是( )。

A. 抑郁质——作家　　　　　　　　　B. 多血质——律师

C. 粘液质——教师　　　　　　　　　D. 胆汁质——画家

7. 某国有企业陷入困境,而厂长却超标购买专用轿车,对此,作为企业的员工,你会采取哪一种做法( )。

A. 通过职代会,质询或罢免厂长　　　B. 给厂长写信,力陈这样做的利害关系

C. 向上级主管部门反映　　　　　　　D. 对厂长的行为予以谴责

8. 下列关于积极主动的行为习惯的叙述,不正确的一项是( )。

A. 积极主动的习惯促使人主动寻求答案　B. 积极主动的习惯会使人不断自我总结

C. 积极主动的习惯促使人做到尽善尽美　D. 积极主动的习惯可以代替知识和能力

9. 与上级领导的沟通中,我们应该避免( )。

A. 自动报告工作进度　　　　　　　　B. 一遇到困难,就请领导给出解决方案

C. 对自己的业务,主动提出改善计划　D. 接受批评,不犯三次错误

10. 养成自学的好习惯,提高学习能力是职业人职业生涯可持续发展的必要条件。为此,职业人应该树立怎样的理念( )。

A. 勤学好问　　　　　　　　　　　　B. 终身学习

C. 乐于助人　　　　　　　　　　　　D. 刻苦钻研

二、多项选择题（每小题2分，共10分）

（答题要求：以下各小题中，有两个或两个以上的选项是正确的，将各题正确的选项填在题后的括弧内，多选少选均不得分）

1. 职业人理想的心理素养有（　　）。

A. 坚韧   B. 合作

C. 果断   D. 敏感

2. 下面关于道德的说法，正确的有（　　）。

A. 道德规范的调节手段是强制性的

B. 道德的内容因时代不同而有变化

C. 道德是以善恶为判断标准的社会准则

D. 道德主要是以社会舆论、传统习惯、内心信念来维系的

3. 职业理想的特点是（　　）。

A. 社会性   B. 时代性

C. 发展性   D. 个性差异性

4. 下列行为中体现了"良好礼仪之美"的是（　　）。

A. 与人谈话时不停地查看或编发短信

B. 与人握手时目光注视对方，以表示对对方的尊重

C. 与人握手时，同时与多人交叉握手

D. 穿西装时先将西装袖口上的商标拆除

5. 在时间管理中，下面哪些是有帮助的（　　）。

A. 树立信心，跟自己说，"我一定可以高效完成任务"

B. 不做准备，来了任务，埋头就做

C. 设立完工期限

D. 设立目标

三、名词解释题（每小题3分，共15分）

1. 素养

2. 职业道德风险

3. 职业兴趣

4. 职业行为

5. 信息处理能力

四、简答题（每小题5分，共25分）

1. 基本职业素养包括哪些方面的内容？

2. 简述职业道德的功能。

3. 简述约翰·霍兰德的人格分类。

4. 简述职业人消极行为的人性假设。

5. 简述加德纳的多元智能理论。

五、论述题(每小题10分,共20分)

1. 试述职业素养培养的方法。

2. 试述职业自我意识的作用。

六、案例分析题(每小题10分,共20分)

1. 一家医疗器械公司与美国客商已达成引进"大输液管"生产线协议的意向,第二天就要签字了。可是,当公司负责人陪同外商参观车间的时候,有一位员工向墙角吐了一口痰,并很自然的用穿着的拖鞋鞋底去擦。这一幕让外商彻夜难眠,第二天他让翻译给那位负责人送去一封信:"恕我直言,一位公司员工的卫生习惯、穿着要求可以反映一个工厂的管理素质。况且,我们今后要生产的是用来治病的输液皮管。贵国有句谚语:人命关天!请恕我不辞而别"一项已基本谈成的项目,就这样"吹"了,而该员工也随即被辞退。

问题:

(1)是什么因素导致这项基本谈成的项目"吹"了?为什么?(4分)

(2)该员工和负责人应该汲取什么教训?(6分)

2. 网络部李经理找到人力资源部的宇总,要求对网络部陈浩工资调整幅度一事重新加以考虑。李经理拿出陈浩一年的工作业绩评估表:"宇总,是否可以重新考虑一下我们部门陈浩的加薪问题。她去年的工作干得十分出色,可是她加薪的幅度却低于公司的平均加薪幅度。"宇总对李经理解释道:"考虑她的薪水在同级别的人中已属高薪了,所以这次年度加薪才没有同意你们网络部提出的要求,而是低于了公司的平均水平。"李经理:"陈浩的工作大家有目共睹,肯定是高于公司的平均水平,理应提高她的加薪幅度。工资的基数问题,这是公司当时同她讲好的呀,不能把这带入加薪幅度的问题中来,这不符合公司的薪资制度。"李经理很清楚公司的制度,明白员工的权利,认为人力资源部的决定已经侵犯了自己属下的权利,自己有责任和权利为下属争取。

根据以上案例,回答以下各题。(每小题2分,共10分)

(答题要求:将各题正确的答案填在题目后的括弧内,只有一个答案是正确的)

(1)李经理和宇总的沟通方式属于( )。

A. 书面语言沟通   B. 口头语言沟通

C. 电话沟通   C. 新媒介沟通

(2)李经理和宇总沟通的方式中,具体的方式是( )。

A. 一对多   B. 多对多

C. 一对一   D. 非正式沟通

(3)李经理和宇总沟通时采取的具体方式的缺点是( )。

A. 不利于反馈   B. 不利于信息的共享

C. 不利于信息传递   D. 不利于发现问题

(4)李经理和宇总沟通时采取的具体方式的优点是( )。

A. 有利于信息共享   B. 可发现特殊问题

C. 有利于集思广益   D. 可节约时间

（5）李经理在与宇总进行沟通时，不可采用的沟通技巧是（　）。

A. 清晰表达自己的观点

B. 给对方思考的时间

C. 提示对方，帮助对方理解我方的观点

D. 把自己的观点强加给对方

圆霖　绘

职业素养考试模拟试卷四

一、单项选择题(每小题1分,共10分)

(答题要求:以下各小题中,只有一个选项是正确的,将各题正确的选项填在题后的括弧内)

1. 心理问题的特点是( )。

A. 普遍性,绝大多数能自己调节　　　　B. 属于心理疾病

C. 大脑发生器质性变化　　　　　　　　D. 需要进行药物治疗

2. 日本的一家企业招聘员工,一个应聘者没被录取而企图自杀,被及时发现,经抢救脱离危险。不久传来新的消息,原来他是所有应聘者中成绩最好的,只因为工作人员电脑操作失误,把他的成绩搞错了,公司向他道歉。此时的他春风得意,自认为被这家公司录用已是"板上钉钉",可没想到的是,又传来更新的消息,企业还是不准备录用他。企业为什么不录用他。请选择正确答案( )。

A. 企业看重的是应聘者的专业技能素质

B. 企业并不重视 应聘者的面试或者笔试成绩

C. 企业重视应聘者的工作经验

D. 企业重视应聘者的心理素质

3. 在下列选项中,符合平等尊重要求的是 ( )。

A. 根据员工工龄分配工作　　　　　　　B. 根据服务对象的性别给予不同的服务

C. 师徒之间要平等尊重　　　　　　　　D. 取消员工之间的一切差别

4. 下列选项中,没有违反诚实守信的要求的选项是 ( )。

A. 保守企业秘密　　　　　　　　　　　B. 派人打进竞争对手内部,增强竞争优势

C. 根据服务对象来决定是否遵守承诺　　D. 不有利于企业利益的行为可以不诚实

5. 虽然专业技术人才获得了很多资格证书,但企业内部经常会进行一些内部职称评定,请问,这种内部职称评定的核心功能是( )。

A. 提高专业技术人才待遇　　　　　　　B. 增加专业技术人才数量

C. 加强专业技术人才评价　　　　　　　D. 方便专业技术人才聘用

6. 关于职业锚的下列说法中,错误的是( )。

A. 职业锚与能力、动机、价值观等互动　　B. 职业锚在实践中选择、认识和强化

C. 职业锚有助于职业定位　　　　　　　D. 职业锚是不可能变化的

7. 小王是你所在单位的好朋友,如果你发现他利用工作时间干了私活,你通常采取的一种处理方法是( )。

A. 反正与自己的利益无关,就当没看见

B. 提醒他注意,如果他不改正,再向领导反映

C. 直接向领导反映这一有损单位利益的行为

D. 提醒他注意,如果他不改正,则保持沉默

8. 如果你所在的公司为了进一步拓展市场,在人员和机构方面进行重大调整,而你正负责开发一个重要客户,并且已经取得较大进展,这时公司让你放下现在的工作,到一个新部门去,你会采取的一种做法是( )。

A. 立刻放下现在的工作，投入到新的工作岗位

B. 请求公司让你把现在的工作做完，再去接受新工作

C. 立即将原工作进行安排与交接，同时接手新工作

D. 想方设法保留原工作

9. 发信者将信息译成可以传递的符号形式的过程是（　　）。

A. 反馈　　　　　　　　　　　　B. 解码

C. 编码　　　　　　　　　　　　D. 媒介

10. 口才是职业人的基本能力之一，演讲开始时一般不应该（　　）。

A. 演讲开始要迅速　　　　　　　B. 开场白要新颖

C. 出现了错误也不道歉　　　　　D. 尽快掀起大高潮

二、多项选择题（每小题2分，共10分）

（答题要求：以下各小题中，有两个或两个以上的选项是正确的，将各题正确的选项填在题后的括弧内，多选少选均不得分）

1. 信息技术的发展促进了新经济时代的到来，职业发展在新经济时代的表现有（　　）。

A. 你可能在虚似单位任职　　　　B. 职业出现模糊性

C. 在哪上班变得不太重要　　　　D. 很多人将改变工作方式

2. 现代社会提倡节约，包括节约（　　）。

A. 时间　　　　　　　　　　　　B. 空间

C. 人力　　　　　　　　　　　　D. 资金和物质

3. 职业生涯规划是一个过程，这个过程包括哪些内容（　　）。

A. 设置目标　　　　　　　　　　B. 设计方案

C. 绘制具体实施图　　　　　　　D. 研究可行性

4. 对一些企业纷纷采用给回扣的办法来增加销售额，对此，你的评价是（　　）。

A. 给回扣是一种不正当的竞争行为

B. 给回扣能够较好地调动人的积极性

C. 给回扣虽是一种不正当手段，但在道德上是无可非议的

D. 给回扣违反了职业道德

5. 关于员工个人时间观念，以下哪些理解是恰当的（　　）。

A. 灵活运用节省时间的各类工具

B. 合理安排休息时间

C. 花费太多的时间读报

D. 尽早处理掉文件和信函

三、名词解释题（每小题3分，共15分）

1. 职业化

2. 职业道德

3. 职业规划

4. 职业行为的本质

5. 员工内部创业

四、简答题(每小题5分，共25分)

1. 简述职业素养的特征。

2. 简述职业道德的主要内容。

3. 简述安全／稳定型人格的特点。

4. 职业人受到的组织约束包括哪些方面。

5. 简述熊彼特提出的创新的五种情形。

五、论述题(每小题10分，共20分)

1. 有人说："只要自己有本事就行了，职业素养的培养跟所在的组织没有关系。"谈谈您的看法。

2. 试述岗位说明书的作用。

六、案例分析题(每小题10分，共20分)

1. 有这样一群人，他们年轻的时候迁居美国，住在波士顿的一所公寓里。在一个漫长的周末，他们发现自己既没有食物也没有现钞（没有信用卡或存款卡，而且银行也早已停止营业了）。他们只好等到下周——银行重新营业。他们这时真正认识到基本需求的重要——当人遭受饥饿的时候，要关注其他事情是非常困难的。在顶楼上饿得要死的艺术家的情况又会怎样呢？有些人为了创造传世之作而与贫困为伴，还有一些人似乎想尽可能放弃友谊和社交，以使他们能够全神贯注于自己非常重视的事情。

根据以上案例，回答以下各题。（每小题2分，共10分）

（答题要求：将各题正确的答案填在题目后的括弧内，只有一个答案是正确的）

（1）根据马斯洛的需求层次理论，人的行为决定于（　）。

A. 高层次需求　　　　　　　　　　B. 基本需求

C. 特殊需求　　　　　　　　　　　D. 主导需求

（2）"他们在既没有食物也没有钱去买食物时认识到了基本需求的重要性"，这种基本需求是指（　）的需求。

A. 生理需求　　　　　　　　　　　B. 安全需求

C. 社交需求　　　　　　　　　　　D. 自我实现需求

（3）他们因为遭遇饥饿而无法关注其他的事情，而顶楼上饿得要死的艺术家却为了创造传世之作而与贫困为伴，这说明（　）。

A. 有些人不需要低层次

B. 高层次需求是人生的价值，是最值得追求的，因此不需要关注低层次需求

C. 艺术家是错误的，需求应该一步一步由低到高来实现

D. 在低层次的需求没有完全实现前，人们也能追求高层次的需求

（4）根据马斯洛的需求层次理论，那些全神贯注于自己非常重视的事情，以获得个人满足感的人，他们的做法是为了满足（　）。

A. 生理需求   B. 安全需求

C. 尊重需求   D. 自我实现需求

（5）根据马斯洛的需求层次理论，通过发展友谊，参加社交活动，可用来满足（　　）。

A. 生理需求   B. 尊重需求

C. 社交需求   D. 自我实现需求

2. 有两位年富力强又踏实勤奋的园长，其中的一位可谓"夙兴夜寐，中情烈烈"，事无巨细，必亲自过问。他不让下属参与决策，命令下属做他安排的所有事情，甚至学生上课时，他还在走廊里巡视，下午放学前，为了不让老师、学生早退，亲自坐镇门房，被誉为"门房园长"。这位园长勤劳有余，却忽视了幼儿园的根本任务，虽然教师队伍素质整体较高，但积极性却很差，虽含辛茹苦多年，幼儿园工作却不见起色。

另一位园长除了勤奋之外还十分好学，不仅精通自己所学专业，而且能结合管理实践去钻研教育学、心理学、现代教学论，学习管理学和管理心理学知识。他还关心校内外的各种信息，经常和教师们一起讨论各种教育思想，研讨幼儿园办学方向，率领教师从总结以往成功经验入手，探索学生学习与成长的规律，从而使各学科都创造出有自己特色的教学方法。在此基础上，他又组织进行评教评学、师生对话、分类指导、全面验收等活动，形成一个以目标管理为中心的教育教学质量评价反馈系统。在幼儿园管理上，他率领领导班子成员致力于幼儿园的整体改革，成立民主决策机构，建立一套以岗位责任制为中心的评估、奖惩体系，"职有专司，事有专责"，各项工作井然有序。几年以后，幼儿园面貌焕然一新，教育质量有了大幅度提高，而且在办学上渐渐显示出自己的特色，成为当地一所引人瞩目的先进幼儿园。

根据以上案例，回答以下各题。（每小题2分，共10分）

（答题要求：将各题正确的答案填在题目后的括弧内，只有一个答案是正确的）

1. 第一位园长不让下属参与决策，凡事必亲自过问，这位园长的领导方式是（　　）。

A. 命令式   B. 民主式

C. 民主集中式   D. 共享式

2. 第一位园长的领导方式的适用范围是（　　）。

A. 重要任务   B. 日常任务

C. 紧急任务   D. 核心任务

3. 第二位园长在摸索幼儿园教学方向时，时常和教师们一起讨论、研讨、探索。这位园长的领导方式是（　　）。

A. 命令式   B. 指挥式

C. 协商式   D. 专制式

4. 教师队伍素质整体较高，但积极性却很差，为了改变这种现状，提高积极性，第一位园长应采取的方式是（　　）。

A. 高支持、指令多   B. 高支持、指令少

C. 高支持、无指令   D. 低支持、指令少

5. 领导者在选择领导方式时要考虑的因素不包括（　　）。

A. 具体的情景   B. 自己的个人偏好

C. 领导对象   D. 完成的任务

职业素养考试模拟试卷五

一、单项选择题(每小题1分,共10分)

(答题要求:以下各小题中,只有一个选项是正确的,将各题正确的选项填在题后的括弧内)

1. "你的看法决定了你的处境"。这种看法代表了下面那个心理学派的观点?(   )

A. 精神分析
B. 行为主义
C. 人本主义
D. 认知心理学

2. 大量的特征行为对素质的揭示具有一定的必然性,因此人们可以依据素质表征行为发展的历史轨迹及其趋向,对被测者的素质发展进行某种预测。这种预测的有效性取决于素质特征的(   )。

A. 稳定性程度
B. 选拔作用
C. 后效性
D. 延续性

3. 下列说法中,违背办事公道原则的选项是(   )。

A. 某商场售货员按照顾客到来的先后次序为他们提供服务

B. 某宾馆服务员根据顾客需求提供不同的服务

C. 某车站服务员根据需求开办特殊购票窗口

D. 某工厂管理人员不分年龄、性别安排相同的工种.

4. 下列关于职业道德的说法中,正确的是(   )。

A. 职业道德跟非职业道德没有关系

B. 职业道德的内容与一般意义上的道德内容相比,变化很大

C. 职业道德在适用范围上具有普遍性

D. 讲求职业道德会降低企业的竞争力

5. 关于职业选择的意义,你赞同的看法是(   )。

A. 职业选择意味着可以不断变换工作岗位

B. 提倡自由选择职业会导致无政府主义

C. 职业选择有利于个人自由的无限扩展

D. 职业选择有利于促进人的全面发展

6. 调整职业生涯规划的关键是(   )。

A "我为什么干?"
B "我干得怎么样?"
C. 放弃原有规划
D. 选择更适合自己的发展方向和发展目标

7. 假设你在工作中出现了一次小的失误,暂时还未给单位造成什么损失,领导也没有发现。在这种情况下,你认为最好的一种处理办法是(   )。

A. 不向任何人提起这件事

B. 不告诉任何人,自己在以后的工作中弥补过失

C. 告诉领导,承认自己的过失并承担相应的责任

D. 告诉自己最好的朋友,请他帮自己想一个最好的办法

8. 如果你是公司售后服务人员,对客户提出的不符合公司规定、但对客户又很重要的服务要求,你将采取哪一种应对方法?(   )

A. 因为不符合公司的规定，对客户的要求不满足

B. 向客户说明公司的规定，表明不能解决的原因

C. 先向客户做解释，再向公司提出改进有关规定的建议，以尽量满足客户的要求

D. 为了让客户满意，在公司没有统一的情况下，先行扩展公司规定的服务范围

9. 下列说法中，不符合从业人员开拓创新要求的是（ ）。

A. 坚定的信心和顽强的意志   B. 先天生理因素

C. 思维训练   D. 标新立异

10. 对于时间管理的分析，以下理解不正确的是（ ）。

A. 了解你自己的生活节律，以便科学地安排你的时间

B. 分析出每天的高效益活动，根据活动的效益高低使用时间提出依据

C. 时间管理各人有各人的习惯，我的习惯就这样，不好改

D. 看每天的工作重要程度，根据重要程度安排工作的用时

二、多项选择题（每小题2分，共10分）

（答题要求：以下各小题中，有两个或两个以上的选项是正确的，将各题正确的选项填在题后的括弧内，多选少选均不得分）

1. 缓解心理压力的方法有（ ）。

A. 改变生活情境   B. 倾诉、哭泣

C. 升华法   D. 放松法

2. 以下哪种情况属不诚实劳动？（ ）。

A. 出工不出力   B. 炒股票

C. 制造假冒伪劣产品   D. 盗版

3. 职业生涯规划的重要性是（ ）。

A. 帮助你最终能实现自己的美好理想

B. 帮助你扬长避短地发展自己

C. 帮助你目标明确地发展自己

D. 帮助你不用太努力就可发展自己

4. 职工个体形象和企业整体形象的关系是（ ）。

A. 企业的整体形象是由职工的个体形象组成的

B. 个体形象是整体形象的一部分

C. 职工个体形象与企业整体形象没有关系

D. 整体形象要靠个体形象来维护

5. 领导者要带好队伍，应该要熟悉核心员工的（ ）。

A. 专业与特长   B. 兴趣与爱好

C. 需求与动机   D. 知识与技能

三、名词解释题（每小题3分，共15分）

1. 职业理想

2. 职业道德评价

3. 自我意识

4. 职业责任

5. 情商

四、简答题(每小题5分,共25分)

1. 简述素养内化论的核心观点。

2. 简述"服务群众"这一职业道德规范对从业人员的要求。

3. 心理契约违背一般要先经历哪些过程?

4. 马斯洛需求层次理论认为人的需求层次有哪些?

5. 领导力开发可以从哪些领域展开?

五、论述题(每小题10分,共20分)

1. 有人说,"考试偷看不算偷"。请结合道德伦理决策三因素模型谈谈你的看法。

2. 试述积极行为理论与消极行为理论对职业行为解释的差异。

六、案例分析题(每小题10分,共20分)

1. 吴京是某名校新闻专业毕业的学生,他当初选择的是最贴近他的职业理想的工作——财经记者,毕业后他如愿成为一名著名合资媒体的实习记者,但一年后他却做了一个让大家感到意外的选择,去了一家待遇优厚的国有企业做宣传工作,过起了按时上下班的职员生活。当初,他选择去合资企业的最主要的理由是做一名财经记者,实现自己的职业理想。但一段时间后,他发现在合资企业工作不稳定、风险大、累,并且未来几乎没有什么保障。如果将来年龄稍长,无法跑新闻了,到时候该何去何从?这样一来,吴京的职业发展转入了一个全新的方向,在国有企业做了一名职员。他认为在国企工作是很幸运的,因为他既明白自己需要的是什么,也得到了与自己的理想接近的职业。

根据以上案例,回答以下各题。(每小题2分,共10分)

(答题要求:将各题正确的答案填在题目后的括弧内,只有一个答案是正确的)

1. 在发现合资企业的工作并不适合自己时,吴京想为自己选择一个新的发展方向,制定一个新的职业生涯规划。职业生涯规划的核心是( )。

A. 制定自己的职业目标和选择职业发展道路

B. 了解信息,包括行业经济和地区经济发展趋势、职场信息等

C. 知道自己的职业兴趣所在

D. 多听听家里人的意见,制订出具体的计划。

2. 从合资企业到国有企业,吴京对职业的重新选择主要考虑的因素是( )。

A. 职业环境   B. 职业兴趣

C. 职业特长能力   D. 个人性格

3. 在面对变化时,吴京所做的选择属于( )。

A. 顺应境遇   B. 改变境遇

C. 挑战境遇
D. 忍受境遇

4. 吴京想为自己做一个职业生涯规划，不正确的做法是（　　）。

A. 考虑家人的意见
B. 按照热门行业确定自己的志向

C. 多了解职场信息
D. 了解自己的职业兴趣

5. 吴京的经历说明，在制定职业生涯规划后，要根据职业的发展和实际情况的变化，不断地对规划进行评估与反馈。职业评估与反馈的内容包括（　　）。

A. 确定哪些目标已按计划完成，哪些目标未完成

B. 对未完成目标进行分析，找出未完成原因，制定相应对策和方法

C. 依据评估结果对下年的计划进行修订与完善

D. 其他选项都对

2. 办公室主任叫一个年轻员工去买复印纸。年轻员工就去了，买了 3 张复印纸回来。办公室主任大叫，3 张复印纸，怎么够，我至少要 3 摞。年轻员工第二天就去买了 3 摞复印纸回来。办公室主任一看，又叫，你怎么买了 B5 的，我要的是 A4 的。年轻员工过了几天，买了 3 摞 A4 的复印纸回来，办公室主任生气地说：怎么买了一个星期才买好？年轻员工回答：你又没有说什么时候要。一个买复印纸的小事，年轻员工跑了 3 趟，办公室主任气了 3 次。办公室主任会摇头叹道，年轻员工执行力太差了！年轻员工心里会说，办公室主任能力欠缺，连个任务都交待不清楚，只会支使下属白忙活！

根据以上案例，回答以下各题。（每小题 2 分，共 10 分）

（答题要求：将各题正确的答案填在题目后的括弧内，只有一个答案是正确的）

（1）该案例体现了提高执行力应注意的事项有（　　）。

A. 执行前大体知道需要办的事就行了

B. 执行前要搞好关系

C. 执行前沟通到位很重要

D. 执行力要有强制手段

（2）办公室主任让年轻职员买纸的做法说明了（　　）。

A. 纸便宜，所以买错也没什么大不了的

B. 不得要领、偏离中心工作，降低了执行效果

C. 办公室主任考验年轻员工

D. 他们的关系很好

（3）该案例中，你认为办公室主任作为管理者犯了什么错？（　　）

A. 下达任务时不清晰

B. 跟员工关系处理得不够亲密

C. 做事应该亲力亲为

D. 老板没错，都是员工办事不力

（4）下列建议中，你觉得不适合案例中的员工的建议是（　　）。

A. 向上级提意见时，应该注意方式方法，态度不宜太过生硬

B. 接受批评时要诚恳

C. 当对上级交待的任务不清楚时，最好问清楚

D. 做不到的事情先答应下来，做不到时再说

（5）下列关于提高执行力的说法中，不正确的是（　　）。

圆霖 绘

A. 提高执行力需要奖惩措施

B. 提高执行力需要清晰的目标

C. 提高执行力需要跟进机制，以便及时了解员工完成任务的情况

D. 提高执行力需要技能优秀的员工，因为技能一般的员工需要培训，那样太浪费时间和资源

职业素养考试模拟试卷六

一、单项选择题(每小题1分,共10分)

(答题要求:以下各小题中,只有一个选项是正确的,将各题正确的选项填在题后的括弧内)

1. 关于胜任力"冰山模型"的表述,正确的是 ( )。

A. 技能和知识就好比处于水面以上看得见的冰山,最容易测量、改变和开发提高

B. 特质和动机就好比处于水面以上看得见的冰山,最容易测量、改变和开发提高

C. 自我概念就好比处于水面以上看得见的冰山,最容易测量、改变和开发提高

D. 态度和价值观就好比处于水面以上看得见的冰山,最容易测量、改变和开发提高

2. 下列关于成功的叙述,不正确的一项是 ( )。

A. 人人都可以追求成功,人人都在追求成功,人人也都可以成功

B. 成功的反义词是失败,在追求成功的过程中可能成功,也可能失败

C. 成功讲的是办事情的结果,办成了就是成功,没办成就是失败

D. 成功仅仅是一种感觉,感觉成功了就是成功,感觉失败了就是失败

3. 要做到遵纪守法,对每个职工来说,必须做到 ( )。

A. 有法可依   B. 反对"管 "、"卡"、"压"

C. 反对自由主义   D. 努力学法,知法、守法、用法

4. 爱岗敬业的具体要求不包括是 ( )。

A. 树立职业理想   B. 强化职业责任

C. 提高职业技能   D. 抓住机遇,有机会就跳槽

5. 职业生涯目标分析包括目标的选择、分解和组合部分,其中属于目标选择的是 ( )。

A. 找出不同目标之间的内在联系,相互促进

B. 把主要目标分解成多个循序渐进的小目标

C. 集中时间、精力和其他资源,聚焦主要目标

D. 在现实和理想之间建立阶梯通道,拾阶而上

6. 美国生涯理论专家萨珀认为,职业生涯的发展应该聚焦于 ( )。

A. 个人   B. 社会

C. 组织   D. 环境

7. 现实生活中,一些人不断地从一家公司"跳槽"到另一家公司。虽然这种现象在一定意义上有利于人才的流动,但它同时也说明这些从业人员缺乏 ( )。

A. 工作技能   B. 职业责任感

C. 组织忠诚度   D. 坚持真理的品质

8. 职业活动中,符合"仪表端庄"具体要求的是 ( )。

A. 着装华贵   B. 鞋袜搭配合理

C. 饰品俏丽   D. 发型突出个性

9. 创新与发明创造的区别就在于它的推广应用,实现创造发明成果的价值,这体现出创新能力的哪个特征? ( )

A. 综合性　　　　　　　　　　　B. 实践性

C. 独创性　　　　　　　　　　　D. 坚持不懈

10. 下列能力中，把事物的整体分解为若干部分进行研究的技能和本领是（　　）。

A. 创造能力　　　　　　　　　　B. 综合能力

C. 分析能力　　　　　　　　　　D. 实践能力

二、多项选择题(每小题2分，共10分)

（答题要求：以下各小题中，有两个或两个以上的选项是正确的，将各题正确的选项填在题后的括弧内，多选少选均不得分）

1. 在团队中，我们要尊重并信任团队成员，乐于分享与帮助，那么成为合格团队成员的其他素养包含（　　）。

A. 自主　　　　　　　　　　　　B. 善于思考

C. 忠诚　　　　　　　　　　　　D. 协作

2. 社会公德特点包括（　　）。

A. 基础性　　　　　　　　　　　B. 专业性

C. 全民性　　　　　　　　　　　D. 相对稳定性

3. 下列情形中，可以认定为工伤的有（　　）。

A. 在工作期间自杀、自残或故意犯罪

B. 因工外出期间，由于工作原因受到伤害或者发生事故下落不明

C. 在工作时间和工作场所内，因工作原因受到事故伤害

D. 在上下班途中，受到非本人主要责任的交通事故或者城市轨道交通、火车事故伤害

4. 从业人员在工作中应该遵守的行为规范有（　　）。

A. 尊重同事隐私　　　　　　　　B. 替同事着想，给同事方便

C. 宽容谅解　　　　　　　　　　D. 工作认真负责

5. 学习型组织具有以下哪些特点？（　　）

A. 结构化的　　　　　　　　　　B. 高度柔性的

C. 扁平的　　　　　　　　　　　D. 僵化的

三、名词解释题(每小题3分，共15分)

1. 职业素养观

2. 职业道德的自律阶段

3. 职业意识

4. 积极工作行为

5. 人际沟通

四、简答题(每小题5分，共25分)

1. 职业素养的整体性特征要求我们如何培养职业素养？

2. 简述职业道德风险产生的原因。

3. 简述梅耶与奥伦对组织承诺的分类。

4. 简述办公室礼仪规范

5. 简述职业人的创新能力的内涵。

五、论述题(每小题10分,共20分)

1. 试述职业自我意识的培养途径。

2. 试述反生产行为的组织控制策略。

六、案例分析题(每小题10分,共20分)

1. 王晓毕业于某职业学校的会计专业,由于能吃苦、肯学习、业务精,很快得到老板的信任,并被提升为公司的财务主管。一天老板对他说:"我非常信任你,你对业务也很精通,为公司做一份假账吧,目的是骗过税务机关,公司可以少缴一些税款。如果事情暴露,我会给你补偿的。"为了忠于老板,王晓竭尽全力为公司做假账欺骗税务机关,还协助老板向有关人员行贿。两个月后,王晓协助老板做假账和行贿的事情被举报,真相曝光,公司、老板和王晓都受到了舆论的道德谴责,司法机关也介入调查,等待老板和王晓的是法律应有的制裁。

问题:

(1)王晓的做法对吗?为什么?应该怎样做?(5分)

(2)作为职业人,做事情应该忠于老板、组织,还是职业道德行为规范(或原则)?为什么?(5分)

2. 王选主持研制的华光和方正激光照排系统在国内外有重大影响,取得了重大的经济和社会效益,一度占领国内出版印刷业80%以上的市场,并出口到数十个国家和地区,海外的华文报纸绝大多数都采用方正电子出版系统,从而使中国的印刷业告别了"铅"与"火",迈入"光"与"电"的信息时代。王选也获得了首届国家科技最高奖。汉字激光照排系统的出现对我国印刷业产生了巨大的影响,被称为印刷业的第二次革命。

激光照排技术的研发始于1975年,到1993年取得成功,整整耗时18年。在这18年里,王选全力以赴,没有任何节假日,刻苦攻关,并苦苦探索实现目标的有效手段。王选选择技术路线时大胆果断地提出跨过第二代机、第三代机,直接研制西方还没有产品的第四代激光照排系统。王选的大胆抉择是建立在锲而不舍的精神上的:只有在创新上做文章才可能成功实现跨越式发展。

18年的艰苦奋斗印证了王选的一段名言:"不论你是什么样的天才,一定要养成自己动手的习惯。只出点子而不动手实现的人,不容易出大成果。一个新思想和新方案的提出者往往也是第一个实现者,这是一个规律。"锲而不舍包含为保持竞争优势而进行持续创新,王选在1994年就在方正集团明确提出要持续创新。他说,一个新潮流到来之时,领先厂商过去的技术和市场积累可以成为宝贵的财富,也可以成为迎接新潮流的包袱,从而给新兴企业以可乘之机。只有始终充满危机感,才能不被淘汰出局。这一年,王选访问了IBM Watson 研究中心,IBM 的高级副总裁麦高地说的一段话让王选记忆深刻:"不适合当前市场需要的开发,好比一个人不呼吸,几分钟就会死去;不做未来市场需要的研发,好比一个人不吃饭,两个星期之内就会丧命。"王选知道方正集团尚无实力像 IBM 那样研究未来10年的市场需求和技术,但是,可以研究未来5年的新需求,而且一旦决定启动一个新方向就要有更为长远的打算,并且下定决心在新领域里坚持到底,只有这样才能在高技术领域参与国际竞争。

实践表明,自主创新是制胜的法宝,用王选的话说:"22年的经历使我感到,跟着外国人走是不可能赶超、也不可能与外国商品竞争的，事实上要有自己的创新和高招才能克敌制胜。"据此，王选提出了"顶天立地"的发展模式。"顶天"就是寻求全球科技最前沿的制高点，在发现已有技术的不足和吸收前人成果基础上不断追求新突破，以自主创新形成自主知识产权的核心技术；"立地"就是针对市场最迫切的需要，用新方法实现前人所未达到的目标，并迅速实现商品化和产业化从而占领市场。

根据以上案例，回答以下各题。（每小题 2 分，共 10 分）

（答题要求：将各题正确的答案填在题目后的括弧内，只有一个答案是正确的）

（1）王选提出的"顶天立地"发展模式表明（　　）。

A. 科技领先是成功的保证　　　　　　　　B. 企业发展必须进行科技和市场的结合

C. 市场是只无形的手，它总是对的　　　　D. 科技创新的方向必须跟紧随国家政策的步伐

（2）王选取得成功依靠的是（　　）。

A. 自主创新　　　　　　　　　　　　　　B. 模仿创新

C. 协同创新　　　　　　　　　　　　　　D. 以上答案都不对

（3）从王选的名言中可以发现（　　）。

A. 实践能力是创新能力的核心

B. 新知识或新创意的创造或引入是创新的充分条件

C. 创新能力与创业能力是有紧密联系的

D. 真正持久的优势就是比对手拥有更多的点子

（4）有着精深的专业知识、设计才能和实践经验，能够将创新蓝图转化为具体产品、成果或工艺是（　　）。

A. 工程师型的实干家　　　　　　　　　　B. 梦想家型人才

C. 企业家型实干家　　　　　　　　　　　D. 专业技术人才

（5）该案例启示我们，创新过程是一个系统变化的过程，最终实现要靠（　　）。

A. 经济效益或社会效益　　　　　　　　　B. 技术变革

C. 创新产品　　　　　　　　　　　　　　D. 组织结构变革

职业素养考试模拟试卷七

一、单项选择题(每小题1分,共10分)

(答题要求:以下各小题中,只有一个选项是正确的,将各题正确的选项填在题后的括弧内)

1. 你认同以下哪一种观点?( )

A. 知识最重要   B. 人际关系最重要

C. 能力最重要   D. 人品最重要

2. "才者,德之资也;德者,才之帅也。"下列对这句话理解正确的是( )。

A. 有德就有才

B. 有才就有德

C. 才是才,德是德,二者没有什么关系

D. 才与德关系密切,在二者关系中,德占主导地位

3. "不想当将军的士兵不是好士兵",这句话体现了职业道德的哪项规范?( )

A. 忠诚   B. 诚信

C. 敬业   D. 追求卓越

4. 下列观点你认为正确的是( )。

A. 奉献必须有回报   B. 奉献是无条件的

C. 奉献会使人吃亏   D. 奉献是劳动模范的事,与自己无关

5. 马斯洛需求层次理论中位于最高层的需求是( )。

A. 友爱和归属的需求   B. 自我实现

C. 生理的需求   D. 安全的需求

6. 对于职业人士而言,在职业生涯早期最好的工作应该是( )。

A. 最轻松的工作   B. 给自己锻炼最大的工作

C. 能实现人生价值的工作   D. 收入最多的工作

7. 单位对因公出差的住宿费一般都有限额规定,如果领导安排你出差,你会采取哪一种做法( )。

A. 无论工作是否需要,都要按单位规定的最高限额选择饭店

B. 只要能完成工作,尽量选择价格低的饭店

C. 只要能完成工作,住什么样的饭店无所谓

D. 住宿的档次对单位的形象和工作有影响,应根据工作需要进行选择

8. 如果领导交给你一项有一定规格要求和时间限制的工作,你认为应采取的做法是( )。

A. 按照有关要求,利用工作时间,按时完成

B. 为了把这项工作做得更完美,不惜花费自己的业余时间,并按时完成

C. 等领导催问工作进展时,再赶紧去做,并按时完成

D. 为了把这项工作做得更完美,宁可多花费时间,晚一些完成

9. 以下关于"团队"的认知,不正确的是( )。

A. 团队是由多人组成的群体

B. 团队是一个共同体

C. 团队成员间协同工作

D. 团队围绕目标并最终实现目标

10. 构成领导者权力的核心要素是（　　）。

A. 职位

B. 能力

C. 知识

D. 个人魅力

二、多项选择题(每小题2分，共10分)

（答题要求：以下各小题中，有两个或两个以上的选项是正确的，将各题正确的选项填在题后的括弧内，多选少选均不得分）

1. 精神疾病的基本症状包括（　　）。

A. 认知障碍

B. 情感障碍

C. 意志障碍

D. 语言障碍

2. 社会主义职业道德的特征是（　　）。

A. 继承性与创造性的统一

B. 阶级性和人民性相统一

C. 先进性和广泛性相统一

D. 国际性和广泛性相统一

3. 求职时，订立聘用制合同的原则有（　　）。

A. 公平合法原则

B. 诚实信用原则

C. 协商一致原则

D. 平等自愿原则

4. 职业人应该遵守职业工作行为规范，这样有利于既有利于塑造自身职业形象，也有助于维护企业信誉。因此，工作中应该做到（　　）。

A. 按时保质保量完成工作

B. 为客户提供服务时，重视服务质量，提高服务水平

C. 保守企业一切秘密

D. 妥善处理顾客对企业的投诉

5. 要创新，应必须做到（　　）。

A. 学习钻研、激发灵感

B. 大胆地试、大胆地闯

C. 敢于提出新的问题

D. 循规蹈矩

三、名词解释题(每小题3分，共15分)

1. 抗挫折能力

2. 职业道德建设

3. 职业锚

4. 礼仪

5. 人际沟通能力

四、简答题(每小题5分，共25分)

1. 团队精神的功能有哪些？

2. 为什么说爱岗敬业是职业道德的基础与核心内容？

3. 简述调研型人格的主要特点。

4. 简述职业行为的个人自身约束。

5. 简述经验学习理论的主要观点。

五、论述题(每小题10分，共20分)

1. 有人说，"大学时代培养职业素养的主要是要好好读书，学习知识，至于其他的不重要"，请结合职业素养的特征谈谈你的看法。

2. 试述当前我国社会主义职业道德的主要内容。

六、案例分析题(每小题10分，共20分)

1. 案例一：周杰伦的职业生涯

职业培育期。周杰伦小时候学习不尽如人意，但从小对音乐就有着独特的敏感。高中联考时，周杰伦抱着试试的心理考上了淡江中学音乐班。在高中时代选择读音乐班，是周杰伦的一个很重要的职业规划。在音乐班的氛围里，让他的音乐天赋很顺利地从个人兴趣发展成社会技能，而没有被埋没。

职业适应期。由于偏科严重，周杰伦没有考上大学。是先择业还是先就业？周杰伦选择了在一个餐厅做侍应生——先生存，再谋发展。一次，周杰伦偷偷地试了试大堂的钢琴，他的琴声震惊了所有人，于是周杰伦慢慢开始有了公众演奏的机会。如果周杰伦当初坚持寻找自己喜欢的完美工作：唱歌。那么，没有经济支持和明确方向，他的音乐之路能坚持多久？毕业后最好的职业规划选择应该是：找一份自己能做的工作，同时，注意培养进入理想工作的能力，把理想工作作为长期目标来努力。

职业发展期。1997年9月，周杰伦的表妹瞒着他，偷偷给他报名参加了吴宗宪主持的娱乐节目《超猛新人王》，周杰伦的演出惨不忍睹。但吴宗宪惊奇地发现这个头也不敢抬的人谱着一曲非常复杂的谱子，而且抄写得工工整整！他意识到这是一个对音乐很认真的人，于是请周杰伦任唱片公司的音乐制作助理。周杰伦创作的曲风奇怪，没有一个歌手接受。吴宗宪有意给他一些打击，当面告诉他写的歌曲很烂，并把乐谱揉成一团。然而，吴宗宪每天仍能惊奇地看到周杰伦把工整认真的新谱子放在桌上。他被这认真踏、实个沉默木讷的年轻人打动了，于是就有了周杰伦一举成名的专辑《JAY》。

根据以上案例，回答以下各题。（每小题2分，共10分）

（答题要求：将各题正确的答案填在题目后的括弧内，可能有一个或多个答案是正确的）

（1）酷爱音乐的周杰伦先选择了在一个餐厅做侍应生，然后寻求发展机会的做法，给我们的启示是（　　）。

A. 在从"学校人"到"职业人"的职业生涯转变中，首先要做的是适应、融入社会

B. 首次就业期望值不宜过高，先就业，再择业

C. 即便实际就业岗位与规划有差距，也要脚踏实地工作

D. 再择业是提高就业质量、落实职业生涯规划的好机会

2. 周杰伦在吴宗宪的唱片公司写歌，歌写得并不令人满意，但吴宗宪还是被感动了，因为（　　）。

A. 周杰伦的歌写歌的专业水平高 　　　　 B. 周杰伦的音乐知识丰富

C. 周杰伦的职业道德感强 　　　　　　　 D. 周杰伦的综合素质高

3. 设想周杰伦从音乐班毕业后到某公司应聘，他在面试时的错误做法是（　　）。

A. 就座时抬头挺胸，目视前方

B. 进门后主动和考官热情握手

C. 不管面试是否顺利，结束时都答谢

D. 等考官示意坐下时再坐到座位上，否则不坐

4. 周杰伦做事执着认真，连曲谱都抄的工工整整，从而引起了吴宗宪的注意并得以进入唱片公司。这一经历验证了（　　）。

A. 习惯和性格影响会人生

B. 职业性格影响职业的成败

C. 人的命运完全取决于性格好坏

D. 个人习惯会对职业生涯有很大影响

5. 每个人都希望自己有一个成功的职业生涯，下面属于职业生涯特点的是（　　）。

A. 发展性，每个人的职业生涯都在不断发展变化

B. 阶段性，人的职业生涯分为不同阶段

C. 独特性，每个人的职业生涯都有不同的地方

D. 终生性，职业生涯会影响人的一生

2. 案例二：徐成的谈判经历

徐成是某印刷公司的一名财务人员。在他工作期间，遇到了一个最难对付的客户，这个客户让他学会了如何谈判。起初徐成很怕跟他打交道，因为徐成认为这个客户脑子快、心眼儿多，常常算计别人。每次办完业务之后，徐成的感觉就是"又按他说的办了"。每次谈判过程总是被他主导，徐成一直得跟随他的节奏。无论是否同意，徐成都会接纳他的观点，并表现得真诚坦率，愿意与他合作。这样讨论的步调就完全由他支配，被他控制，徐成没有了主动权。

同这个客户打交道久了，徐成也渐渐认识到问题的症结所在，他决定放慢步调，延缓谈判进程。当客户提出的问题比较刁钻时，徐成总是保持平静的心态，以客观的态度对待问题，同时采取一定的技巧拖延或者转移，甚至在不置可否的情形下抛出自己的方案。有时候徐成会故意装作喝茶或上厕所等，留给自己思考的时间，也使客户明白自己不同意他的方案，这样等回到谈判过程中的时候，客户往往不得不改变提议。

结果徐成渐渐发现，同这个客户打交道也并不难，自己完全能够起主导作用。他们尽量选择双方都比较喜欢的方式进行，合作也更加融洽。更重要的是，这样的谈判往往能够获得对徐成公司更有利的结果，帮助他为公司获得了利益。

根据以上案例，回答以下各题。（每小题2分，共10分）

（答题要求：将各题正确的答案填在题目后的括弧内，只有一个答案是正确的）

1. 徐成与这个客户在谈判过程中，使自己获得主动权的技巧是（　　）。

A. 不立即回应，干扰对方谈判节奏 　　　　B. 增加谈判势力

C. 主动进攻 　　　　　　　　　　　　　　D. 重点突破

2. 当客户提出的方案，徐成不同意时，不可取的的方式是（　　）。

A. 实在不行，请示上司的看法

B. 为了维持长期合作关系，草率接受对方意见

C. 清晰地表达自己不能接受

D. 据理力争，要求对方降低预期，改变方案。

3. 起初，徐成很怕与这个客户打交道，因为谈判过程总是被他主导，无论徐成是否同意，都得按照他

说的做。由此可看出这个客户是一个（　　）。

A. 有合作精神的人

B. 有很强的个人优越感

C. 职业个性中有专横武断一面的人

D. 家庭条件好

4. 不同谈判风格的人具有不同的特点，这个客户的谈判风格的特点是（　　）。

A. 能够考虑他人感受

B. 真诚坦率

C. 不知道想要什么

D. 发表自己的意见并视其为不可改变的事实

5. 后来，徐成和这个客户尽量选择双方都比较喜欢的方式进行谈判，这样的谈判方式对何方有利？（　　）。

A. 对徐成有利，因为徐成改变了处境

B. 对客户有利，因为客户强势

C. 长久来看，对双方都有利，因为合作双赢

D. 以上答案都不对

圆霖　绘

职业素养考试模拟试卷八

一、单项选择题(每小题1分,共10分)

(答题要求:以下各小题中,只有一个选项是正确的,将各题正确的选项填在题后的括弧内)

1. 下列各项中,你认为初入职场的人应该更需要注重( )。

A. 使自己的着装和发型非常得体

B. 提高自己的社会效能力

C. 广泛建立对自己有利的社会资源

D. 提高自己的业务水平和工作能力

2. 对于一个企业的员工来说,企业的"高压线"、"禁区"指的是( )。

A. 职业良知   B. 上级命令

C. 群众要求   D. 职业纪律

3. 你认同以下哪一种说法?( )。

A. 现代社会提倡人才流动,爱岗敬业正逐步削弱它的价值

B. 爱岗与敬业在本质上具有统一性

C. 爱岗与敬业在本质上具有一定的矛盾

D. 爱岗敬业与社会提倡人才流动并不矛盾

4. 以下说法中你认同哪一观点?( )

A. 按领导的意思办事就是忠诚于企业的表现

B. 敢于对领导提出批评是忠诚于企业的表现

C. 严格遵守企业的规章制度是忠诚于企业的表现

D. 忠诚于企业就要大胆地批评领导

5. 事业单位工资制度的基本形式是( )。

A. 固定工资制   B. 岗位技能工资制

C. 计时工资制   D. 岗位绩效工资制

6. 引咎辞职、责令辞职两种制度的特定调整对象是( )。

A. 普通职员   B. 聘用人员

C. 在编人员   D. 领导成员

7. 如果你的一位同事与你在工作中产生了矛盾,两人的关系也因此疏远起来,并在一定程度上影响了工作中的合作。对这件事,下列解决矛盾的方案中,你会采取哪一种?( )

A. 请你们两人信任的同事从中斡旋,友好地化解矛盾

B. 把矛盾告诉领导,由领导来解决

C. 等他主动来找自己解决矛盾

D. 自己主动找他,化解矛盾

8. 在工作中,你认同以下哪一种人?( )

A. 提前完成工作的人   B. 按时完成工作任务的人

C. 保质保量完成任务的人   D. 尽快完成任务,多留一点时间学习的人

9. 下列选项中，正确倾听他人的方式是（　　）。

A. 不要错过表达自己观点的机会　　　　B. 尽量让自己在谈话中占主导地位

C. 思维跳跃　　　　D. 体察对方感受

10. 发散思维不是（　　）。

A. 扩散思维　　　　B. 辐射思维

C. 聚合思维　　　　D. 求异思维

二、多项选择题（每小题2分，共10分）

（答题要求：以下各小题中，有两个或两个以上的选项是正确的，将各题正确的选项填在题后的括弧内，多选少选均不得分）

1. 下列选项中，属于态度的心理结构的过程因素有（　　）。

A. 认知因素　　　　B. 情感因素

C. 行为因素　　　　D. 意向因素

2.2008年春运期间我国南方遭到50年不遇的冰冻灾害，有些商家借机提高物价，你觉得这不正确的看法有（　　）。

A. 无可厚非，商家就应该抓住一切机会增加收益

B. 商家缺乏奉献精神最终不利于企业的发展

C. 物以稀为贵，提价符合市场经济的原则

D. 提价是商家个人的事情，外人无权干涉

3. 职业生涯的特点包括（　　）。

A. 自觉性、积极性　　　　B. 发展性、阶段性

C. 整合性、终生性　　　　D. 独特性、互动性

4. 如果单位领导待人很苛刻，你不该立即采取的做法有（　　）。

A. 离开该单位　　　　B. 不在意此事

C. 向他（她）提出抗议　　　　D. 对他（她）提出批评

5. 情商与非智力因素关系密切，它通过影响人的一些非智力因素来加强或弱化认识事物的驱动力。这些非智力因素包括（　　）。

A. 兴趣　　　　B. 意志

C. 毅力　　　　D. 思考能力

三、名词解释题（每小题3分，共15分）

1. 团队精神

2. 职业道德行为

3. 心理契约

4. 组织公平感

5. 狭义上的内部创业

四、简答题(每小题5分,共25分)

1. 职业素养的主要包括哪些内容?

2. 简述诚实守信的具体要求。

3. "有人读了在职博士后没有跳槽",试结合"情感承诺、持续承诺和规范承诺"的概念分别作简要解释。

4. 简述马斯洛需求层次理论的主要内容。

5. 简述时间管理的目标计划法的步骤。

五、论述题(每小题10分,共20分)

1. 试述职业综合素养提高要求。

2. 有人说,"处处遵守职业礼仪,就僵化了。职场是战场,有时采用心理战术,必要时应激怒对方,这时不需要职业礼仪"。请结合职业礼仪的作用,谈谈你的看法。

六、案例分析题(每小题10分,共20分)

1. 案例一:晓峰的规划

学装潢设计的大专一年级学生晓峰想毕业十年后自己创业。他规划中的阶段目标是,毕业时先到一家小装饰公司当助理,第三年到大公司做助理,第五年成为独挡一面的装饰装潢师,再干上五年,就自己创业。现在的晓峰已经在一家大装饰公司当上助理,正在第二个台阶上显露才华。

回想当年大一的时候,自己制定的职业规划正一步步实现,晓峰感到较为满意。想当年,在大学一年级时,除学好专业课外,还加强实践,培养社交等能力;在大学二年级时,自己着重提高动手能力和技巧训练;在大学三年级时,全力提高装潢实战技巧……

现在,在迈上新一个台阶后,晓峰需要在原来规划的基础上,适时修订新一阶段的发展措施,依靠自己的计划坚实的一步步前行。

问题:

(1)在晓峰当年的规划制定中,长远目标、阶段目标和近期目标分别是什么?(6分)

(3)晓峰要想实现未来的目标,依靠什么?(4分)

2. 案例二:朱总的战略与决策

朱总是某农机公司的总裁。该公司2006年销售额为5000万元,2007年达到5500万元,2008年销售额为5900万元,2009年预计6500万元。每当坐在办公桌前翻看这些数字、报表时,朱总都会感到踌躇满志。

这天下午又是业务会议时间,朱总召集了公司在各地的经销负责人,分析目前和今后的销售形势。在会议上,有些经销负责人指出,农业机械产品虽然有市场潜力,但消费者需求的趋向已经有所改变,公司应针对新的需求增加新的产品种类,来适应这些消费者的新需求。况且现在已有多家公司在生产同样的产品,价格也会成为消费者选择是否购买的因素之一。

身为机械工程师的朱总,对新产品研制、开发非常内行。他听完了各经销负责人的意见之后,心里便很快计算了一下:新产品的开发首先要增加投资,然后需要花钱改造公司现有的自动化生产线,这两项工作耗时约3—6个月;而增加生产品种同时意味着必须储备更多的备用零件,并根据需要对工人进行新技术的培训，投资又进一步增加。

朱总最终决定暂不考虑增加新品种的建议，目前的策略仍是改进现有的品种，以进一步降低成本和销售价格，挖掘现有的市场潜力。他相信，降低产品成本、提高产品质量并开出具有吸引力的价格，将是提高公司产品竞争力最有效的法宝，因为客户们实际考虑的还是产品的价值。

根据以上案例，回答以下各题。（每小题 2 分，共 10 分）

（答题要求：将各题正确的答案填在题目后的括弧内，只有一个答案是正确的）

（1）组织的利益相关者对组织的决策和执行过程有重大的影响。利益相关者指的是（　　）。

A. 与企业有利益关系的人或团队

B. 能够使企业增加利益的人或团队

C. 使企业利益减少的人或团队

D. 影响企业目标的实现或者受企业实现目标过程影响的个人或者团队

（2）组织的利益相关者分为外部利益相关者和内部利益相关者。属于该农机公司的外部利益相关者的是（　　）。

A. 管理人员 　　　　　　　　　　B. 政府部门

C. 新产品研发部门 　　　　　　　　D. 生产部门

（3）组织的利益相关者分为外部利益相关者和内部利益相关者。属于该农机公司的内部利益相关者的是（　　）。

A. 消费者 　　　　　　　　　　　B. 行业协会

C. 各地经销负责人 　　　　　　　　D. 供应商

（4）朱总在市场方面采取的策略是（　　）。

A. 市场开发 　　　　　　　　　　B. 产品延伸

C. 市场渗透 　　　　　　　　　　D. 多元化经营

（5）相对于其他几种市场策略，朱总采取的策略的特点是（　　）。

A. 比较激进 　　　　　　　　　　B. 比较保守

C. 比较冒险 　　　　　　　　　　D. 成本高

职业素养考试模拟试卷九

一、单项选择题(每小题1分,共10分)

(答题要求:以下各小题中,只有一个选项是正确的,将各题正确的选项填在题后的括弧内)

1. 除了事件的深度以及事件发生的频率以外,生活事件最终对我们的心理健康的影响取决于这些生活事件（   ）。

A. 强度　　　　　　　　　　　　　　　　B. 类型

C. 广度　　　　　　　　　　　　　　　　D. 以上答案都不对

2. 中国人评价一个人的最核心尺度是（   ）。

A. 外貌　　　　　　　　　　　　　　　　B. 地位

C. 性格　　　　　　　　　　　　　　　　D. 道德

3. 企业在确定聘任人员时,为了避免以后的风险,一般坚持的原则是（   ）。

A. 员工的才能第一位　　　　　　　　　　B. 员工的学历第一位

C. 员工的社会背景第一位　　　　　　　　D. 有才无德者要慎用

4. 职业道德建设的基础内容是（   ）。

A. 服务群众　　　　　　　　　　　　　　B. 爱岗敬业

C. 办事公道　　　　　　　　　　　　　　D. 奉献社会

5. 下面不属于积极态度的构成部分的是（   ）。

A. 乐观　　　　　　　　　　　　　　　　B. 热情

C. 勇气　　　　　　　　　　　　　　　　D. 懦弱

6. "个人可以犯几个可以改正的错误,但不能有失礼的行为"这句话用于求职过程,它告诫我们（   ）。

A. 求职应聘过程中,要重视求职礼仪　　　B. 技术突出就可以求职成功

C. 求职应聘过程中要做到大才和开朗　　　D. 求职应聘时有错即改

7. 对单位制定的规章制度,你通常采取哪一种做法？（   ）

A. 有人监督时就遵守　　　　　　　　　　B. 有折不扣地遵守

C. 自己认为合理的就遵守　　　　　　　　D. 自觉遵守,并对不合理的地方提出自己的意见

8. 你发现一个同事在工作中遇到了困难,而你又具有解决这个困难的能力。在这种情况下你通常会采取哪一种做法？（   ）

A. 不主动去帮助,等他来找自己以后再提供帮助

B. 在完成自己的工作以后,主动去帮助他

C. 放下自己正在做的工作,主动去帮助他

D. 让他在一旁看着,自己替他去解决问题

9. 下列不属于中层管理者定位的是（   ）。

A. 承前启后　　　　　　　　　　　　　　B. 承上启下

C. 承点启面　　　　　　　　　　　　　　D. 承下启上

10. 能做到开拓创新的人,一般是（   ）。

A. 思想怪异的人　　　　　　　　　　　　B. 物质条件充裕的人

C. 受过高等教育的人 D. 具有坚定意志的人

二、多项选择题(每小题2分,共10分)

（答题要求：以下各小题中,有两个或两个以上的选项是正确的,将各题正确的选项填在题后的括弧内,多选少选均不得分)

1. 健康的饮食习惯不包括（　）。

A. 高热量 B. 高脂肪

C. 高盐 D. 饮食清淡,多吃水果蔬菜

2. 坚持办事公道,必须做到（　）。

A. 坚持真理 B. 自我牺牲

C. 舍己为人 D. 光明磊落

3. 从学校人到职业人角色的转换可以通过两步完成（　）。

A. 学生时代做好转换的心理准备。

B. 学生时代只要学会知识就可以了

C. 在首次就业后,结合岗位特点,在从业实践中锻炼能力

D. 就业以后只要干好自己的工作就可以了

4. 小刘以假文凭应聘到某公司上班,很快就成为技术骨干。假如你是该公司经理,当发现小刘的真实情况后,你不该采取的做法有（　）。

A. 解聘 B. 通报批评

C. 降职使用 D. 委婉批评,继续留用

5. 下列属于情境领导方式的是（　）。

A. 参与式 B. 推销式

C. 授权式 D. 告知式

三、名词解释题(每小题3分,共15分)

1. 意志
2. 职业道德的他律阶段
3. 自我意识
4. 广义上的职业行为
5. 沟通

四、简答题(每小题5分,共25分)

1. 简述职业素养的宏观影响因素。
2. 简述职业道德风险的约束机制。
3. 简述影响组织承诺的因素。
4. 为什么多数组织所有者认为职业人是"经济人"而不是"社会人"?
5. 戈尔曼认为,情商主要涉及哪些方面的能力?

五、论述题(每小题10分,共20分)

1. 试述职业道德建设的人员途径。
2. 试述影响职业人心理契约形成的主要因素。

六、案例分析题(每小题10分,共20分)

1. 案例一:云帆和宇舟的素养提升

几个月之前,云帆受公司委派,参加过一次培训,学习如何主持会议以及如何使会议更为有效。尽管他喜欢这个培训课程,但却觉得对他的工作没有用处。就在上个月,云帆作为事故调查团一员参与一个很棘手的案件的审理。云帆的职责之一是主持调查团全体成员的讨论。在成员的讨论中,他过去学习过的培训课程突然出现在脑海里。结果,在两天的讨论会中,他几乎用遍了那次培训中学到的各种技巧。从此以后,他一直在工作中使用这些方法,他认为这个课程对他来说简直是太重要了。

同一公司的赵宇舟两年前参加过一次培训,他觉得那次培训没有任何效果,所以很久以来,他不参加任何的培训,认为各种培训都是骗人的。况且自己每天都很忙,根本无暇关注这些。而面对新技术的出现,他认为他现在根本就用不着培训,等以后再说。随着时间的流逝,赵宇舟发现自己的工作效率越来越低,他还惊奇地发现一些新员工的工作能力与他的工作能力差不多,甚至超过了他。这让他非常不解。

根据以上案例,回答以下各题。(每小题2分,共10分)

(答题要求:将各题正确的答案填在题目后的括弧内,有一个或多个答案是正确的)

1. 常见的职业素养提升方式有很多种,案例中云帆的方式属于( )。

A. 参加培训   B. 接受教育

C. 自学   D. 工作中学习

2. 参加培训的学习方式的主要适合的人群是( )。

A. 工作中有短板的普通员工   B. 想学开车的大学生

C. 作为储备人才的核心员工   D. 学习知识文化的大学生

3. 赵宇舟要想改变现在的状况,除了参加培训外,还可以采用的提升素养的方式有( )。

A. 自学   B. 参加人才开发项目

C. 接受学历教育   D. 拜优秀的同行为导师,接受专门指导

4. 员工选择合适的素养提升方式方法要取决于多种因素,其中不包括( )。

A. 自身条件   B. 自己的嗜好

C. 组织资源   D. 行业发展趋势

5. 关于素养提升,说法正确的是( )。

A. 工作中用不到的一概不学

B. 素养提升的首要步骤是培养计划

C. 不同职业生涯阶段,素养提升的重点不同

D. 素养提升计划要考虑家庭支持因素

2. 案例二:钱玲的团队管理

2009年10月,钱玲因业绩突出被任命为其所在集团一分公司的区域经理兼电脑培训学校校长,负责管理5名老师、8名业务员。当时情况较为紧急,钱玲未经过任何培训就走马上任了。上任后,钱玲立即着手

打造一支高效的团队。但是 24 岁的她并没有管理经验，成为经理不到三个月就表现得与团队格格不入。员工的反馈显示，钱玲试图掌控每个人的销售情况及学校管理的每一个环节，甚至于学校后勤的柴米油盐、卫生打扫等小事都由其本人负责监督管理，这使得她所管理的老师及业务人员极为清闲，工作缺乏热情，成员士气十分低落。钱玲的下属抱怨说，她每次开会都像个长舌妇一样对大家喋喋不休，同样的问题重复多次，对下属未做好的工作，总是批评抱怨，从来不会表扬下属的优点、成绩与进步，在工作之余也从来不主动与下属进行沟通交流。钱玲本人也感觉在分公司工作非常疲惫，找不到做团队主管的乐趣，为此她感到非常痛苦。

根据以上案例，回答以下各题。（每小题 2 分，共 10 分）

（答题要求：将各题正确的答案填在题目后的括弧内，只有一个答案是正确的）

（1）钱玲的团队处于团队发展过程中的（　　）阶段。

A. 成立　　　　　　　　　　　　　　B. 震荡

C. 规范化　　　　　　　　　　　　　D. 高产

（2）钱玲的团队目前所处的发展阶段，团队成员关注的需要是（　　）。

A. 组织需要　　　　　　　　　　　　B. 个人需要

C. 团队需要　　　　　　　　　　　　D. 社会需要

（3）钱玲的团队目前所处的发展阶段的特征是（　　）。

A. 相互比较了解　　　　　　　　　　B. 目标已经明确

C. 规范已经建立　　　　　　　　　　D. 缺乏相互信任

（4）面对下属的抱怨，钱玲应该（　　）。

A. 暂时不要管，时间长了自动解决

B. 因为下属主要出自自身的利益考虑，所以，对他们的抱怨，可理可不理

C. 正视他们所提出的问题，积极改正

D. 下属的抱怨是小问题，团队管理者要管大事

（5）针对团队目前的状况，钱玲不该采取的方式是（　　）。

A. 民主协商　　　　　　　　　　　　B. 民主集中制

C. 指导式　　　　　　　　　　　　　D. 坚持让团队成员听从自己的命令

职业素养考试模拟试卷十

一、单项选择题(每小题1分,共10分)

(答题要求:以下各小题中,只有一个选项是正确的,将各题正确的选项填在题后的括弧内)

1. 个人要取得事业成功,实现自我价值,关键是( )。

A. 运气好   B. 人际关系好

C)掌握一门实用技术   D. 德才兼备

2. 心理学上所讲的"皮格马利翁效应"也称期望效应,就是强调以下哪项的重要性( )。

A. 自我暗示   B. 态度

C. 品质   D. 能力

3. 真正的真诚是( )。

A. 完全说实话   B. 自我的发泄

C. 不等于完全的实事求是   D. 通情达理

4. 下面关于"文明礼貌"的说法正确的是:( )。

A. 文明礼貌的人学历不会低

B. 是商业、服务业职工必须遵循的道德规范与其他职业没有关系

C. 是企业形象的重要内容

D. 只在自己的工作岗位上讲,其它场合不用讲

5. 自我概念的形成与发展大致经历三个阶段,即( )。

A. 从生理自我到社会自我,最后到心理自我

B. 从生理自我到心理自我,最后到社会自我

C. 从社会自我到生理自我,最后到心理自我

D. 从心理自我到社会自我,最后到生理自我

6. 对自己和他人行为的原因进行分析与推论的过程叫( )。

A. 印象形成   B. 态度

C. 首因效应   D. 归因

7. 判断一种行为是属于正常还是变态,首先必须考虑以下哪个要素?( )

A. 家庭   B. 职业

C. 信仰   D. 文化

8. 假设你是某私营公司的一位新员工,你所具备的知识水平和业务能力比某些老员工要高得多,而且工作也干得比他们多,但你的工资却比他们少。在这种情况下,你会采取哪一种做法?( )

A. 直接向公司经理提出加薪要求,达到你的要求后继续努力工作

B. 如果不能实现加薪的要求,就和公司解除劳动合同,承担相应的解约责任

C. 不过分在乎眼下的个人利益,相信只要勤奋工作,加薪是迟早的事情

D. 如果不能实现加薪的要求,在劳动合同期内,拿一份工资做一份事,没必要做得更多

9. 人际关系是人与人之间通过沟通与相互影响而建立起来的哪方面的关系。( )

A. 心理   B. 态度

C. 效应   D. 归因

10.9. 下面是某天下午小王的事情，那个是属于重要紧急的事情（   ）。

A. 领导要他向出差的小顾传递文件   B. 向隔壁的小李同事道喜（结婚）

C. 处理自己的各种电话、信件   D. 多年不见的老同学要他去火车站接她

二、多项选择题（每小题 2 分，共 10 分）

（答题要求：以下各小题中，有两个或两个以上的选项是正确的，将各题正确的选项填在题后的括弧内，多选少选均不得分）

1. 下列有关心理健康标准的论述，正确的是（   ）。

A. 心理不健康与有不健康的心理与行为是两个不同的概念

B. 心理健康与不健康并不是一个泾渭分明的对立面，而是一种连续状态

C. 心理健康的标准是一种理想尺度

D. 心理健康的标准是永恒的、不变的

2. 文明职工的基本要求是（   ）。

A. 模范遵守国家法律和各项纪律

B. 努力学习科学技术知识，在业务上精益求精

C. 顾客是上帝，对顾客应唯命是从

D. 文明不是软弱，对态度蛮横的顾客要以其人之道还治其人之身

3. 个人领取失业金的前提条件有（   ）。

A. 失业保险缴费满一年   B. 已经进行失业登记，并有求取要求

C. 因本人意愿中断就业   D. 失业前用人单位和本人已经缴纳失业保险

4. 良好职业行为习惯的养成（   ）。

A. 不能靠突击实现   B. 不能通过空想来完成

C. 靠对不良道德意识的改变   D. 靠周围人的帮助

5. 提高情商需要了解制约情绪的因素。制约情绪的因素主要有（   ）。

A. 外部事件   B. 生理状态

C. 情绪的生理基础   D. 认知过程

三、名词解释题（每小题 3 分，共 15 分）

1. 进取心

2. 职业道德的价值目标阶段

3. 职业自我意识

4. 组织支持感

5. 时间管理

四、简答题（每小题 5 分，共 25 分）

1. 简述影响职业人职业素养培养的微观因素。

2. 简述我国目前对职业人进行监督的法律体系。

3. 在过程维度，职业自我意识主要包括哪些方面？

4. 简单谈谈言谈礼仪的规范。

5. 简述"解决问题"的主要步骤。

五、论述题(每小题10分，共20分)

1. 有人说，"职业道德水准高的人职业责任水准不会太低，反过来也一样"。结合职业道德和职业责任的概念分析两者的异同，并谈谈你的看法。

2. 有人说，"职业行为主要是自身品质决定。所谓出污泥而不染……"，另一些人说"职业行为是由环境决定的。所谓上梁不正下梁歪；近朱者赤，近墨者黑……"试用发展的观点，并结合职业行为的特征，谈谈你的看法。

六、案例分析题(每小题10分，共20分)

1. 案例一：张君的面试

张君是某大学后勤处的副处长。他前几天突然看到一则招聘启事。这是一家大型的外企公司，正在本市招物业部经理。招聘启事给出的待遇丰厚，招聘条件包括：大学毕业、本市户口、有物业管理经验、年龄35岁以下。这些条件都与张君符合。张君认为学校的工作太枯燥了，没有什么挑战性。因此，当看到这则招聘启事之后，他毫不犹豫地就做出了应聘的决定。

很快，张君毫不费力地就到了测评与面试一关。与张君竞争的只有四五个年轻人，看上去没有什么工作经验。张君此时踌躇满志，对这个职位势在必得。

测评难不倒张君。在参加招聘之前，他做了精心准备，类似的题目做了很多次。最后，面试也出奇得简单，考官只是问了几个常规性的问题，包括工作经历、家庭情况、为什么要换工作等。测完走出考场后，张君长舒了一口气。他认为自己在面试和素质测评中都发挥得淋漓尽致，物业经理的职位非他莫属。

然而，张君却没有想到，素质测评的结果正好相反。张君最后获得的评价是：充满智慧且具有相当熟练的社会技能，只要动机受到启动，便能迸发出出人意料或者异想天开的点子；思维高度活跃，有高度的个人创造力和开拓精神；纯粹的完美主义者，甚至到了理想主义的地步；做事非常有主见，甚至有些独断。最终建议：适合开拓和对创造有较高要求的高层管理者和某些策划岗位。不适合物业管理这个岗位。该岗位需要的是脚踏实地、任劳任怨，有无创造力却并不重要，独立性太强对于物业经理这一职位是要不得的个性。总之，此人不是公司希望雇用的类型。

问题：

（1）请从组织的角度谈谈张君落选的原因。（6分）

（2）落选的事实说明，张君还是没准备好。请问，张君应聘前还应该做些什么？（4分）

2. 上帝给我一个任务，叫我牵一只蜗牛去散步。我不能走得太快，蜗牛已经尽力爬，每次总是挪那么一点点。我催它，我唬它，我责备它，蜗牛用抱歉的眼光看着我，仿佛说："人家已经尽了力了！"我拉它，我扯它，我甚至想踢它，蜗牛受了伤，他流着汗，喘着气，往前爬。真奇怪，为什么上帝叫我牵一只蜗牛去散步？"上帝啊！为什么？"天空一片安静。

"唉！也许上帝去抓蜗牛了吧！"好吧！松手吧！反正上帝不管了，我还管什么？任蜗牛往前爬，我在后面生闷气。咦？我闻到花香，原来这边有个花园。我感到微风吹过，原来夜里的风这么温柔。慢着！我听到鸟叫，我听到虫鸣，我看到满天的星斗多亮丽。咦？

以前怎么没有这些体会？我忽然想起来，莫非是我弄错了！原来上帝叫蜗牛牵我去散步。

根据以上案例，回答以下各题。（每小题 2 分，共 10 分）

（答题要求：将各题正确的答案填在题目后的括弧内，只有一个答案是正确的）

（1）文中的"我"是什么性格的人？（　　）

A. 外向 　　　　　　　　　　　　　B. 内向

C. A 型性格 　　　　　　　　　　　D. B 型性格

（2）文中主人公情绪的转变得益于认知的改变，他使用的是什么思维方法？（　　）

A. 惯性思维 　　　　　　　　　　　B. 逆向思维

C. 定势思维 　　　　　　　　　　　D. 惰性思维

（3）、根据上面的案例，下列论述哪项是正确的？（　　）

A. 认知可以影响改变情绪

B. 现代人就应该向蜗牛一样生活，不要把自己弄得太累

C. 适当的放松对维护身心健康并不是必需的

D. 工作、生活应更看重过程，不必太在意结果

（4）该案例提示我们，当工作遇到障碍时，不妨（　　）。

A. 可以撒手不管，反正车到山前必有路

B. 暂时停下来反思一下，寻找问题的原因

C. 寻求你的老板或上司（工作中的"上帝"）的帮助

D. 平时多锻炼工作技能（牵蜗牛的技术）

（5）认识、调节情绪的能力与发展人际关系有密切的关系。下列相关说法中，不正确的是（　　）。

A. 了解自己的情绪是调控情绪的前提

B. 不能正确认识自己的情绪的人，很难如实地感知他人情绪

C. 自己的情绪平静，才能客观地认识人际关系中的问题

D. 如实了解自己和他人的情绪需要良好的自我意识，需要自信，需要相信自己什么都行

第八章 职业素养模拟考试参考答案

职业素养考试模拟试卷一参考答案

一、单项选择题

1.B；2.A；3.C；4.C；5.B；6.C；7.D；8.A；9.A；10.C

二、多项选择题

1.BCD；2.BD；3.ABC；4.ABCD；5.ACD

三、名词解释题

1. 职业素养是职业内在的规范和要求，是在先天遗传基础上通过教育和环境的影响形成的从事社会职业所应该具有的综合品质。

2. 道德失范则指在社会生活中，作为存在意义、生活规范的道德价值及其规范要求或者缺失，或者缺少有效性，不能对社会生活发挥正常的调节作用，从而表现为社会行为的混乱。

3. 职业定位，就是明确一个人在职业上的发展方向，涉及个体在整个生涯发展历程中的战略性问题或根本性问题。

4. 工作职责行为就是指员工正式工作职责范围内的工作行为，是组织对员工的角色要求和期待的行为。

5. 职业人的执行力就是职业人独自或者带领部属有效运用可控资源，保质保量完成工作和任务的能力。

四、简答题

1. 职业化的特征包括以下几个方面：①长期性；②知识性；③广泛认可性；④自我约束性；⑤文化性。

2. 从道德心理的视角来看，职业道德包括两个方面：一是职业道德意识，表现为从业人员对职业道德规范认知。二是职业道德品质。表现为职业道德情感、动机、信念、意志和行为习惯。

3. 职业管理学家萨柏把职业生涯划分为五个主要阶段：成长阶段、探索阶段、确立阶段、维持阶段和衰退阶段。

4. 组织行为学专家 Katz 认为，组织需要的员工行为有三种：员工加入组织并在组织中留任；员工必须用可靠的方式完成其担任的工作角色的任务和事项；员工须进行超越其角色职责范围的工作创新及自我训练。

5.时间管理的原则有：目标原则；计划原则；有序原则；效率原则；平衡原则。

五、论述题

1.（答案要点）职业素养的培养策略：以综合素养的提高为目标；以职业生涯发展为主线；以职业市场的需要为导向；以知识素养培养为基础；以职业能力和技能的开发和培训为重点。（每点2分共10分）

2.（答案要点）职业礼仪的培养途径：增强职业礼仪意识（2分）；培养日常礼仪习惯（3分）；向优秀同行学习职业礼仪规范（2分）；参加形式多样的职业礼仪培训和竞赛活动（3分）。

六、案例分析题

1.（1）A；（2）B；（3）D；（4）B；（5）C

2.邵丽在缺料事件中存在几点问题：

①对新上任的经理不够尊重。邵丽不仅没有第一时间汇报缺料情况，反而越级向上汇报，不仅不尊重廖经理，而且使廖经理的工作陷入被动；

②邵丽没有做到换位思考。没有有效地识别经理的心理需求。作为新上任的经理，他是希望能得到下属的尊重与认可的；

③邵丽言辞情绪化，不冷静、不客观，而且态度不谦恭。（每点1分，共3分）

廖经理也有以下不足之处：

①对于缺料情况了解不全面，片面将责任归到邵丽身上，这对邵丽是不公平的；

②与邵丽的沟通策略不对，廖经理不应该盲目地用命令和说服的语气对待邵丽。廖经理应该引导邵丽积极参与到缺料的事情中，努力解决问题；

③对邵丽不够尊重，伤害下属的自尊。（每点1分，共3分）

邵丽的沟通改进：

邵丽应该在第一时间将缺料问题及时报告廖经理，同时说明自己的理由和解决方法。将决定权交给经理，既尊重了经理，又表现了自己的工作能力。这样能给新经理留下不错的印象，为今后的工作开了一个好头。（4分）

职业素养考试模拟试卷二参考答案

一、单项选择题

1.D；2.A；3.A；4.B；5.A；6.D；7.B；8.A；9.B；10.C

二、多项选择题

1.CD；2.ABCD；3.AC；4.BCD；5.ABD

三、名词解释题

1. 所谓职业，是指有认证组织、需要系统的知识体系和道德标准、作为从业人员获得主要生活来源的稳定的社会工作类别。

2. 道德是人类社会生活中所特有的社会现象，是由社会经济关系所决定的，以善恶为标准的，依靠社会舆论、传统习惯和内心信念所维系的，调整人与人之间以及人与社会之间关系的原则规范、心理意识和行为活动的总和。

3. 职业价值观，也叫工作价值观，是人们对待职业的一种信念和态度，或是人们在职业生活中表现出来的一种价值取向。

4. 反生产行为是指组织成员在工作场所中实施的有意伤害组织以及组织的利益相关者（如上级、同事、客户等）的行为。

5. 实用人际沟通模式是由 Fisher、Adams（1994）提出的，认为人际沟通就像螺旋动态流动的过程，强调实用人际模式由个人内在系统、人际系统及情境三个要素组成，这三个要素在人际沟通中皆有其重要性。

四、简答题

1. 职业素养培养的教化机制和内化机制的联系表现在：前者是后者的基础，后者可以有选择性的接受前者的知识内容；两者在素养培养过程中都是不可缺少的。没有后者，素养培养的效果和目的就不能根本实现，没有前者，培养对象就无法接受系统的素养内容，或者真正完成内化；二者前后相继，是素养达成的基本方式和基本要求。

2. 从职业道德的构成要素来看，应该包括职业道德规范、职业道德行为及职业道德评价等方面。三个构成要素是相互联系、缺一不可的整体，只有同时具备三个构成要素，才能形成完整的职业道德。

3. 职业意识的功能主要包括：职业意识对职业人的职业发展具有主导性作用；职业意识是组织可持续发展的保障；职业意识是建立和谐社会的重要途径。

4. 影响工作职责行为的因素是多种多样的，首先是来自组织战略、文化、结构和人员管理等组织层面因素，其次，影响工作职责行为的因素也有任务层面的因素。第三，影响工作职责行为的因素还有来自个体层面的因素。

5. 人际沟通的概念包含以下内涵：沟通主体是指两个以上的人，包括信息发送者和接受者；信息内容涉及知识、情感、态度等方面；沟通渠道为言语或非言语方式；人际沟通具有自己的目标与功能。

五、论述题

1.（答案要点）SWOT 分析通过对优势、劣势、机会和威胁加以综合评估与分析得出结论，然后再根据个人或组织的资源调整策略或目标，以便更好地调整既定目标。从整体上看，SWOT 可以分为两部分：第一部分为 SW，主要用来分析个人或组织机构的内部条件；第二部分为 OT，主要用来分析外部条件。利用这种方法可以从中找出对个人或组织有利的、值得发展的因素，以及对自己不利的、要避开的东西，发现存在的问题，找出解决办法，并明确以后的职业方向。（5分）

在利用 SWOT 对自己进行个人职业的定位和发展分析时，可以先评估自己的长处和短处以便找出职业的机会和威胁。在列出你认为自己所具备的重要强项和短处后并经过 SWOT 分析，然后再标出那些你认为对你很重要的强弱势项目。对于不好确定的项目，可以采用权重综合评估法来加以甄别，即采用 POWER SWOT 的方法进行改进。（5分）

2.（答案要点）以皮亚杰、维果斯基为代表的建构主义的学习观认为：学习不是简单的从教师到学生传递知识，而是学习者在已有知识和经验的基础上主动的建构自己知识和经验的过程，而这个过程必须要学习者自己完成。建构主义还强调学习环境对学习的影响，学习环境必须为学习者的知识构建所服务，好的学习环境应该是：有利于知识构建的情境、及时的沟通、容易展开的协作和意义建构这四个部分。（6分）

要想自己的工作事业进步，主要要靠自己的知识和经验积累，但结交优秀的同事是很必要的。优秀的同事不仅是我们的学习对象，也是我们良好学习环境的组成部分。（4分）

六、案例分析题

1.（1）要获得成功，要先学做人，先立德。职业上的成功离不开专业知识、职业意识、职业技能等，但首要的是职业道德。（3分）

（2）塑造自身的良好形象，要讲究仪表礼仪、言谈礼仪、举止礼仪、场所礼仪、活动礼仪等。（4分）

（3）塑造自身的良好形象，要加强内在道德的修养，苦练职业所需要的礼仪，自觉践行礼仪规范，展示自己的职业风采，不断提升自己的道德修养和职业素养。（3分）

2.（1）A；（2）B；（3）A；（4）A；（5）A

职业素养考试模拟试卷三参考答案

一、单项选择题

1.A；2.D；3.A；4.C；5.D；6.D；7.B；8.D；9.B；10.B

二、多项选择题

1.ABC；2.BCD；3.ABCD；4.BD；5.ACD

三、名词解释题

1. 素养一般指的是在先天遗传基础上通过后天的教育和环境的影响所获得的以社会文化为主要内容的系统社会特性，是集身心、知识、能力和非认知因素于一体的稳定的、内在的并长期起作用的主体性品质结构。

2. 职业道德风险是指职业人凭借自己拥有的私人信息的优势，隐瞒信息，追求自身效用最大化，损害企业主的不道德行为。

3. 职业兴趣是个体在一定需要的基础上，在社会实践过程中逐渐形成和发展起来的，它是个人兴趣在职业领域的特殊表现，并作为一种动力持续贯穿在个体职业生涯的全过程，是影响个体职业选择和激发个体创造的主动性和积极性的重要心理变量。

4. 职业行为是指人们对职业活动的认识、评价、情感和态度等心理过程的行为反映，是职业目的达成的基础。从形成意义上说，它是由人与职业环境、职业要求的相互关系决定的。

5. 信息处理能力是指个体能够从各种性质的材料、信息中提取出关键的、有效的信息，对提取出的有效信息进行加工处理、整合，应用于实际的问题解决，并能完成对信息的评价与创新的能力。

四、简答题

1. 基本职业素养包括，身体素养、心理素养、科学文化素养和思想道德素养等方面。

2. 职业道德的功能，主要包括认识功能、调节功能、教育功能和激励功能等。

3. 约翰·霍兰德认为，人格可分为现实型、研究型、艺术型、社会型、企业型和常规型六种类型。

4. 职业人消极行为的人性假设主要表现为"经济人"假设。在消极行为理论看来，人的有限性和自利性使得职业人具有天然的偷懒和机会主义动机，他们会利用一切可能的机会，以牺牲股东利益为代价来实现个人利益最大化。"经济人"假设以理性、自利和个人利益最大化为其典型特征。

5.1983 年，加德纳在《智能的结构》一书中提出了著名的多元智能理论，他认为，人生获得成功的关键不仅取决于某一种独占性的智能，而是取决于范围更加广泛的多元智能。它们是：语言智能、数理智能、空间智能、音乐智能、体能智能、人际智能和内省智能。

五、论述题

1. 职业素养的提升方法需要多种方法的综合运用，既要重视系统方法，又要重视历史方法；既要重视理论研究，又要重视实践检验。

（1）系统方法。职业素养是一个由职业素养的主体、结构与过程等要素组成的系统，因此，需要运用系统方法，兼顾局部需要与整体利益、当前效益与长远目标，以推动职业素养提升的顺利进行和良性发展。系统的整体性要求我们观察和处理职业素养问题时要着眼于整体。（2分）

（2）历史方法。历史方法是用历史的观点对职业素养的提升进行观察与研究，注重考察职业素养的历史、发展与演变的过程及这一过程的影响与作用，以期以史为镜，借鉴历史经验服务于职业素养的提升。（2分）

（3）理论研究。职业素养理论研究的认识方法有：感知过程、认知过程、逻辑过程等。职业素养理论研究的思维方法就是在职业素养的研究中实现感知、认知、逻辑过程的方法。从大的方面来说有两种基本方法：归纳法与演绎法。（2分）

（4）实践检验。职业素养提升的基本模式不是一成不变的，不能照搬他人的经验与理论，需要结合自身的历史和特定情况，以系统观看问题，将职业素养的提升融于自身的实践中，在实践中检验真理。（2分）

职业素养的提升需要教育培训者和职业人自己对职业人的知识、能力和自身特征的测度入手，运用具体问题具体分析的方法把握其素养构成的合理程度、水平和发展方向，进而对职业素养提升进行科学的计划、组织、实施和控制，以期达到素养的稳步提升、可持续提升。（2分）

2. 职业自我意识的作用

首先，职业自我意识发展可以促进健全人格的形成。职业自我意识是自我意识的一个组成部分，是推动人格发展的重要因素。一方面，职业自我意识发展水平对人格的形成和发展起调节作用。对初入职场的很多年轻人来说，由于其职业自我意识发展水平较低，人格发展主要依赖于外部因素影响，处于他律阶段。随着年龄的增长，人格发展更多地受到自我意识的调节，逐渐趋子自律。另一方面，职业自我意识中的职业自我评价、职业自我调控能力制约着人格发展的方向。（5分）

其次，职业自我意识发展是职业发展的内部动力。人本主义认为，人都有自我实现的需要，这也是人能自强不息的精神支柱。提高职业自我意识的发展水平，有助于人通过自我教育，不断地发展自我、完善自我、实现自我。自我实现是人最高的发展目标，它意味着充分地体验生活的意义，充分地表现自我的价值，意味着我们终于有机会发挥我们自身的潜能。实际上，职业自我意识的发展有助于职场中自我效能感的提升，促进职业发展。（5分）

六、案例分析题

1.（1）是员工的不良形象。（1分）员工的不良形象影响到了企业形象，从而降低了企业的竞争力。（3分）（2）员工的良好形象是企业形象的最好代言，是打造企业形象、增强企业凝聚力、提升企业竞争力的重要方面。因此，作为企业管理这的负责人应该在平时工作中加强员工素养的培训、开发与管理。（3分）作为员工不仅代表自己，还代表了公司。该员工应加强自身的职业素养培养，这样不仅有利于完善自己的人格，也有利于自身职业发展，还有利于组织和社会。（3分）

2.（1）B；（2）C；（3）B；（4）B；（5）D

职业素养考试模拟试卷四参考答案

一、单项选择题

1.A；2.D；3.C；4.A；5.C；6.D；7.B；8.B；9.C；10.D

二、多项选择题

1.ABCD；2.ABCD；3.ABCD；4.AD；5.ABD

三、名词解释题(每小题3分，共15分)

1. 职业化，是指普通的非专业性职业群体通过培训和开发，获得符合专业标准的道德、知识、技能和文化，成为专业性职业并获得相应的专业地位的动态过程。

2. 职业道德，是指调整从业人员与社会公众关系的行为规范和道德准则的总称，是社会道德在特殊职业领域里的具体体现。

3. 职业规划，是指个人与组织相结合，在对一个人职业生涯的主客观条件进行分析的基础上，对自己的职业兴趣和职业能力等方面进行综合分析与权衡，结合时代特点，根据职业定位和职业倾向，确定其最佳的职业奋斗目标，并为实现这一目标做出行之有效的安排。

4. 职业行为的本质是在职业人的个人约束和外部约束条件下，追求个人效用的最大化。这里的效用是综合了职业人多种需求满足的结果。

5. 员工内部创业，是指企业内部员工，在企业的支持下进行创业经营活动，并与现有企业共担风险，共享收益的创业模式。

四、简答题(每小题5分，共25分)

1. 职业素养的重要特征包括，整体性、稳定性、实践性和情境性。

2. 职业道德的主要内容有：爱岗敬业、诚实守信、办事公道、服务群众、奉献社会等。

3. 安全/稳定型的人追求工作中的安全与稳定感。他们可以预测将来的成功从而感到放松。他们关心财务安全，例如：退休金和退休计划。稳定感包括诚信、忠诚、以及完成老板交待的工作。尽管有时他们可以达到一个高的职位，但他们并不关心具体的职位和具体的工作内容。

4. 职业人受到的组织约束是主要有：①资本受所有者（股东、债权人）的约束。②组织资源的约束。③组织员工的约束。④组织制度的约束。

5. 熊彼特认为，创新主要包括以下五种情况：（1）引进一种新的产品或赋予产品一种新的特性；（2）引入一种新的生产方法，主要体现在生产过程中采用新的工艺或新的生产组织方式（3）开辟一个新的市场；（4）获得原材料或半成品新的供应来源；（5）实现任何新的产业组织方式或企业重组。

五、论述题(每小题10分，共20分)

1. 组织因素是影响职业人职业素养的重要因素之一，其中主要有管理制度、企业文化、同事的职业素

养以及组织的培训课程等。（2分）

管理制度指的是对企业管理活动的制度安排，包括公司经营目的和目标、战略方向、职能部门管理以及各业务领域日常管理活动等的规定。企业管理制度深刻地影响着员工的行为习惯，既部分反映职业素养的要求，也是员工职业素养得以体现的制度前提。（2分）

企业文化反映了一个组织的价值观、信念。不仅仅是通过仪式、符号、处事方式等表达的文化形象。企业文化既是全体员工的职业素养的综合反映，又会潜移默化地影响职业人的价值观和行为方式，影响着职业人个人的职业素养培养。（2分）

组织中同事的职业素养主要包括领导者的职业素养、本部门同事的职业素养及其他部门同事的职业素养。作为职业人最重要的参照群体，同事会影响职业人职业素养内在标准的树立并提供职业素养的比较框架，影响职业人信念和价值观的内化，对职业人的职业素养培养有着重要影响。（2分）

培训中的课程设计是指对达成课程目标所需的因素、技术和程序，进行构想、计划、选择的过程，虽然职业素养的培养需要系统化的知识、技能和态度的学习和养成，并不完全依赖培训课程。但是，精心设计的培训课程可以使职业素养培养与工作实践相结合，是提升职业素养的重要手段。（2分）

2. 岗位说明书的作用主要有两个方面：

（1）岗位说明书为组织的目标管理提供条件。岗位说明书的编制，最终是为了实现组织某段时期工作的总体目标。设置岗位并划分职责，是对总体目标的流程进行具体分解、细化。在目标实施阶段，员工可以把岗位职责规范作为为依据进行自我控制，完成职位说明书所列明的各项工作。工作完成后，管理者可以依据岗位说明书的岗位职责规范制定考核标准，考核员工的工作职责履行情况。（5分）

（2）岗位说明书为员工的岗位素养自我培养提供依据。岗位说明书包含职级设置、素质要求等内容。素质要求就是对组织中同一个职业种类中的同种职级人员提出的要求，包括该岗位的工作者的资历、胜任能力、工作水平、培养周期、专业知识的广度与深度、掌握技术的熟练层级等多个方面。员工可以按照素质要求等标准，对照自己的实际，补缺补差，使自己的岗位素养达到本级岗位或高一级岗位的要求，促进自身的职业发展。（5分）

六、案例分析题（每小题10分，共20分）

1.（1）D；（2）A；（3）D；（4）D；（5）C

2.（1）A；（2）C；（3）C；（4）B；（5）B

职业素养考试模拟试卷五参考答案

一、单项选择题

1.D；2.A；3.D；4.C；5.D；6.D；7.C；8.C；9.B；10.C

二、多项选择题

1.ABCD；2.ACD；3.BC；4.ABD；5.ABD

三、名词解释题（每小题3分，共15分）

1. 职业理想是人们在职业上依据社会要求和个人条件，借想象而确立的奋斗目标，即个人渴望达到的职业境界。

2. 职业道德评价是指从业人员、他人和社会等评价主体依据一定的职业道德准则，对自己、他人及组织的行为、品质或可感知的意向，从善恶、正邪、价值量大小等方面所作的价值判断以及所表示的褒贬态度。

3. 自我意识是对于自己、对自己与他人的关系以及自己与社会关系的意识，其中，对自己的意识是自我意识最重要的部分。

4. 职业责任，就是行业和从事一定职业的人们对社会和他人所必须承担的职责和义务，包括职业团体的责任和从业者的责任两个方面。

5. 情商，又称情绪商数或情绪智力，简称 EQ 或 EI，是心理学家提出的与传统智商相对应的、用以衡量情绪智力水平的一个概念，主要用来反映个体表达、评价、调控和应用情绪的能力。

四、简答题（每小题5分，共25分）

1. 素养内化论的核心观点是，行为主体只有不断地将把外界客体的事物转化为主体自身的事物，才能算是教育活动中真正意义上的行为主体。素养内化论强调培养对象的素养是由外界的客观事物转化的，缺少这种转化就构不成真正意义上的素养养成。

2. 服务群众要求从业人员加强服务意识的培养；端正服务态度；提高服务质量；服务加强服务创新。

3. 在"实际得到的"与"组织承诺给予的"之间产生差异后，个体一般要经历差异感知、权衡、心理契约破坏、归因等过程。当他们将心理契约破坏的责任归因于组织或管理者等因素后，一般将很容易产生心理契约违背。

4. 马斯洛需求层次理论认为，人类需求像阶梯一样从低到高按层次分为五种，分别是生理需求、安全需求、社交需求、尊重需求和自我实现需求

5. 领导力开发可以从四个领域展开。这四个领域分别是分析领域、概念领域、情感领域和精神领域。

五、论述题（每小题10分，共20分）

1. 道理伦理决策的三因素模型，将组织成员伦理决策影响因素分为三类：一是道德事件的特性；二是

道德主体的特性；三是环境特性。道德事件的特性可以用道德强度来概括。道德强度会影响决策制定的各个阶段。伦理决策模型中的个人特性变量包括：个人道德认知发展阶段，知识、价值观、态度和意向，自我实力、情境依赖性和控制点，个人经验等。环境，可进一步分为一般环境和组织环境。其中一般环境包括社会、经济和文化等一般因素。组织环境因素被概括为两大类，即参考群体和机会。（5分）

采用道德伦理决策模型对"考试偷看不算偷"这一观点进行分析，可以发现，首先，持有这一观点的主体道德责任感不强。其次，"考试偷看"这一道德事件的损害性相对较低，正是这种相对低的损害性往往促使道德责任感不强的人产生道德失范行为。第三，监考不严，或惩罚不够。如果监考严厉或惩罚力度大，则这一观点就没有了立足之地，因为道德环境对主体的道德决策的影响是巨大的。（5分）

2. 消极行为理论的人性假设主要表现为"经济人"假设。在消极行为理论看来，人的有限性和自利性使得职业人具有天然的偷懒和机会主义动机，他们会利用一切可能的机会，以牺牲股东利益为代价来实现个人利益最大化。"经济人"假设以理性、自利和个人利益最大化为其典型特征。消极行为理论以"经济人"假设为前提，推论职业人的行为表现多是自私行为。（5分）

积极行为理论的人性假设可概括为"社会人"假设。积极行为理论从组织行为与组织理论出发，认为职业人对成功的需求、责任心、他人的认可、集体主义的信仰等等会使职业人努力工作，他们受社会动机和成就动机的驱动，他们的目标与所有者的利益和目标追求是一致的，通过实现组织目标能够实现个人目标。积极行为理论以"社会人"假设为前提，推论职业人的行为表现多是利他行为。（5分）

六、案例分析题(每小题10分，共20分)

1.（1）A；（2）B；（3）B；（4）B；（5）D

1.（1）C；（2）B；（3）A；（4）C；（5）D

职业素养考试模拟试卷六参考答案

一、单项选择题

1.A；2.A；3.D；4.D；5.C；6.A；7.C；8.B；9.B；10.C

二、多项选择题

1.ABCD；2.ACD；3.BCD；4.ABCD；5.BC

三、名词解释题(每小题3分，共15分)

1. 职业素养观是指个人对职业素养的根本看法和态度，或者是个人对职业素养的根本观点。

2. 职业道德的自律阶段是从业人员对自己进行约束的阶段，是工作上的职责朝着心理上的道德和行为进行变化的阶段。

3. 职业意识是人们在职业选择与定向过程中，通过学习或实践形成的关于某类职业的价值和方法的认识、评价、情感、态度的综合反映

4. 积极工作行为是指员工表现出的与工作相关的行为，包括角色内行为和角色外行为，角色内行为主要是工作职责行为，角色外行为具有自发主动性，主要是指组织公民行为。

5. 人际沟通是指两个以上的个体为了达成各自的目标或实现个人愿望而运用不同的沟通渠道向沟通对象传递知识、态度、情感等有意义信息的相互作用、相互影响的过程。

四、简答题(每小题5分，共25分)

1. 职业素养的整体性特征要求我们，要在对职业活动各要素进行如实认知，不能把职业素养各要素进行割裂，要把职业素养作为一个整体，以职业活动为载体，在与其他职业活动要素的融合中进行培养。职业素养作为个体心理品质与行为方式的统一，是体现在职业活动中并与职业活动的其他要素紧密相连。如果脱离了具体的工作任务和职业情境，脱离了对职业知识和职业能力的综合运用，职业素养的培养也就失去了方向。

2. 职业道德风险的产生主要有三种原因，即个人道德修养较低、监督不完善、与委托人的目标不一致。

3. 梅耶与奥伦将组织承诺分成三种：感情承诺、持续承诺和规范承诺。感情承诺涉及个人对组织的感情依赖；持续承诺涉及员工考虑了离职成本而留在组织中的动机；规范承诺则涉及员工对"保留为组织中的一员是一种义务"的感知。

4. 首先，办公室礼仪应注意首先要保持环境美；其次，要注意办公行为规范。在办公室要办公，不能办私事，为人处事要认真，一丝不苟，要细致耐心；最后，办公室的办公工具要摆放有序，力求美观和谐。

5. 职业人的创新能力的内涵有三个方面。①职业人的创新能力是对组织创新要素的整合能力。②职业人的创新能力是一种持续创新。③职业人的创新能力是一种协同效应。

五、论述题(每小题10分,共20分)

1. 职业自我意识的培养途径有三种,即通过与他人对比、借助他人评价以及进行自我教育。首先,通过与同行的比较、对照可以认识"现实的我"。工作中的职业人可以把他人作为一面"镜子",通过与同行的比较,客观地认识自己的优点和缺点。发扬优点,规避缺点,不仅有助于职业自我意识的培养,更有助于事业进步。(3分)

其次,借助他人的评价可以优化"投射的我"。同事、组织和社会的评价对职业人职业自我意识的形成和发展也起到重要的影响作用。如果对职业人给与高度的肯定评价态度,会激发他们工作的信心,促使职业人积极努力的工作,并努力提高自身职业意识和职业素质。(3分)

最后,通过适时的自我教育来实现"理想的我"。从职业人自身来讲,要想提高职业自我意识,最重要的是自我教育。要树立正确的心态与观念,职业人应该明确自身的发展阶段和当前自身的素质,不能急于求成,明白"凡事都是遵循循序渐进的过程"发展的。踏踏实实地、一步一个脚印地去提高自身素质,从而达到提高职业自我意识的目的。(4分)

2. (答案要点)加强在员工招聘过程中的素质考察;重视职业生涯规划管理;规范领导和管理行为,公平对待员工;向员工提供支持与帮助;端正态度,正确识别建设性和破坏性反生产行为。(每点2分,共10分)

六、案例分析题(每小题10分,共20分)

1. (1)不对。(1分)因为做假账不仅违背会计职业道德,也是违法的。(2分)坚持会计"不做假账"的职业道德规范,并劝说老板放弃做假账(2分)。

(2)应该忠于职业道德行为规范。(1分)因为,忠于老板会损害组织的利益相关者(如同事、客户等)的礼仪,也可能损害社会公众的利益,忠于组织同样也有可能损害社会公众的利益。因此,应该忠于职业道德行为规范,尽量做自利利他的事情。(4分)

2. (1)B;(2)A;(3)C;(4)A;(5)A

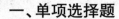

职业素养考试模拟试卷七参考答案

一、单项选择题

1.D；2.D；3.D；4.B；5.B；6.B；7.B；8.B；9.A；10.D

二、多项选择题

1.ABC；2.ABC；3.ABCD；4.ABD；5.ABC

三、名词解释题（每小题3分，共15分）

1. 抗挫折能力是个体对挫折感的适应能力，即个体遭受困境或失败时，能够经受住困境、失败带来的压力，具备摆脱逆境从而避免自己心理失常的一种抵抗挫折的能力，主要包括挫折耐受力和挫折排解力两方面。

2. 职业道德建设，是指通过有组织有计划的系统的思想道德教育、有效的道德制度约束以及加强道德修养等途径，将职业道德规范内化为从业人员职业道德品质，并外化职业道德行为，提高从业人员的职业道德素质，培养从业人员高尚职业道德人格的过程。

3. 职业锚是指当一个人不得不做出选择的时候，他无论如何都不会放弃的职业中的那种至关重要的东西或价值观。

4. 礼仪是在社会交往中由于受历史传统、风俗习惯、宗教信仰、时代潮流等因素的影响而形成的、为人们所认同和遵守的、以建立和谐人际关系为目的的行为准则与规范的总和。

5. 人际沟通能力，是指个体在人际沟通时，根据不同情境不断调整认知，运用适当而有效的沟通知识和行为达成沟通目标并符合情境需要的人格特征。

四、简答题（每小题5分，共25分）

1. 团队精神的功能有：推动团队运作和发展；培养团队成员之间的亲和力；有利于提高组织整体效能。

2. 一个人只有爱岗，他才具备了合格劳动者的基础条件。敬业是职工做好工作的必要条件。爱岗与敬业是相辅相成的。没有职业劳动者对自己所从事的工作的热爱，就不可能自觉做到忠于职守。只有先爱岗敬业，职业道德的其他内容才能得以展开，因此，爱岗敬业是职业道德的基础内容。

3. 调研型人格的主要特点是，思想家而非实干家，抽象思维能力强，求知欲强，肯动脑，善思考，不愿动手；喜欢独立的和富有创造性的工作；知识渊博，有学识才能，一般不善于领导他人。

4. 职业行为受到的个人自身约束主要是是指自身的素质条件。职业人要工作就必须具备一定的素质，而这些素质反过来构成了对职业人的行为约束，包括道德修养，教育水平，知识结构和经验，判断能力，社交能力和管理能力，精神和信念，创造性思维，情感与意志等。

5. 库珀的经验学习理论认为，学习是思考、活动、反馈、理解的反复循环过程，学习者在学习过程中思考抽象概念、参加活动实验、形成活动经验、理解抽象概念，在学习过程中，需要丰富的经验作为指导。

五、论述题(每小题10分,共20分)

1.(答案要点)职业素养的重要特征包括,整体性、稳定性、实践性和情境性。(4分)

整体性特征要求我们,不仅要重视学习知识,还要重视锻炼身体、培养社交能力、加强道德修养等等。稳定性特征要求我们不要养成不良习气,因为一旦养成,便很难纠正。关顾读书,不重视道德修养是不行的。实践性特征要求我们,学习要为了即将的工作而学。大学的学习既要广博,又要专业,注意基础素养与专业素养的结构优化。情境性特征要求我们,即使是学习知识,也要尽量与工作情景相结合,要注意实验、实习教学活动,而不是一味地读书。(6分)

2.国家颁布的《公民道德建设实施纲要》中明确指出:"要大力倡导以爱岗敬业、诚实守信、办事公道、服务群众、奉献社会为主要内容的职业道德"。

所谓爱岗敬业,就是树立正确的职业理想,干一行、爱一行、干好一行。脚踏实地,不怕困难,艰苦奋斗。忠于职守,团结协作,认真完成工作任务。钻研业务,提高技能,勇于革新,做行家里手。(2分)

所谓诚实守信,就是做老实人、说老实话、办老实事,用诚实的劳动获取合法利益。讲信用,重信誉,信守诺言,以信立业。平等竞争,以质取胜,童叟无欺,反对弄虚作假、坑蒙欺诈、假冒伪劣。(2分)

所谓办事公道,就是坚持公平、公开、公正原则,秉公办事。处理问题出以公心,合乎政策,结果公允。主持公道,伸张正义,保护弱者。清正廉洁,克己奉公,反对以权谋私、行贿受贿。(2分)

所谓服务群众,就是听取群众意见,了解群众需要,为群众排忧解难。端正服务态度,改进服务措施,提高服务质量,为群众工作和生活提供便利。反对冷硬推托、吃拿卡要,抵制不正之风。(2分)

所谓奉献社会,就是有社会责任感,为国家发展尽一份心、出一份力。承担社会义务,自觉纳税,扶贫济困,致富不忘国家和集体。艰苦奋斗,多做工作,顾全大局,必要时牺牲局部和个人利益。反对只讲索取、不尽义务。(2分)

六、案例分析题(每小题10分,共20分)

1.(1)ABCD;(2)CD;(3)B;(4)ABD;(5)ABCD

2.(1)A;(2)B;(3)C;(4)D;(5)C

职业素养考试模拟试卷八参考答案

一、单项选择题

1.D；2.D；3.D；4.C；5.D；6.D；7.D；8.C；9.D；10.C

二、多项选择题

1.ABD；2.ACD；3.BCD；4.ACD；5.ABC

三、名词解释题（每小题3分，共15分）

1. 团队精神是大局意识、协作精神和服务精神的集中体现，反映的是组织活动中个体利益和整体利益的统一，进而保证组织活动的高效率运转。

2. 职业道德行为，是指从业人员在职业活动中所表现出来的有利于或有害于自己、他人和社会的行为。

3. 心理契约可以定义为组织与员工之间隐含的对于相互责任与义务的知觉与信念系统。

4. 组织公平感是个体对公平的感知，这种感知包括分配公平、程序公平与互动公平的感知。

5. 内部创业是从事某类"创造新业务"的活动的过程，用现存组织内的创业资源及雇员进行新业务建立活动。

四、简答题（每小题5分，共25分）

1. 职业素养的主要内容包括职业道德、专业知识、职业意识、职业行为和职业技能。

2. 诚实守信的具体要求是：言行一致，诚信无欺；讲究质量，维护信誉；重合同，守契约等。

3. "情感承诺"的解释是，该职业人对组织有感情，所以不跳槽；"持续承诺"的解释是，该职业人对组织有较多的先期投入，跳槽的成本太高，所以不跳槽；"规范承诺"的解释是，此人的道德水平高，忠诚度高，所以不跳槽。

4. 马斯洛的需求层次理论认为，人类需求像阶梯一样从低到高按层次分为五种，分别是生理需求、安全需求、社交需求、尊重需求和自我实现需求。一般来说，某一层次的需要相对满足了，就会向高一层次发展。但这样次序不是完全固定的。同一时期，一个人可能有几种需要，但主导需求对行为起决定作用。

5. 目标计划法是一种流程式的时间管理方法。首先，制订工作计划。其次，善于将一些工作分派和授权给他人来完成，提高工作效率。再次，制订详细的工作任务清单，将事务整理归类，并根据轻重缓急来进行安排和处理。最后，为计划提供预留时间，准备应变计划。

五、论述题（每小题10分，共20分）

1. 职业综合素养提高要求有主要有三个方面：其一，必须重视职业人的知识学习。不管是显性知识，还是"默会知识"，没有一定的知识积累，综合素养很难提高，也很难实现持续发展。（3分）其二，重视关键能力的培训与开发。既要重视专业技能或与专业相关的某些能力的培育。又要重视关键能力的培养，如沟通能力、交流能力、信息搜集与处理能力、计划与决策能力、问题解决能力等，这些都对整体素养的提升和职业生涯的发展具有极其重要的作用。（3分）其三，重视人格的完善。人格教育是职业素质教育的重要组成部分。从现实的情况看，作为人力资源需求方的组织越来越看重的是人才的职业道德和职业精神，包括合作精神、吃苦耐劳精神、诚信友善精神、规范严谨精神等。"做事先做人"，组织需要职业人具有良好的思想道德品质、健康的情绪、积极的情感、正确的职业价值观、职业态度。因此，要提高综合素养，就必须重视人格的完善。（3分）

此外，职业综合素养的提高，还有赖于身体素养、政治思想素养等基本素养的提高，有赖于家庭、组织和社会的支持等。（1分）

2.（答案要点）职业礼仪的概念（2分）职业礼仪的作用：规范个人行为，提高职业道德水准，完善个性；促进组织形象的塑造。（4分）短期来看，为了心理战术，不遵守职业礼仪似乎是有利的，但是长期会影响职业人的行为习惯，影响职业人的职场声誉，是得不偿失的；心理战术有失败的时候，那样更是因小失大，可能会给自己和组织带来难以估量的损失。（4分）

六、案例分析题（每小题10分，共20分）

1.（1）长远目标：毕业10年后自己创业。（2分）阶段标目标：A毕业时先到一家小装饰公司当助理，B第三年到大公司做助理，C第五年成为独挡一面的装饰装潢师，D再干上五年，就自己创业。近期目标：毕业时先到一家小装饰公司当助理。（每点1分，共4分）

（2）目标的实现，要靠制定好措施，坚定意志等。（4分）

2.（1）A；（2）B；（3）C；（4）B；（5）B

职业素养考试模拟试卷九参考答案

一、单项选择题

1.A；2.D；3.D；4.B；5.D；6.A；7.D；8.B；9.D；10.D

二、多项选择题

1.ABC；2.AD；3.AC；4.BCD；5.ABCD

三、名词解释题(每小题3分,共15分)

1. 意志是决定达到某种目的而产生的心理状态,常以语言或行动表现出来,是人对于自身行为关系的主观反映。

2. 职业道德的他律阶段是指从业人员的职业道德还没有发展完善的起步阶段,是靠他人或限制性的规定来进行自我约束的道德发展阶段。

3. 自我意识是对于自己、对自己与他人的关系以及自己与社会关系的意识,其中,对自己的意识是自我意识最重要的部分。

4. 广义上的职业行为是指人们对职业活动的认识、评价、情感和态度等心理过程的行为反映,是职业目的达成的基础。从形成意义上说,它是由人与职业环境、职业要求的相互关系决定的。广义上的职业行为是指与职业活动相关的行为,包括职业规划行为。

5. 沟通是一方经由一些语言或非语言的管道,将意见、态度、知识、观念、情感等信息传达给对方的过程,而这种信息传达的历程可以发生在人与人之间,也可以发生在团体与组织之间,甚至扩展到地区与国家之间。

四、简答题(每小题5分,共25分)

1. 影响职业人职业素养的宏观因素主要包括政治因素、经济因素、技术因素和文化因素。

2. 职业道德风险的约束机制包括内部约束机制和外部约束机制。其中内部约束机制主要包括企业内部监控约束机制和企业内部规章制度。外部约束机制主要包括市场竞争约束机制和法律监督约束机制。

3. 影响职业人组织承诺的因素是多种多样的,既包括来自组织层面的因素,如组织特征、人力资源政策、领导成员关系;也包括工作层面的因素,如工作特征、工作所需的角色特征;还包括个体层面的因素,如个体特征、个体对组织公平的知觉、个体对组织支持的知觉等。

4. 在制度设计方面,"经济人"假设有利于避免高昂的制度失效成本,而"社会人"假设则可能建立更有效、更优化的制度安排。对于厌恶风险的所有者来说,基于最差行为的"经济人"假设模型的公司治理制度安排能避免职业人采取最差的行为、避免产生最坏的结果。而"社会人"假设则无法解释现实中大量存在的职业人败德行为和制度失效问题。由于多数人事风险厌恶的,所以更多的所有者倾向于接受职业人是"经济人"的假设。

5. 戈尔曼认为,情商主要涉及五个方面的能力。包括:了解自身情绪的能力;管理自身情绪的能力;

自我激励的能力；识别他人情绪的能力；处理人际关系的能力。

五、论述题(每小题10分，共20分)

1.（答案要点）与制度途径不同，人员途径强调的是职业道德建设中个体品质（而不是制度）的作用。提高从业人员对职业道德规范的认知，加强职业道德自我评价，调整职业道德行为是职业道德建设的人员途径，这种途径与"制度伦理"途径的主要区别是加强人员自我道德意识、自我评价，而不是强调制度、环境的作用。（4分）具体来说，其路径有以下几个方面：端正从业人员的职业认知；提高职业道德认识；培养职业道德情感；坚定职业道德意志；强化职业道德信念；养成良好职业道德行为习惯。（6分）

2.（答案要点）职业人心理契约的形成过程，实际上就是职业人对企业的责任与义务期望的形成过程。在此过程中，期望源以及相关制约因素起着重要的作用。（2分）

（1）期望源。企业所有者对职业人的承诺无疑是构成职业人期望的主要来源，是职业人心理契约的期望源。具体地讲，职业人期望源包括利益相关者通过书面或者非书面形式对职业人做出的许诺。社会对职业人的特殊要求与补偿要求、职业人对企业运作和自身发展的长远打算、对企业组织文化和标准操作惯例的感知等等。（4分）

（2）期望的制约因素。职业人心理契约以期望的形式表现出来，期望的产生是职业人心理契约形成的基础。企业对职业人的许诺是否会导致职业经理人产生期望受到以下几个因素的影响：①自身需求；②经验；③自身评价。（4分）

六、案例分析题(每小题10分，共20分)

1.（1）AD；（2）AB；（3）ABCD；（4）B；（5）BCD
2.（1）A；（2）B；（3）D；（4）C；（5）D

职业素养考试模拟试卷十参考答案

一、单项选择题

1.D；2.A；3.C；4.C；5.A；6.D；7.D；8.C；9.A；10.A

二、多项选择题

1.ABC；2.AB；3.ABD；4.ABC；5.ABCD

三、名词解释题(每小题3分，共15分)

1. 进取心，是指不满足于现状、坚持不懈地向新的目标追求的蓬勃向上的心理状态。

2. 职业道德的价值目标阶段，是指从业人员把职业上的道德目标作为个体活动的自觉要求，在职业上把职业道德规范与个体的心理行为融为一体，把道德规范的应然和实然相结合，使外在要求和内在需求能够一致，这是职业道德发展的成熟阶段。

3. 职业自我意识，是指主体对自我从事职业工作应有的自我认知、自我体验和自我调控，是主体为了追求自己在职业上的发展，对自己的思想和行为不断地进行审视反思，并根据反思的结果调整自己的思想、行为以达到发展的目的。

4. 组织支持感，是指员工对组织多大程度上重视他们的贡献、关注他们的生存状态的一种感知和信念。

5. 时间管理，是为了提高时间的利用率和有效性，而对时间进行合理的计划和控制、有效安排与运用的管理过程。

四、简答题(每小题5分，共25分)

1. 影响职业人职业素养培养的微观因素主要有组织因素和个人因素。另外，家庭因素、学习生涯中所在的学校文化、竞争对手等都是重要的微观影响因素。

2. 我国目前对职业人进行监督的法律体系既包括跨行业的《公司法》、《反不正当竞争法》、《劳动法》、《劳动合同法》等相关法律，也包括《食品卫生法》、《旅游法》等与行业相关的法律；既包括全国人大及其常务委员会制定的相关法律，也包括国务院和地方人大制定的相关法规，还包括国务院部委和省级政府制定的相关规章。

3. 在过程维度，职业自我意识主要包括三个方面：职业自我评价意识（现实的我）、职业自我反省意识（反射的我）、职业自我规划意识（理想的我）。

4. 言谈时应该多使用敬语；说话时要注意视线处理；谈话时要集中注意力；不可冷淡，但也不要过分热情等。

5. "解决问题"的主要步骤：拟定问题的解决计划；提出推测和论证假想；证明假想；检验问题的解决结果；重温和分析解决过程。

五、论述题(每小题10分,共20分)

1.(答案要点)职业道德,是指调整从业人员与社会公众关系的行为规范和道德准则的总称,是社会道德在特殊职业领域里的具体体现。职业责任,就是行业和从事一定职业的人们对社会、组织和他人所必须承担的职责和义务,包括职业团体的责任和从业者的责任两个方面。其中,从业者的责任主要表现为岗位责任和对组织承担的责任。职业责任与职业道德相比,有相同的一面,那就是两者都强调社会、组织或他人对从业人员的义务。不同的一面在于,职业道德往往强调奉献,而职业责任则是与职业权利相对应的,职业道德的范畴要宽于职业责任的范畴。(6分)因此正确的观点是,职业道德水准高的人职业责任水准不会太低,但职业责任水准高的人职业道德水准不一定高。(4分)

2.职业行为,是指人们对职业活动的认识、评价、情感和态度等心理过程的行为反映,是职业目的达成的基础。从形成意义上说,它是由人与职业环境、职业要求的相互关系决定的。由于职业行为受个人品质、习惯等个人因素的影响,职业行为往往表现出一定的稳定性特征。另一方面,由于职业行为与特定的职业活动有关,并受环境因素的影响,往往又表现出情境性的特征。(5分)

职业行为的影响因素是多样的,既包括个人因素,也包括环境因素。如果以发展的眼光看问题,就短期而言,职业行为的稳定性特征,决定了职业行为的主导因素是个人因素。就长期而言,职业行为的情境性特征,决定了环境因素将起着重要的作用。因此,我们一方面要加强个人修养,另一方面又要慎重对待不良职业环境。(5分)

六、案例分析题(每小题10分,共20分)

1.(1)从组织的角度来讲。首先,人员测评不是要找到最优秀的人,而是要找到最合适这个职位的人。素质低于职位的要求,达不到工作要求,会影响整个组织的运行。如果素质过高,也会存在问题。(2分)其次,组织是一个完整的系统,如果素质很高的话,其他人难以配合,会造成整个系统的不协调,整体效率可能会下降。(2分)其次,高素质的人在一个低职位上,一般而言,很难安心工作。往往会出现频繁换人的情况。这将提高人事管理的成本。(2分)

(2)从应聘者的角度来讲。在应聘之前,应该对应聘的职位进行分析,考察职位需要什么素质特征。(2分)然后,分析自己是否具有这些素质特征。做了以上的功课之后,再决定是否去参加这次应聘活动。这样可以省去一些无谓的努力。(2分)

2.(1)C;(2)B;(3)A;(4)B;(5)D

参考文献

一、论文

[1] 许亚琼. 职业素养概念界定与特征分析 [J]. 职教论坛，2010（25）.

[2] 葛锦林. 职业素养内涵的界定：问题与对策 [J]. 机械职业教育，2014（11）.

[3] 康世斌，唐佩. 职业素养概念再辨析 [J]. 顺德职业技术学院学报，2015（2）.

[4] 石秀珠. 管理专业大学生职业素养培养路径探索 [J]. 中国电力教育，2010（18）.

[5] 虞希铅，李小娟，焦阳. 论当代青年职业素养教育 [J]. 中国青年研究，2013（2）.

[6] 岳德霞. 论公共管理人才的职业素养与职业能力培养 [J]. 教育评论，2013（5）.

[7] 蔡敏，李超. 情商培养课程：美国提升大学生职业素养的新途径 [J]. 教育科学，2014（3）.

[8] 程勇. 企业伦理视角的会计职业道德建设障碍与路径探讨 [J]. 企业经济，2011（5）.

[9] 王证之. 21 世纪职业意识内涵研究述评 [J]. 教育与职业，2010（15）.

[10] 屈林岩. 学习理论的发展与学习创新 [J]. 高等教育研究，2008（1）.

[11] 程功. 论职业意识 [J]. 产业与科技论坛，2011（13）.

[12] 熊义志. 论个人职业定位和发展的分析方法 [J]. 人力资源管理，2011（3）.

[13] 陈振国. 职业意识浅析 [J]. 中国职业技术教育，2009（18）.

[14] 龚鉴瑛. 关于职业责任的几点思考 [J]. 江西社会科学，2005（5）.

[15] 孙留芳. 培养职业礼仪提升职业素养 [J]. 成才之路，2012（10）.

[16] 董雅莉，赵丽红. 员工角色行为对服务质量影响的实证研究 [J]. 统计与信息论坛，2009（3）.

[17] 李盛聪，于莎. 成人终身学习能力构建的实证研究 [J]. 现代远程教育研究，2015（3）.

[18] 李丹. 创新型人才培养中自我学习能力培育的思考 [J]. 内蒙古农业大学学报（社会科学版），2010（2）.

[19] 梁玉国，夏传波，杨俊亮. 高职院校学生职业核心能力培养的思考与实践 [J]. 中国高教研究，2013（3）.

[20] 张国良，陈宏民. 关于组织创新性与创新能力的定义、度量及概念框架 [J]. 研究与发展管理，2007（1）.

[21] 温玲. 湖南省业余体操教练员群体职业素养的研究 [D]. 长沙：湖南师范大学，2012.

[22] 王康. 职业化视角下新员工职业素养培养的研究——以 E 企业为例 [D]. 南京：南京师范大学，2016.

[23] 刘馨. 高校辅导员职业素养存在问题及策略研究 [D]. 重庆：西南大学，2008.

[24] 葛作然. 当前我国新闻职业道德失范现象研究 [D]. 石家庄：河北师范大学，2007.

[25] 刘慧. 城管人员职业道德研究 [D]. 衡阳：南华大学，2015.

[26] 易珉. 企业管理中的道德风险及其规避 [D]. 长沙：中南大学，2008.

[27] 裴俊红. 会计职业道德问题研究 [D]. 保定：河北农业大学，2006.

[28] 崔岑. 机场服务人员职业道德建设研究 [D]. 重庆：西南大学，2013.

[29] 董婕. 计算机专业技术人员职业道德建设研究 [D]. 昆明：昆明理工大学，2012.

[30] 谢燕 . 转型时期我国旅游从业人员职业道德建设研究 [D]. 武汉：华中师范大学，2006.

[31] 刘莉 . 教师职业自我意识研究 [D]. 大连：辽宁师范大学，2010.

[32] 沈旭伟 . 当代大学生职业意识培养与高校德育改革应对研究 [D]. 宁波：宁波大学，2010.

[33] 张国瑞 . 大学生职业生涯规划问题研究 [D]. 济南：山东大学，2006.

[34] 齐琳 . 不同类型的心理契约破坏对员工工作行为的影响 [D]. 杭州：浙江理工大学，2013.

[35] 王立军 . 工作特征对反生产行为影响的实证研究 [D]. 沈阳：辽宁大学，2015.

[36] 滕迪雯 . 基于领导——成员交换理论的员工工作行为研究 [D]. 上海：华东理工大学，2013.

[37] 胡琪波 . 家族企业员工心理契约与组织公民行为的关系研究 [D]. 西安：西北工业大学，2014

[38] 未盆兄 . 制造企业反生产行为归因及控制研究 [D]. 兰州：兰州理工大学，2014.

[39] 张大中 . 虚拟社区组织公民行为形成与影响研究 [D]. 上海：上海大学，2015.

[40] 包萍 . 师范生教师职业礼仪教育研究 [D]. 吉林：东北师范大学，2008.

[41] 陈海燕 . 大学生移动学习能力研究 [D]. 金华：浙江师范大学，2015.

[42] 崔雅萍 . 多元学习理论视域下英语自主学习研究 [D]. 上海：上海外国语大学，2012.

[43] 郭渊 . 论秘书的时间管理艺术 [D]. 广州：暨南大学，2013.

[44] 邓自鑫 . 中小学教师人际沟通能力特点研究 [D]. 重庆：西南大学，2010.

[45] 韦正 . 问题教学理论中"解决问题"环节的应用研究 [D]. 桂林：广西师范大学，2014.

[46] 柳士顿 . 企业管理者的执行力研究 [D]. 广州：暨南大学，2007.

[47] 师建霞 . 员工内部创业风险控制研究 [D]. 郑州：郑州大学，2011.

二、著作

[1] 封智勇，王欣，余来文，於今 . 职业素养 [M]. 福建人民出版社，2014.

[2] 丁霞，冯琼 . 职业素质教育 [M]. 中央广播电视大学出版社，2014.

[3] 王易，邱吉 . 职业道德 [M]. 中国人民大学出版社，2008.

[4] 徐振轩，廖忠明 . 职业规划与职业指导 [M]. 重庆：西南师范大学出版社，2008.

[5] 刘道厚，倪望轩 . 职业素养与就业指导 [M]. 北京：科学出版社，2007.

[6] 李伟，张世辉 . 创新创业教程 [M]. 北京：机械工业出版社，2002.

[7] 董山东，任升隆，王海燕 . 职业方法能力 [M]. 北京：人民出版社，2011.

[8] 梁玉国，夏传波 . 高职院校学生职业核心能力 [M]. 北京：机械工业出版社，2012.

[9] 严文华 . 跨文化沟通心理学 [M]. 上海：上海社会科学院出版社，2008.

圆霖 绘

附录一：专业与职位对照表

表1		农林牧渔大类	
专业大类	专业小类	专业名称	职位(证书)
农林牧渔大类	农业类	草业科学	草业工程师
农林牧渔大类	农业类	茶树栽培与茶叶加工	茶叶工程师
农林牧渔大类	农业类	茶叶生产与加工	茶叶工程师
农林牧渔大类	农业类	纺织工程	纺织工程师
农林牧渔大类	农业类	观光农业经营	休闲农业工程师
农林牧渔大类	农业类	果蔬花卉生产技术	果蔬花卉工程师
农林牧渔大类	农业类	绿色食品生产与检验	绿色食品工程师
农林牧渔大类	农业类	棉花加工与检验	棉花质量检验师
农林牧渔大类	农业类	棉花加工与经营管理	棉花加工工程师
农林牧渔大类	农业类	农产品保鲜与加工	农产品工程师
农林牧渔大类	农业类	农产品加工与质量检测	农产品工程师
农林牧渔大类	农业类	农产品流通与管理	农产品营销师
农林牧渔大类	农业类	农产品营销与储运	农产品物流师
农林牧渔大类	农业类	农村经济综合管理	农业经济管理师
农林牧渔大类	农业类	农村经营管理	农业经济管理师
农林牧渔大类	农业类	农村区域发展	农村区域规划师
农林牧渔大类	农业类	农林经济管理	经济管理师
农林牧渔大类	农业类	农学	农业工程师
农林牧渔大类	农业类	农业经济管理	农业经济管理师
农林牧渔大类	农业类	农业装备应用技术	农业设备工程师
农林牧渔大类	农业类	农业资源与环境	农业生态工程师
农林牧渔大类	农业类	农艺教育	农艺培训师
农林牧渔大类	农业类	农资连锁经营与管理	连锁经营管理师
农林牧渔大类	农业类	农资营销与服务	市场营销师
农林牧渔大类	农业类	设施农业科学与工程	设施农业工程师
农林牧渔大类	农业类	设施农业生产技术	设施农业工程师
农林牧渔大类	农业类	设施农业与装备	设施农业工程师
农林牧渔大类	农业类	生态农业技术	农业生态工程师

农林牧渔大类	农业类	食品质量与安全	食品质量工程师
农林牧渔大类	农业类	食用菌生产与加工	食用菌工程师
农林牧渔大类	农业类	现代农业技术	农业工程师
农林牧渔大类	农业类	现代农艺技术	农业工程师
农林牧渔大类	农业类	休闲农业	休闲农业工程师
农林牧渔大类	农业类	循环农业生产与管理	农业生态工程师
农林牧渔大类	农业类	烟草	烟草工程师
农林牧渔大类	农业类	烟草生产与加工	烟草工程师
农林牧渔大类	农业类	烟草栽培与加工	烟草工程师
农林牧渔大类	农业类	园林	园林工程师
农林牧渔大类	农业类	园艺	园艺师
农林牧渔大类	农业类	园艺技术	园艺师
农林牧渔大类	农业类	园艺教育	园艺培训师
农林牧渔大类	农业类	植物保护	植物工程师
农林牧渔大类	农业类	植物保护与检疫技术	植物工程师
农林牧渔大类	农业类	植物科学与技术	植物工程师
农林牧渔大类	农业类	中草药栽培技术	中草药工程师
农林牧渔大类	农业类	中草药栽培与鉴定	中草药工程师
农林牧渔大类	农业类	中草药种植	中草药工程师
农林牧渔大类	农业类	种子科学与工程	种子工程师
农林牧渔大类	农业类	种子生产与经营	种子工程师
农林牧渔大类	农业类	作物生产技术	农业工程师
农林牧渔大类	林业类	野生动物与自然保护区管理区管理	自然生态管理师
农林牧渔大类	林业类	林学	林业工程师
农林牧渔大类	林业类	木材科学与工程	林业工程师
农林牧渔大类	林业类	森林保护	林业工程师
农林牧渔大类	林业类	森林工程	林业工程师
农林牧渔大类	畜牧业类	蚕学	蚕业工程师
农林牧渔大类	畜牧业类	蜂学	蜂业工程师
农林牧渔大类	畜牧业类	动物科学	畜牧工程师
农林牧渔大类	畜牧业类	动物药学	动物健康管理师
农林牧渔大类	畜牧业类	动物医学	动物健康管理师
农林牧渔大类	渔业类	海洋渔业科学与技术	渔业工程师
农林牧渔大类	渔业类	水产养殖学	渔业工程师
农林牧渔大类	渔业类	水族科学与技术	渔业工程师

表2		资源环境与安全大类	
专业大类	**专业小类**	**专业名称**	**职位(证书)**
资源环境与安全大类	资源勘查类	宝石及材料工艺学	珠宝玉石工艺师
资源环境与安全大类	资源勘查类	宝玉石鉴定与加工	珠宝玉石鉴定师
资源环境与安全大类	资源勘查类	地球化学	地球化学工程师
资源环境与安全大类	资源勘查类	地球信息科学与技术	地球信息工程师
资源环境与安全大类	资源勘查类	地质调查与矿产普查	地质工程师
资源环境与安全大类	资源勘查类	地质调查与找矿	地质工程师
资源环境与安全大类	资源勘查类	地质工程	地质工程师
资源环境与安全大类	资源勘查类	地质学	地质工程师
资源环境与安全大类	资源勘查类	国土资源调查	土地资源管理师
资源环境与安全大类	资源勘查类	国土资源调查与管理	土地资源管理师
资源环境与安全大类	资源勘查类	空间科学与技术	空间工程师
资源环境与安全大类	资源勘查类	矿产地质与勘查	地质工程师
资源环境与安全大类	资源勘查类	煤田地质与勘查技术	地质工程师
资源环境与安全大类	资源勘查类	权籍信息化管理	权籍信息化管理师
资源环境与安全大类	资源勘查类	土地资源管理	土地资源管理师
资源环境与安全大类	资源勘查类	岩矿分析与鉴定	珠宝玉石鉴定师
资源环境与安全大类	资源勘查类	珠宝玉石加工与营销	珠宝玉石工艺师
资源环境与安全大类	资源勘查类	资源勘查工程	勘探工程师
资源环境与安全大类	地质类	地球物理勘探	勘探工程师
资源环境与安全大类	地质类	地球物理勘探技术	勘探工程师
资源环境与安全大类	地质类	地球物理学	地质工程师
资源环境与安全大类	地质类	地质灾害调查与防治	地质工程师
资源环境与安全大类	地质类	地质灾害调查与治理施工	地质工程师
资源环境与安全大类	地质类	工程地质勘查	勘探工程师
资源环境与安全大类	地质类	环境地质工程	环境工程师
资源环境与安全大类	地质类	环境工程	环境工程师
资源环境与安全大类	地质类	勘查技术与工程	勘探工程师
资源环境与安全大类	地质类	矿山地质	地质工程师
资源环境与安全大类	地质类	水文地质与工程地质勘察	勘探工程师
资源环境与安全大类	地质类	水文与工程地质	地质工程师
资源环境与安全大类	地质类	岩土工程技术	地质工程师
资源环境与安全大类	地质类	岩土工程勘察与施工	勘探工程师
资源环境与安全大类	地质类	钻探工程技术	勘探工程师
资源环境与安全大类	地质类	钻探技术	勘探工程师
资源环境与安全大类	测绘地理信息类	测绘地理信息技术	测绘工程师
资源环境与安全大类	测绘地理信息类	测绘工程	测绘工程师

资源环境与安全大类	测绘地理信息类	测绘工程技术	测绘工程师
资源环境与安全大类	测绘地理信息类	测绘与地质工程技术	测绘工程师
资源环境与安全大类	测绘地理信息类	城乡规划	城乡规划工程师
资源环境与安全大类	测绘地理信息类	导航工程	导航工程师
资源环境与安全大类	测绘地理信息类	导航与位置服务	导航工程师
资源环境与安全大类	测绘地理信息类	地籍测绘与土地管理	测绘工程师
资源环境与安全大类	测绘地理信息类	地理国情监测	测绘工程师
资源环境与安全大类	测绘地理信息类	地理国情监测技术	测绘工程师
资源环境与安全大类	测绘地理信息类	地理科学	测绘工程师
资源环境与安全大类	测绘地理信息类	地理信息科学	测绘工程师
资源环境与安全大类	测绘地理信息类	地图制图与地理信息系统	地图制图工程师
资源环境与安全大类	测绘地理信息类	地图制图与数字传播技术	地图制图工程师
资源环境与安全大类	测绘地理信息类	地质与测量	测绘工程师
资源环境与安全大类	测绘地理信息类	房地产开发与管理	房地产管理师
资源环境与安全大类	测绘地理信息类	工程测量	测绘工程师
资源环境与安全大类	测绘地理信息类	工程测量技术	测绘工程师
资源环境与安全大类	测绘地理信息类	国土测绘与规划	测绘工程师
资源环境与安全大类	测绘地理信息类	矿山测量	测绘工程师
资源环境与安全大类	测绘地理信息类	人文地理与城乡规划	城乡规划工程师
资源环境与安全大类	测绘地理信息类	摄影测量与遥感技术	测绘工程师
资源环境与安全大类	测绘地理信息类	数字出版	数字出版工程师
资源环境与安全大类	测绘地理信息类	网络与新媒体	网络工程师
资源环境与安全大类	测绘地理信息类	遥感科学与技术	测绘工程师
资源环境与安全大类	测绘地理信息类	自然地理与资源环境	城乡规划工程师
资源环境与安全大类	石油与天然气类	海洋油气工程	石油天然气管理师
资源环境与安全大类	石油与天然气类	化学工程与工艺	化学工程师
资源环境与安全大类	石油与天然气类	石油地质录井与测井	石油钻井工程师
资源环境与安全大类	石油与天然气类	石油工程	石油天然气管理师
资源环境与安全大类	石油与天然气类	石油工程技术	石油天然气管理师
资源环境与安全大类	石油与天然气类	石油天然气开采	石油天然气管理师
资源环境与安全大类	石油与天然气类	石油与天然气贮运	石油天然气管理师
资源环境与安全大类	石油与天然气类	石油钻井	石油钻井工程师
资源环境与安全大类	石油与天然气类	应用化学	化学工程师
资源环境与安全大类	石油与天然气类	油气储运工程	油气物流工程师
资源环境与安全大类	石油与天然气类	油气储运技术	油气物流工程师
资源环境与安全大类	石油与天然气类	油气地质勘探技术	勘探工程师
资源环境与安全大类	石油与天然气类	油气开采技术	石油天然气管理师
资源环境与安全大类	石油与天然气类	油田化学应用技术	化学工程师
资源环境与安全大类	石油与天然气类	钻井技术	钻井工程师

资源环境与安全大类	煤炭类	安全工程	安全管理师
资源环境与安全大类	煤炭类	采矿工程	矿物管理师
资源环境与安全大类	煤炭类	采矿技术	矿物管理师
资源环境与安全大类	煤炭类	电气工程及其自动化	电气自动化工程师
资源环境与安全大类	煤炭类	机械工程	机电工程师
资源环境与安全大类	煤炭类	机械设计制造及其自动化	机械自动化工程师
资源环境与安全大类	煤炭类	矿井建设	矿井建设工程师
资源环境与安全大类	煤炭类	矿井通风与安全	矿井安全管理师
资源环境与安全大类	煤炭类	矿井运输与提升	矿山设备工程师
资源环境与安全大类	煤炭类	矿山机电	矿山机电工程师
资源环境与安全大类	煤炭类	矿山机电技术	矿山机电工程师
资源环境与安全大类	煤炭类	矿山机械运行与维修	矿山机械工程师
资源环境与安全大类	煤炭类	矿物加工工程	矿物管理师
资源环境与安全大类	煤炭类	矿物资源工程	矿物管理师
资源环境与安全大类	煤炭类	煤层气采输技术	煤气采输工程师
资源环境与安全大类	煤炭类	煤化分析与检验	煤化分析师
资源环境与安全大类	煤炭类	煤矿开采技术	煤炭工程师
资源环境与安全大类	煤炭类	煤炭深加工与利用	煤炭工程师
资源环境与安全大类	煤炭类	煤炭综合利用	煤炭工程师
资源环境与安全大类	煤炭类	土木工程	建筑工程师
资源环境与安全大类	煤炭类	选煤技术	选煤工程师
资源环境与安全大类	煤炭类	自动化	自动化工程师
资源环境与安全大类	煤炭类	综合机械化采煤	煤炭工程师
资源环境与安全大类	金属与非金属矿类	过程装备与控制工程	自动化工程师
资源环境与安全大类	金属与非金属矿类	机械电子工程	机械电子工程师
资源环境与安全大类	金属与非金属矿类	金属与非金属矿开采技术	矿物管理师
资源环境与安全大类	金属与非金属矿类	矿物加工技术	矿物管理师
资源环境与安全大类	金属与非金属矿类	矿业装备维护技术	矿业设备工程师
资源环境与安全大类	金属与非金属矿类	选矿技术	选矿工程师
资源环境与安全大类	气象类	大气科学	大气工程师
资源环境与安全大类	气象类	大气科学技术	大气工程师
资源环境与安全大类	气象类	大气探测技术	大气工程师
资源环境与安全大类	气象类	防雷技术	防雷工程师
资源环境与安全大类	气象类	雷电防护技术	防雷工程师
资源环境与安全大类	气象类	气象服务	气象工程师
资源环境与安全大类	气象类	天文学	天文工程师
资源环境与安全大类	气象类	应用气象技术	气象工程师
资源环境与安全大类	气象类	应用气象学	气象工程师
资源环境与安全大类	环境保护类	地下水科学与工程	地下水工程师

资源环境与安全大类	环境保护类	给排水科学与工程	给排水工程师
资源环境与安全大类	环境保护类	化学	化学工程师
资源环境与安全大类	环境保护类	环保设备工程	环保设备工程师
资源环境与安全大类	环境保护类	环境工程技术	环境工程师
资源环境与安全大类	环境保护类	环境管理	环境工程师
资源环境与安全大类	环境保护类	环境规划与管理	环境规划工程师
资源环境与安全大类	环境保护类	环境监测技术	环境监测工程师
资源环境与安全大类	环境保护类	环境监测与控制技术	环境监测工程师
资源环境与安全大类	环境保护类	环境科学	环境工程师
资源环境与安全大类	环境保护类	环境科学与工程	环境工程师
资源环境与安全大类	环境保护类	环境评价与咨询服务	环境评价工程师
资源环境与安全大类	环境保护类	环境生态工程	环境生态工程师
资源环境与安全大类	环境保护类	环境信息技术	环境信息工程师
资源环境与安全大类	环境保护类	环境治理技术	环境工程师
资源环境与安全大类	环境保护类	农村环境保护	环境工程师
资源环境与安全大类	环境保护类	农村环境监测	环境监测工程师
资源环境与安全大类	环境保护类	清洁生产与减排技术	环境工程师
资源环境与安全大类	环境保护类	生态环境保护	环境生态工程师
资源环境与安全大类	环境保护类	声学	声学工程师
资源环境与安全大类	环境保护类	室内环境检测与控制技术	室内环境工程师
资源环境与安全大类	环境保护类	水质科学与技术	水质工程师
资源环境与安全大类	环境保护类	污染修复与生态工程技术	环境生态工程师
资源环境与安全大类	环境保护类	信息管理与信息系统	信息管理师
资源环境与安全大类	环境保护类	应用物理学	环境工程师
资源环境与安全大类	环境保护类	资源环境科学	环境工程师
资源环境与安全大类	环境保护类	资源综合利用与管理技术	资源管理师
资源环境与安全大类	安全类	安全防范工程	安全防范工程师
资源环境与安全大类	安全类	安全技术与管理	安全管理师
资源环境与安全大类	安全类	安全健康与环保	安全管理师
资源环境与安全大类	安全类	安全生产监测监控	安全管理师
资源环境与安全大类	安全类	工程安全评价与监理	安全评价工程师
资源环境与安全大类	安全类	工业工程	工业工程师
资源环境与安全大类	安全类	化工安全技术	化工安全管理师
资源环境与安全大类	安全类	救援技术	抢险救援工程师
资源环境与安全大类	安全类	抢险救援指挥与技术	抢险救援工程师
资源环境与安全大类	安全类	卫生检验与检疫	卫生检验检疫师
资源环境与安全大类	安全类	消防工程	消防管理师
资源环境与安全大类	安全类	职业卫生技术与管理	职业卫生工程师

表3		能源动力与材料大类	
专业大类	**专业小类**	**专业名称**	**职位(证书)**
能源动力与材料大类	电力技术类	电力客户服务与管理	客户服务管理师
能源动力与材料大类	电力技术类	电力系统继电保护与自动化技术	电力工程师
能源动力与材料大类	电力技术类	电力系统自动化技术	电力工程师
能源动力与材料大类	电力技术类	电力营销	电力营销师
能源动力与材料大类	电力技术类	电气工程与智能控制	智能电气工程师
能源动力与材料大类	电力技术类	电气运行与控制	智能电气工程师
能源动力与材料大类	电力技术类	电网监控技术	电力工程师
能源动力与材料大类	电力技术类	电源变换技术与应用	电力工程师
能源动力与材料大类	电力技术类	电子信息工程	电子信息工程师
能源动力与材料大类	电力技术类	发电厂及变电站电气设备	智能电气工程师
能源动力与材料大类	电力技术类	发电厂及电力系统	电力工程师
能源动力与材料大类	电力技术类	分布式发电与微电网技术	微电网工程师
能源动力与材料大类	电力技术类	风电场机电设备运行与维护	机电工程师
能源动力与材料大类	电力技术类	高压输配电线路施工运行与维护	电力工程师
能源动力与材料大类	电力技术类	供用电技术	电力工程师
能源动力与材料大类	电力技术类	机场电工技术	电力工程师
能源动力与材料大类	电力技术类	机电技术教育	机电工程师
能源动力与材料大类	电力技术类	继电保护及自动装置调试维护	电力工程师
能源动力与材料大类	电力技术类	农村电气技术	智能电气工程师
能源动力与材料大类	电力技术类	农业电气化	智能电气工程师
能源动力与材料大类	电力技术类	农业电气化技术	智能电气工程师
能源动力与材料大类	电力技术类	农业工程	农业工程师
能源动力与材料大类	电力技术类	农业机械化及其自动化	农业机电工程师
能源动力与材料大类	电力技术类	输配电线路施工与运行	电力工程师
能源动力与材料大类	电力技术类	水电厂机电设备安装与运行	机电工程师
能源动力与材料大类	电力技术类	水电站机电设备与自动化	机电工程师
能源动力与材料大类	电力技术类	水电站与电力网	电力工程师
能源动力与材料大类	电力技术类	水利水电工程	水利水电工程师
能源动力与材料大类	电力技术类	新能源科学与工程	新能源工程师
能源动力与材料大类	电力技术类	智能电网信息工程	智能电网工程师
能源动力与材料大类	热能与发电工程类	测控技术与仪器	测控工程师
能源动力与材料大类	热能与发电工程类	城市热能应用技术	热能工程师
能源动力与材料大类	热能与发电工程类	电厂化学与环保技术	化学工程师

能源动力与材料大类	热能与发电工程类	电厂热工自动化技术	热工自动化工程师
能源动力与材料大类	热能与发电工程类	电厂热能动力装置	热力设备工程师
能源动力与材料大类	热能与发电工程类	火电厂集控运行	集控运行工程师
能源动力与材料大类	热能与发电工程类	火电厂热工仪表安装与检修	热工仪表工程师
能源动力与材料大类	热能与发电工程类	火电厂热力设备安装	热力设备工程师
能源动力与材料大类	热能与发电工程类	火电厂热力设备运行与检修	热力设备工程师
能源动力与材料大类	热能与发电工程类	火电厂水处理及化学监督	化学工程师
能源动力与材料大类	热能与发电工程类	能源与动力工程	能源动力工程师
能源动力与材料大类	热能与发电工程类	能源与环境系统工程	能源环境工程师
能源动力与材料大类	新能源发电工程类	电气技术应用	智能电气工程师
能源动力与材料大类	新能源发电工程类	风电系统运行与维护	风电工程师
能源动力与材料大类	新能源发电工程类	风力发电工程技术	风电工程师
能源动力与材料大类	新能源发电工程类	工业节能技术	节能工程师
能源动力与材料大类	新能源发电工程类	供热通风与空调施工运行	暖通空调工程师
能源动力与材料大类	新能源发电工程类	光伏发电技术与应用	光伏发电工程师
能源动力与材料大类	新能源发电工程类	光源与照明	照明工程师
能源动力与材料大类	新能源发电工程类	建筑环境与能源应用工程	能源环境工程师
能源动力与材料大类	新能源发电工程类	节电技术与管理	节能工程师
能源动力与材料大类	新能源发电工程类	能源经济	能源经济师
能源动力与材料大类	新能源发电工程类	农村能源与环境技术	能源环境工程师
能源动力与材料大类	新能源发电工程类	农业建筑环境与能源工程	能源环境工程师
能源动力与材料大类	新能源发电工程类	生态学	生态工程师
能源动力与材料大类	新能源发电工程类	太阳能光热技术与应用	太阳能工程师
能源动力与材料大类	新能源发电工程类	太阳能与沼气技术利用	沼气工程师
能源动力与材料大类	黑色金属材料类	钢铁冶金设备应用技术	冶金设备工程师
能源动力与材料大类	黑色金属材料类	钢铁冶炼	黑色冶金工程师
能源动力与材料大类	黑色金属材料类	钢铁装备运行与维护	冶金设备工程师
能源动力与材料大类	黑色金属材料类	黑色冶金技术	黑色冶金工程师
能源动力与材料大类	黑色金属材料类	金属材料工程	金属材料工程师
能源动力与材料大类	黑色金属材料类	金属材料质量检测	金属材料检测师
能源动力与材料大类	黑色金属材料类	铁矿资源综合利用	黑色冶金工程师
能源动力与材料大类	黑色金属材料类	冶金工程	冶金工程师
能源动力与材料大类	黑色金属材料类	轧钢工程技术	轧钢工程师
能源动力与材料大类	有色金属材料类	有色金属冶炼	有色冶金工程师
能源动力与材料大类	有色金属材料类	材料科学与工程	材料工程师
能源动力与材料大类	有色金属材料类	材料物理	材料工程师

能源动力与材料大类	有色金属材料类	粉体材料科学与工程	粉体材料工程师
能源动力与材料大类	有色金属材料类	工程物理	工程物理工程师
能源动力与材料大类	有色金属材料类	功能材料	材料工程师
能源动力与材料大类	有色金属材料类	金属精密成型技术	精密成型工程师
能源动力与材料大类	有色金属材料类	金属压力加工	压力加工工程师
能源动力与材料大类	有色金属材料类	有色冶金技术	有色冶金工程师
能源动力与材料大类	有色金属材料类	有色冶金设备应用技术	冶金设备工程师
能源动力与材料大类	有色金属材料类	有色装备运行与维护	冶金设备工程师
能源动力与材料大类	非金属材料类	材料工程技术	材料工程师
能源动力与材料大类	非金属材料类	材料化学	材料工程师
能源动力与材料大类	非金属材料类	非金属矿物材料技术	非金属材料工程师
能源动力与材料大类	非金属材料类	分子科学与工程	复合材料工程师
能源动力与材料大类	非金属材料类	复合材料工程技术	复合材料工程师
能源动力与材料大类	非金属材料类	复合材料与工程	复合材料工程师
能源动力与材料大类	非金属材料类	高分子材料工程技术	复合材料工程师
能源动力与材料大类	非金属材料类	高分子材料加工工艺	复合材料工程师
能源动力与材料大类	非金属材料类	高分子材料与工程	复合材料工程师
能源动力与材料大类	非金属材料类	光伏材料制备技术	光伏材料工程师
能源动力与材料大类	非金属材料类	硅材料制备技术	硅材料工程师
能源动力与材料大类	非金属材料类	硅酸盐工艺及工业控制	非金属材料工程师
能源动力与材料大类	非金属材料类	化学生物学	化学生物工程师
能源动力与材料大类	非金属材料类	纳米材料与技术	纳米材料工程师
能源动力与材料大类	非金属材料类	炭素加工技术	炭素材料工程师
能源动力与材料大类	非金属材料类	无机非金属材料工程	无机非金属工程师
能源动力与材料大类	非金属材料类	橡胶工程技术	橡胶工艺师
能源动力与材料大类	非金属材料类	橡胶工艺	橡胶工艺师
能源动力与材料大类	非金属材料类	新能源材料与器件	新能源材料工程师
能源动力与材料大类	建筑材料类	建材装备运行与维护	建材设备工程师
能源动力与材料大类	建筑材料类	建筑材料工程技术	建筑材料工程师
能源动力与材料大类	建筑材料类	建筑材料检测技术	建筑材料检测师
能源动力与材料大类	建筑材料类	建筑材料设备应用	建材设备工程师
能源动力与材料大类	建筑材料类	建筑材料生产与管理	建筑材料工程师
能源动力与材料大类	建筑材料类	建筑与工程材料	建筑材料工程师
能源动力与材料大类	建筑材料类	建筑装饰材料技术	装饰材料工程师
能源动力与材料大类	建筑材料类	新型建筑材料技术	建筑材料工程师
能源动力与材料大类	建筑材料类	质量管理工程	质量管理工程师

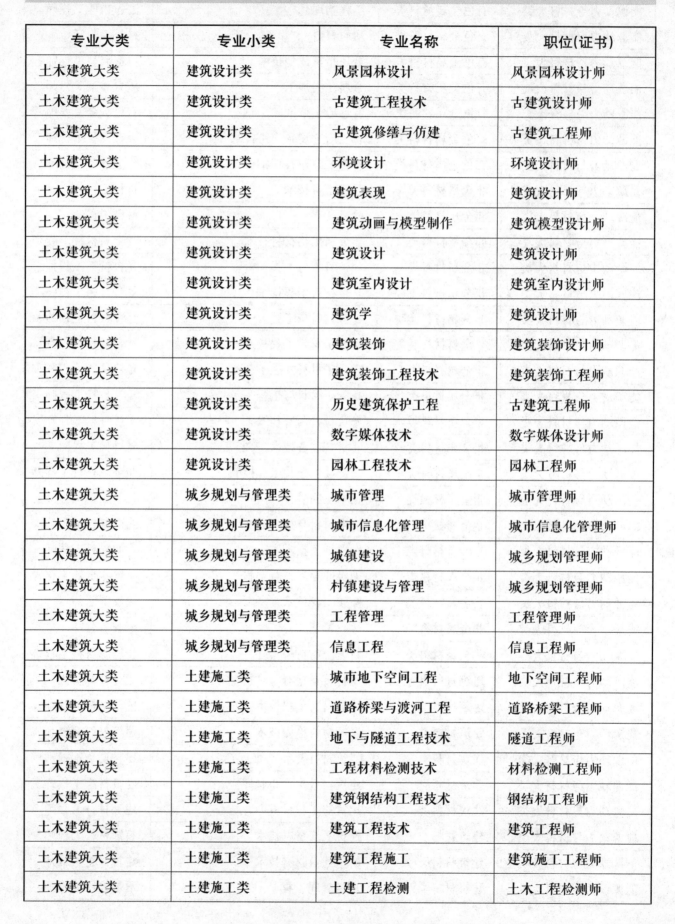

表4 土木建筑大类

专业大类	专业小类	专业名称	职位(证书)
土木建筑大类	建筑设计类	风景园林设计	风景园林设计师
土木建筑大类	建筑设计类	古建筑工程技术	古建筑设计师
土木建筑大类	建筑设计类	古建筑修缮与仿建	古建筑工程师
土木建筑大类	建筑设计类	环境设计	环境设计师
土木建筑大类	建筑设计类	建筑表现	建筑设计师
土木建筑大类	建筑设计类	建筑动画与模型制作	建筑模型设计师
土木建筑大类	建筑设计类	建筑设计	建筑设计师
土木建筑大类	建筑设计类	建筑室内设计	建筑室内设计师
土木建筑大类	建筑设计类	建筑学	建筑设计师
土木建筑大类	建筑设计类	建筑装饰	建筑装饰设计师
土木建筑大类	建筑设计类	建筑装饰工程技术	建筑装饰工程师
土木建筑大类	建筑设计类	历史建筑保护工程	古建筑工程师
土木建筑大类	建筑设计类	数字媒体技术	数字媒体设计师
土木建筑大类	建筑设计类	园林工程技术	园林工程师
土木建筑大类	城乡规划与管理类	城市管理	城市管理师
土木建筑大类	城乡规划与管理类	城市信息化管理	城市信息化管理师
土木建筑大类	城乡规划与管理类	城镇建设	城乡规划管理师
土木建筑大类	城乡规划与管理类	村镇建设与管理	城乡规划管理师
土木建筑大类	城乡规划与管理类	工程管理	工程管理师
土木建筑大类	城乡规划与管理类	信息工程	信息工程师
土木建筑大类	土建施工类	城市地下空间工程	地下空间工程师
土木建筑大类	土建施工类	道路桥梁与渡河工程	道路桥梁工程师
土木建筑大类	土建施工类	地下与隧道工程技术	隧道工程师
土木建筑大类	土建施工类	工程材料检测技术	材料检测工程师
土木建筑大类	土建施工类	建筑钢结构工程技术	钢结构工程师
土木建筑大类	土建施工类	建筑工程技术	建筑工程师
土木建筑大类	土建施工类	建筑工程施工	建筑施工工程师
土木建筑大类	土建施工类	土建工程检测	土木工程检测师

土木建筑大类	土建施工类	土木工程检测技术	土木工程检测师
土木建筑大类	建筑设备类	工业设备安装工程技术	设备安装工程师
土木建筑大类	建筑设备类	供热通风与空调工程技术	暖通空调工程师
土木建筑大类	建筑设备类	火灾勘查	消防管理师
土木建筑大类	建筑设备类	建筑电气工程技术	建筑电气工程师
土木建筑大类	建筑设备类	建筑电气与智能化	智能电气工程师
土木建筑大类	建筑设备类	建筑设备安装	设备安装工程师
土木建筑大类	建筑设备类	建筑设备工程技术	设备安装工程师
土木建筑大类	建筑设备类	建筑智能化工程技术	建筑智能工程师
土木建筑大类	建筑设备类	楼宇智能化设备安装与运行	建筑智能工程师
土木建筑大类	建筑设备类	消防工程技术	消防管理师
土木建筑大类	建设工程管理类	标准化工程	标准化工程师
土木建筑大类	建设工程管理类	工程造价	工程造价师
土木建筑大类	建设工程管理类	会计学	财务管理师
土木建筑大类	建设工程管理类	建设工程管理	建设工程管理师
土木建筑大类	建设工程管理类	建设工程监理	建设工程监理师
土木建筑大类	建设工程管理类	建设项目信息化管理	建设信息化管理师
土木建筑大类	建设工程管理类	建筑经济管理	建筑经济管理师
土木建筑大类	市政工程类	城市燃气工程技术	城市燃气工程师
土木建筑大类	市政工程类	给排水工程技术	给排水工程师
土木建筑大类	市政工程类	给排水工程施工与运行	给排水工程师
土木建筑大类	市政工程类	环境卫生工程技术	环境卫生工程师
土木建筑大类	市政工程类	市政工程技术	市政工程师
土木建筑大类	市政工程类	市政工程施工	市政工程师
土木建筑大类	房地产类	房地产检测与估价	房地产检测师
土木建筑大类	房地产类	房地产经营与管理	房地产管理师
土木建筑大类	房地产类	房地产营销与管理	房地产营销师
土木建筑大类	房地产类	物业管理	物业管理师
土木建筑大类	房地产类	资产评估	资产管理师

表5		水利大类	
专业大类	专业小类	专业名称	职位(证书)
水利大类	水文水资源类	水文测报技术	水文测报工程师
水利大类	水文水资源类	水文与水资源工程	水文水资源工程师
水利大类	水文水资源类	水文与水资源勘测	水文水资源工程师
水利大类	水文水资源类	水务工程	水务工程师
水利大类	水文水资源类	水政水资源管理	水政水资源管理师
水利大类	水利工程与管理类	港口航道与海岸工程	水利工程师
水利大类	水利工程与管理类	港口航道与治河工程	水利工程师
水利大类	水利工程与管理类	机电排灌工程技术	机电工程师
水利大类	水利工程与管理类	农业水利工程	水利工程师
水利大类	水利工程与管理类	农业与农村用水	水利工程师
水利大类	水利工程与管理类	水利工程	水利工程师
水利大类	水利工程与管理类	水利水电工程管理	水利水电工程师
水利大类	水利工程与管理类	水利水电工程技术	水利水电工程师
水利大类	水利工程与管理类	水利水电工程施工	水利水电工程师
水利大类	水利工程与管理类	水利水电建筑工程	水利水电建筑工程师
水利大类	水利工程与管理类	水路运输管理	水路运输管理师
水利大类	水利工程与管理类	水务管理	水务管理师
水利大类	水利水电设备类	水泵站机电设备安装与运行	水利机电工程师
水利大类	水利水电设备类	水电站电气设备	水利电气工程师
水利大类	水利水电设备类	水电站动力设备	水利设备工程师
水利大类	水利水电设备类	水电站运行与管理	水电站管理师
水利大类	水利水电设备类	水利机电设备运行与管理	水利设备工程师
水利大类	水土保持与水环境类	水环境监测与治理	水环境工程师
水利大类	水土保持与水环境类	水土保持技术	水土保持工程师
水利大类	水土保持与水环境类	水土保持与荒漠化防治	水土保持工程师
土木建筑大类	土建施工类	建筑工程技术	建筑工程师
土木建筑大类	土建施工类	建筑工程	建筑工程师
土木建筑大类	土建施工类	土建工程检测	土木工程检测师
土木建筑大类	土建施工类	土木工程检测技术	土木工程检测师

表6

装备制造大类

专业大类	专业小类	专业名称	职位(证书)
装备制造大类	机械设计制造类	材料成型及控制工程	材料成型工程师
装备制造大类	机械设计制造类	材料成型与控制技术	材料成型工程师
装备制造大类	机械设计制造类	产品设计	产品设计师
装备制造大类	机械设计制造类	车辆工程	车辆工程师
装备制造大类	机械设计制造类	弹药工程与爆炸技术	火炸药工程师
装备制造大类	机械设计制造类	电机电器制造与维修	电机电器工程师
装备制造大类	机械设计制造类	电机与电器技术	电机电器工程师
装备制造大类	机械设计制造类	电线电缆制造技术	电线电缆工程师
装备制造大类	机械设计制造类	锻压技术	锻压工程师
装备制造大类	机械设计制造类	工程力学	机械设计师
装备制造大类	机械设计制造类	工商管理	工商管理师
装备制造大类	机械设计制造类	工业工程技术	工业工程师
装备制造大类	机械设计制造类	工业设计	工业设计师
装备制造大类	机械设计制造类	工艺美术	工艺美术设计师
装备制造大类	机械设计制造类	光电仪器制造与维修	光电工程师
装备制造大类	机械设计制造类	焊接技术应用	焊接工程师
装备制造大类	机械设计制造类	焊接技术与工程	焊接工程师
装备制造大类	机械设计制造类	焊接技术与自动化	焊接工程师
装备制造大类	机械设计制造类	机电产品检测技术应用	机电检测工程师
装备制造大类	机械设计制造类	机械产品检测检验技术	机械检测工程师
装备制造大类	机械设计制造类	机械加工技术	机械工艺师
装备制造大类	机械设计制造类	机械设计与制造	机械设计师
装备制造大类	机械设计制造类	机械制造技术	机械工艺师
装备制造大类	机械设计制造类	机械制造与自动化	机电工程师
装备制造大类	机械设计制造类	机械装备制造技术	机械工艺师
装备制造大类	机械设计制造类	金属表面处理技术应用	热处理工程师
装备制造大类	机械设计制造类	金属材料与热处理技术	热处理工程师
装备制造大类	机械设计制造类	金属热加工	热处理工程师
装备制造大类	机械设计制造类	精密机械技术	精密机械工艺师
装备制造大类	机械设计制造类	理化测试与质检技术	机械检测师
装备制造大类	机械设计制造类	理论与应用力学	机械设计师

装备制造大类	机械设计制造类	模具设计与制造	模具工程师
装备制造大类	机械设计制造类	模具制造技术	模具工程师
装备制造大类	机械设计制造类	内燃机制造与维修	内燃机工程师
装备制造大类	机械设计制造类	汽车服务工程	汽车工程师
装备制造大类	机械设计制造类	数控技术	数控工程师
装备制造大类	机械设计制造类	数控技术应用	数控工程师
装备制造大类	机械设计制造类	探测制导与控制技术	探测制控工程师
装备制造大类	机械设计制造类	特种加工技术	特种加工工程师
装备制造大类	机械设计制造类	特种能源技术与工程	特种能源工程师
装备制造大类	机械设计制造类	武器发射工程	武器工程师
装备制造大类	机械设计制造类	武器系统与工程	武器工程师
装备制造大类	机械设计制造类	信息对抗技术	信息对抗工程师
装备制造大类	机械设计制造类	艺术与科技	艺术设计师
装备制造大类	机械设计制造类	铸造技术	铸造工程师
装备制造大类	机械设计制造类	装甲车辆工程	装甲车辆工程师
装备制造大类	机电设备类	光电信息科学与工程	光电信息工程师
装备制造大类	机电设备类	光电制造与应用技术	光电工程师
装备制造大类	机电设备类	机电技术应用	机电工程师
装备制造大类	机电设备类	机电设备安装技术	机电工程师
装备制造大类	机电设备类	机电设备安装与维修	机电工程师
装备制造大类	机电设备类	机电设备维修与管理	机电工程师
装备制造大类	机电设备类	数控设备应用与维护	数控工程师
装备制造大类	机电设备类	新能源装备技术	新能源设备工程师
装备制造大类	机电设备类	制冷和空调设备运行与维修	暖通空调工程师
装备制造大类	机电设备类	制冷与空调技术	暖通空调工程师
装备制造大类	机电设备类	自动化生产设备应用	自动化工程师
装备制造大类	自动化类	电气自动化技术	电气自动化工程师
装备制造大类	自动化类	电梯工程技术	电梯工程师
装备制造大类	自动化类	工业过程自动化技术	自动化工程师
装备制造大类	自动化类	工业机器人技术	机器人工程师
装备制造大类	自动化类	工业网络技术	工业网络工程师
装备制造大类	自动化类	工业自动化仪表	自动化仪表工程师
装备制造大类	自动化类	工业自动化仪表及应用	自动化仪表工程师
装备制造大类	自动化类	化工仪表及自动化	化工仪表工程师

装备制造大类	自动化类	机电一体化技术	机电工程师
装备制造大类	自动化类	机械工艺技术	机械工艺师
装备制造大类	自动化类	微机电系统工程	微机电工程师
装备制造大类	自动化类	液压与气动技术	液压气动工程师
装备制造大类	自动化类	智能控制技术	智能工程师
装备制造大类	铁道装备类	电力机车运用与检修	电力机车工程师
装备制造大类	铁道装备类	轨道交通信号与控制	轨道信号工程师
装备制造大类	铁道装备类	交通设备与控制工程	交通设备工程师
装备制造大类	铁道装备类	内燃机车运用与检修	内燃机工程师
装备制造大类	铁道装备类	铁道车辆运用与检修	铁道车辆工程师
装备制造大类	铁道装备类	铁道机车车辆制造与维护	铁道车辆工程师
装备制造大类	铁道装备类	铁道施工和养路机械制造与维护	铁路机械工程师
装备制造大类	铁道装备类	铁道通信信号设备制造与维护	铁道信号工程师
装备制造大类	铁道装备类	铁道信号	铁道信号工程师
装备制造大类	铁道装备类	通信工程	通信工程师
装备制造大类	船舶与海洋工程装备类	船舶电气工程技术	船舶电气工程师
装备制造大类	船舶与海洋工程装备类	船舶电气技术	船舶电气工程师
装备制造大类	船舶与海洋工程装备类	船舶电子电气工程	电子电气工程师
装备制造大类	船舶与海洋工程装备类	船舶动力工程技术	船舶动力工程师
装备制造大类	船舶与海洋工程装备类	船舶工程技术	船舶工程师
装备制造大类	船舶与海洋工程装备类	船舶机械工程技术	船舶机械工程师
装备制造大类	船舶与海洋工程装备类	船舶机械装置安装与维修	船舶机械工程师
装备制造大类	船舶与海洋工程装备类	船舶通信与导航	船舶通信工程师
装备制造大类	船舶与海洋工程装备类	船舶涂装工程技术	船舶涂装工程师
装备制造大类	船舶与海洋工程装备类	船舶舾装工程技术	船舶舾装工程师
装备制造大类	船舶与海洋工程装备类	船舶与海洋工程	船舶工程师
装备制造大类	船舶与海洋工程装备类	船舶制造与修理	船舶工程师
装备制造大类	船舶与海洋工程装备类	海洋工程技术	海洋工程师
装备制造大类	船舶与海洋工程装备类	海洋工程与技术	海洋工程师
装备制造大类	船舶与海洋工程装备类	海洋技术	海洋工程师
装备制造大类	船舶与海洋工程装备类	海洋科学	海洋工程师
装备制造大类	船舶与海洋工程装备类	海洋资源开发技术	海洋工程师
装备制造大类	船舶与海洋工程装备类	海洋资源与环境	海洋生态工程师
装备制造大类	船舶与海洋工程装备类	军事海洋学	海洋工程师

装备制造大类	船舶与海洋工程装备类	轮机工程	轮机工程师
装备制造大类	船舶与海洋工程装备类	水声工程	水声工程师
装备制造大类	船舶与海洋工程装备类	游艇设计与制造	游艇设计师
装备制造大类	航空装备类	飞行器质量与可靠性	飞行器工程师
装备制造大类	航空装备类	导弹维修	飞行器维修工程师
装备制造大类	航空装备类	飞机机载设备维修技术	飞行器工程师
装备制造大类	航空装备类	飞机机载设备制造技术	飞行器工程师
装备制造大类	航空装备类	飞机维修	飞行器维修工程师
装备制造大类	航空装备类	飞行器动力工程	飞行器动力工程师
装备制造大类	航空装备类	飞行器环境与生命保障工程	安全管理师
装备制造大类	航空装备类	飞行器设计与工程	工业设计师
装备制造大类	航空装备类	飞行器适航技术	飞行器工程师
装备制造大类	航空装备类	飞行器维修技术	飞行器维修工程师
装备制造大类	航空装备类	飞行器制造工程	飞行器工程师
装备制造大类	航空装备类	飞行器制造技术	飞行器工程师
装备制造大类	航空装备类	飞行器制造与可靠性	飞行器工程师
装备制造大类	航空装备类	航空材料精密成型技术	精密成型工程师
装备制造大类	航空装备类	航空电子电气技术	电子电气工程师
装备制造大类	航空装备类	航空发动机维修技术	发动机工程师
装备制造大类	航空装备类	航空发动机制造技术	发动机工程师
装备制造大类	航空装备类	航空发动机装试技术	发动机工程师
装备制造大类	航空装备类	航空航天工程	飞行器工程师
装备制造大类	航空装备类	无人机应用技术	无人机工程师
装备制造大类	汽车制造类	汽车电子技术	汽车电子工程师
装备制造大类	汽车制造类	汽车电子技术应用	汽车电子工程师
装备制造大类	汽车制造类	汽车改装技术	汽车改装工程师
装备制造大类	汽车制造类	汽车检测与维修技术	汽车维修工程师
装备制造大类	汽车制造类	汽车试验技术	汽车工程师
装备制造大类	汽车制造类	汽车维修工程教育	汽车维修工程师
装备制造大类	汽车制造类	汽车运用与维修	汽车维修工程师
装备制造大类	汽车制造类	汽车造型技术	汽车造型工程师
装备制造大类	汽车制造类	汽车制造与检修	汽车工程师
装备制造大类	汽车制造类	汽车制造与装配技术	汽车工程师
装备制造大类	汽车制造类	新能源汽车技术	新能源汽车工程师

表7 生物与化工大类

专业大类	专业小类	专业名称	职位(证书)
生物与化工大类	生物技术类	化工生物技术	生物化工工程师
生物与化工大类	生物技术类	酿酒工程	酿酒工程师
生物与化工大类	生物技术类	农业生物技术	农业生物工程师
生物与化工大类	生物技术类	生物产品检验检疫	生物卫生检验检疫师
生物与化工大类	生物技术类	生物工程	生物工程师
生物与化工大类	生物技术类	生物化工	生物化工工程师
生物与化工大类	生物技术类	生物技术	生物工程师
生物与化工大类	生物技术类	生物技术制药	药品生物工程师
生物与化工大类	生物技术类	生物科学	生物工程师
生物与化工大类	生物技术类	生物信息学	生物信息工程师
生物与化工大类	生物技术类	生物质能应用技术	生物工程师
生物与化工大类	生物技术类	食品生物技术	食品生物工程师
生物与化工大类	生物技术类	药品生物技术	药品生物工程师
生物与化工大类	生物技术类	应用生物科学	生物工程师
生物与化工大类	化工技术类	高分子合成技术	化学工程师
生物与化工大类	化工技术类	工业分析技术	化学工程师
生物与化工大类	化工技术类	工业分析与检验	化学工程师
生物与化工大类	化工技术类	海洋化工技术	海洋化工工程师
生物与化工大类	化工技术类	花炮生产与管理	烟花爆竹工程师
生物与化工大类	化工技术类	化工机械与设备	化工设备工程师
生物与化工大类	化工技术类	化工装备技术	化工设备工程师
生物与化工大类	化工技术类	化工自动化技术	化工自动化工程师
生物与化工大类	化工技术类	化学工程与工业生物工程	化学工程师
生物与化工大类	化工技术类	化学工艺	化学工艺师
生物与化工大类	化工技术类	火炸药技术	火炸药工程师
生物与化工大类	化工技术类	精细化工	精细化工工程师
生物与化工大类	化工技术类	精细化工技术	精细化工工程师
生物与化工大类	化工技术类	林产化工	林产化工工程师
生物与化工大类	化工技术类	煤化工技术	煤化工工程师
生物与化工大类	化工技术类	能源化学工程	能源化学工程师
生物与化工大类	化工技术类	石油化工技术	化学工程师
生物与化工大类	化工技术类	石油炼制	化学工程师
生物与化工大类	化工技术类	石油炼制技术	化学工程师
生物与化工大类	化工技术类	涂装防护技术	涂装防护工程师
生物与化工大类	化工技术类	烟花爆竹技术与管理	烟花爆竹工程师
生物与化工大类	化工技术类	应用化工技术	化学工程师
生物与化工大类	化工技术类	资源循环科学与工程	资源循环工程师

表8	轻工纺织大类		
专业大类	专业小类	专业名称	职位(证书)
轻工纺织大类	纺织类	非织造材料与工程	无纺布工程师
轻工纺织大类	轻化工类	表面精饰工艺	表面精饰工艺师
轻工纺织大类	轻化工类	高分子材料加工技术	复合材料工程师
轻工纺织大类	轻化工类	化妆品技术	化妆品配方师
轻工纺织大类	轻化工类	家具设计与制造	家具设计师
轻工纺织大类	轻化工类	家具设计与制作	家具设计师
轻工纺织大类	轻化工类	乐器制造与维护	乐器制造师
轻工纺织大类	轻化工类	皮革工艺	皮革工艺师
轻工纺织大类	轻化工类	皮革加工技术	皮革工艺师
轻工纺织大类	轻化工类	皮革制品造型设计	皮具设计师
轻工纺织大类	轻化工类	皮具制作与工艺	皮革工艺师
轻工纺织大类	轻化工类	轻化工程	轻化工程师
轻工纺织大类	轻化工类	陶瓷制造工艺	陶瓷工艺师
轻工纺织大类	轻化工类	香料香精工艺	香料香精工艺师
轻工纺织大类	轻化工类	鞋类设计与工艺	鞋类设计师
轻工纺织大类	轻化工类	制浆造纸工艺	制浆造纸工艺师
轻工纺织大类	轻化工类	制浆造纸技术	制浆造纸工艺师
轻工纺织大类	轻化工类	珠宝首饰技术与管理	珠宝首饰设计师
轻工纺织大类	包装类	包装策划与设计	包装设计师
轻工纺织大类	包装类	包装工程	包装工程师
轻工纺织大类	包装类	包装工程技术	包装工程师
轻工纺织大类	包装类	包装设备应用技术	包装设备工程师
轻工纺织大类	包装类	食品包装技术	食品包装工程师
轻工纺织大类	印刷类	平面媒体印制技术	印刷工程师
轻工纺织大类	印刷类	视觉传达设计	视觉传达设计师
轻工纺织大类	印刷类	数字媒体艺术	数字媒体设计师
轻工纺织大类	印刷类	数字图文信息技术	图文信息工程师
轻工纺织大类	印刷类	数字印刷技术	印刷工程师
轻工纺织大类	印刷类	印刷工程	印刷工程师
轻工纺织大类	印刷类	印刷媒体技术	印刷工程师

轻工纺织大类	印刷类	印刷媒体设计与制作	印刷设计师
轻工纺织大类	印刷类	印刷设备应用技术	印刷设备工程师
轻工纺织大类	纺织服装类	纺织材料与应用	纺织工艺师
轻工纺织大类	纺织服装类	纺织高分子材料工艺	纺织工艺师
轻工纺织大类	纺织服装类	纺织机电技术	纺织机电工程师
轻工纺织大类	纺织服装类	纺织技术及营销	纺织工艺师
轻工纺织大类	纺织服装类	纺织品检验与贸易	纺织品检验师
轻工纺织大类	纺织服装类	纺织品设计	纺织品设计师
轻工纺织大类	纺织服装类	服装陈列与展示设计	服装设计师
轻工纺织大类	纺织服装类	服装设计与工程	服装设计师
轻工纺织大类	纺织服装类	服装设计与工艺	服装设计师
轻工纺织大类	纺织服装类	服装设计与工艺教育	服装设计师
轻工纺织大类	纺织服装类	服装展示与礼仪	模特礼仪
轻工纺织大类	纺织服装类	服装制作与生产管理	服装工程师
轻工纺织大类	纺织服装类	国际商务	国际商务师
轻工纺织大类	纺织服装类	家用纺织品设计	纺织品设计师
轻工纺织大类	纺织服装类	皮革服装制作与工艺	皮革工艺师
轻工纺织大类	纺织服装类	染整技术	染整工艺师
轻工纺织大类	纺织服装类	丝绸工艺	丝绸工艺师
轻工纺织大类	纺织服装类	丝绸技术	丝绸工艺师
轻工纺织大类	纺织服装类	现代纺织技术	纺织工艺师
轻工纺织大类	纺织服装类	针织工艺	针织工艺师
轻工纺织大类	纺织服装类	针织技术与针织服装	针织工艺师

表9

食品药品与粮食大类

专业大类	专业小类	专业名称	职位(证书)
食品药品与粮食大类	食品工业类	酿酒技术	酿酒工程师
食品药品与粮食大类	食品工业类	葡萄与葡萄酒工程	酿酒工程师
食品药品与粮食大类	食品工业类	乳品工程	乳品工程师
食品药品与粮食大类	食品工业类	食品加工技术	食品工程师
食品药品与粮食大类	食品工业类	食品检测技术	食品检测师
食品药品与粮食大类	食品工业类	食品科学与工程	食品工程师
食品药品与粮食大类	食品工业类	食品生物工艺	食品生物工程师
食品药品与粮食大类	食品工业类	食品卫生与营养学	食品营养师
食品药品与粮食大类	食品工业类	食品营养与检测	食品营养师
食品药品与粮食大类	食品工业类	食品营养与卫生	食品营养师
食品药品与粮食大类	食品工业类	食品贮运与营销	物流工程师
食品药品与粮食大类	药品制造类	海洋药学	海洋药学工程师
食品药品与粮食大类	药品制造类	生物制药	生物制药工程师
食品药品与粮食大类	药品制造类	兽药制药技术	兽药制药工程师
食品药品与粮食大类	药品制造类	药剂	药剂工程师
食品药品与粮食大类	药品制造类	药品生产技术	制药工程师
食品药品与粮食大类	药品制造类	药品食品检验	药品食品检验师
食品药品与粮食大类	药品制造类	药品质量与安全	药品质量工程师
食品药品与粮食大类	药品制造类	药事管理	药事管理师
食品药品与粮食大类	药品制造类	药物分析	药剂工程师
食品药品与粮食大类	药品制造类	药物化学	药物化学工程师
食品药品与粮食大类	药品制造类	药物制剂	药剂工程师
食品药品与粮食大类	药品制造类	药学	药剂工程师
食品药品与粮食大类	药品制造类	制药工程	制药工程师
食品药品与粮食大类	药品制造类	制药技术	制药工程师
食品药品与粮食大类	药品制造类	制药设备维修	制药设备工程师
食品药品与粮食大类	药品制造类	制药设备应用技术	制药设备工程师
食品药品与粮食大类	药品制造类	中药	中药工程师
食品药品与粮食大类	药品制造类	中药生产与加工	中药工程师

食品药品与粮食大类	药品制造类	中药学	中药工程师
食品药品与粮食大类	药品制造类	中药制药	中药工程师
食品药品与粮食大类	药品制造类	中药资源与开发	中药工程师
食品药品与粮食大类	食品药品管理类	保健品开发与管理	保健品工程师
食品药品与粮食大类	食品药品管理类	电子商务	网络营销师
食品药品与粮食大类	食品药品管理类	化妆品经营与管理	化妆品营销师
食品药品与粮食大类	食品药品管理类	临床药学	药剂工程师
食品药品与粮食大类	食品药品管理类	烹饪与营养教育	食品营养师
食品药品与粮食大类	食品药品管理类	食品药品监督管理	食品药品监督管理师
食品药品与粮食大类	食品药品管理类	食品营养与检验教育	食品营养师
食品药品与粮食大类	食品药品管理类	物流管理	物流工程师
食品药品与粮食大类	食品药品管理类	药品服务与管理	药品经营管理师
食品药品与粮食大类	食品药品管理类	药品经营与管理	药品经营管理师
食品药品与粮食大类	粮食工业类	粮食工程	粮食工程师
食品药品与粮食大类	粮食工业类	粮食工程技术	粮食工程师
食品药品与粮食大类	粮食工业类	粮油饲料加工技术	粮油工程师
食品药品与粮食大类	粮食储检类	粮油储藏与检测技术	粮油工程师
食品药品与粮食大类	粮食储检类	粮油储运与检验技术	粮油工程师

表10		交通运输大类	
专业大类	专业小类	专业名称	职位(证书)
交通运输大类	铁道运输类	电气化铁道供电	铁道供电工程师
交通运输大类	铁道运输类	动车组检修技术	动车组检修工程师
交通运输大类	铁道运输类	高速铁道工程技术	高铁工程师
交通运输大类	铁道运输类	高速铁路客运乘务	高铁乘务师
交通运输大类	铁道运输类	工程机械运用与维修	机电工程师
交通运输大类	铁道运输类	交通工程	交通工程师
交通运输大类	铁道运输类	交通运输	交通运营管理师
交通运输大类	铁道运输类	铁道车辆	铁道车辆工程师
交通运输大类	铁道运输类	铁道工程技术	铁道工程师
交通运输大类	铁道运输类	铁道供电技术	铁道供电工程师
交通运输大类	铁道运输类	铁道机车	铁道机车工程师
交通运输大类	铁道运输类	铁道机械化维修技术	铁道机械工程师
交通运输大类	铁道运输类	铁道交通运营管理	交通运营管理师
交通运输大类	铁道运输类	铁道施工与养护	铁道施工工程师
交通运输大类	铁道运输类	铁道通信与信息化技术	铁道通信工程师
交通运输大类	铁道运输类	铁道信号自动控制	铁道通信工程师
交通运输大类	铁道运输类	铁道运输管理	交通运营管理师
交通运输大类	铁道运输类	铁路桥梁与隧道工程技术	道路桥梁工程师
交通运输大类	铁道运输类	铁路物流管理	物流工程师
交通运输大类	铁道运输类	物流工程	物流工程师
交通运输大类	道路运输类	道路桥梁工程技术	道路桥梁工程师
交通运输大类	道路运输类	道路养护与管理	交通运营管理师
交通运输大类	道路运输类	道路与桥梁工程施工	道路桥梁工程师
交通运输大类	道路运输类	道路运输与路政管理	交通运营管理师
交通运输大类	道路运输类	工程机械运用技术	机电工程师
交通运输大类	道路运输类	公路机械化施工技术	公路施工工程师
交通运输大类	道路运输类	公路养护与管理	交通运营管理师
交通运输大类	道路运输类	公路运输管理	交通运营管理师
交通运输大类	道路运输类	交通枢纽运营管理	交通运营管理师
交通运输大类	道路运输类	交通运营管理	交通运营管理师
交通运输大类	道路运输类	汽车车身维修技术	汽车工程师

交通运输大类	道路运输类	汽车车身修复	汽车维修工程师
交通运输大类	道路运输类	汽车美容与装潢	汽车美容工程师
交通运输大类	道路运输类	汽车运用安全管理	汽车工程师
交通运输大类	道路运输类	汽车运用与维修技术	汽车工程师
交通运输大类	道路运输类	新能源汽车运用与维修	新能源汽车工程师
交通运输大类	道路运输类	智能交通技术运用	交通工程师
交通运输大类	水上运输类	船舶电子电气技术	船舶电子电气工程师
交通运输大类	水上运输类	船舶驾驶	船舶工程师
交通运输大类	水上运输类	船舶检验	船舶工程师
交通运输大类	水上运输类	船舶水手与机工	船舶工程师
交通运输大类	水上运输类	港口电气技术	港口电气工程师
交通运输大类	水上运输类	港口机械与自动控制	机械自动化工程师
交通运输大类	水上运输类	港口物流管理	物流工程师
交通运输大类	水上运输类	港口与航道工程技术	港口航道工程师
交通运输大类	水上运输类	港口与航运管理	港口航运管理师
交通运输大类	水上运输类	工程潜水	潜水工程师
交通运输大类	水上运输类	国际邮轮乘务管理	国际邮轮乘务师
交通运输大类	水上运输类	海事管理	海事管理师
交通运输大类	水上运输类	航海技术	航海工程师
交通运输大类	水上运输类	集装箱运输管理	物流工程师
交通运输大类	水上运输类	酒店服务与管理	酒店管理师
交通运输大类	水上运输类	酒店管理	酒店管理师
交通运输大类	水上运输类	救助与打捞工程	救助打捞工程师
交通运输大类	水上运输类	轮机工程技术	轮机工程师
交通运输大类	水上运输类	水路运输与海事管理	海事管理师
交通运输大类	水上运输类	水上救捞技术	救助打捞工程师
交通运输大类	水上运输类	外轮理货	外轮理货工程师
交通运输大类	航空运输类	采购管理	采购管理师
交通运输大类	航空运输类	飞机部件修理	飞行器维修工程师
交通运输大类	航空运输类	飞机电子设备维修	飞行器电子工程师
交通运输大类	航空运输类	飞机机电设备维修	飞行器机电工程师
交通运输大类	航空运输类	飞机结构修理	飞行器维修工程师
交通运输大类	航空运输类	飞行技术	飞行器工程师

交通运输大类	航空运输类	固定翼机驾驶技术	飞行器工程师
交通运输大类	航空运输类	国内安全保卫	安全保卫师
交通运输大类	航空运输类	航空地面设备维修	飞行器设备工程师
交通运输大类	航空运输类	航空服务	客户服务管理师
交通运输大类	航空运输类	航空物流	物流工程师
交通运输大类	航空运输类	航空油料	油料管理师
交通运输大类	航空运输类	航空油料管理	油料管理师
交通运输大类	航空运输类	机场场务技术与管理	机场运行管理师
交通运输大类	航空运输类	机场运行	机场运行管理师
交通运输大类	航空运输类	空中乘务	空中乘务师
交通运输大类	航空运输类	旅游管理与服务教育	旅游管理师
交通运输大类	航空运输类	民航安全技术管理	安全管理师
交通运输大类	航空运输类	民航空中安全保卫	安全保卫师
交通运输大类	航空运输类	民航通信技术	通信工程师
交通运输大类	航空运输类	民航运输	物流工程师
交通运输大类	航空运输类	通用航空航务技术	飞行器工程师
交通运输大类	航空运输类	通用航空器维修	飞行器维修工程师
交通运输大类	航空运输类	直升机驾驶技术	飞行器工程师
交通运输大类	管道运输类	城市燃气输配与应用	城市燃气工程师
交通运输大类	管道运输类	公共事业管理	公共事业管理师
交通运输大类	管道运输类	管道工程技术	管道工程师
交通运输大类	管道运输类	管道运输管理	管道运输管理师
交通运输大类	城市轨道交通类	城市轨道交通车辆技术	城市轨道车辆工程师
交通运输大类	城市轨道交通类	城市轨道交通车辆运用与检修	城市轨道车辆工程师
交通运输大类	城市轨道交通类	城市轨道交通工程技术	城市轨道交通工程师
交通运输大类	城市轨道交通类	城市轨道交通供电	城市轨道供电工程师
交通运输大类	城市轨道交通类	城市轨道交通供配电技术	城市轨道供电工程师
交通运输大类	城市轨道交通类	城市轨道交通机电技术	城市轨道机电工程师
交通运输大类	城市轨道交通类	城市轨道交通通信信号技术	城市轨道通信工程师
交通运输大类	城市轨道交通类	城市轨道交通信号	城市轨道通信工程师
交通运输大类	城市轨道交通类	城市轨道交通运营管理	交通运营管理师
交通运输大类	邮政类	快递运营管理	快递运营管理师
交通运输大类	邮政类	邮政通信管理	邮政通信管理师

表11　　　　　　　　　　　　　　　电子信息大类

专业大类	专业小类	专业名称	职位(证书)
电子信息大类	电子信息类	电波传播与天线	电子工程师
电子信息大类	电子信息类	电磁场与无线技术	电子工程师
电子信息大类	电子信息类	电子测量技术与仪器	电子工程师
电子信息大类	电子信息类	电子产品营销与服务	市场营销师
电子信息大类	电子信息类	电子产品质量检测	电子工程师
电子信息大类	电子信息类	电子电路设计与工艺	电子工程师
电子信息大类	电子信息类	电子电器应用与维修	电子工程师
电子信息大类	电子信息类	电子封装技术	电子工程师
电子信息大类	电子信息类	电子工艺与管理	电子工程师
电子信息大类	电子信息类	电子技术应用	电子工程师
电子信息大类	电子信息类	电子科学与技术	电子工程师
电子信息大类	电子信息类	电子信息工程技术	电子工程师
电子信息大类	电子信息类	电子信息科学与技术	电子工程师
电子信息大类	电子信息类	电子与信息技术	电子工程师
电子信息大类	电子信息类	电子制造技术与设备	电子工程师
电子信息大类	电子信息类	光电技术应用	光电工程师
电子信息大类	电子信息类	光电显示技术	光电工程师
电子信息大类	电子信息类	光伏工程技术	光伏工程师
电子信息大类	电子信息类	广播电视工程	广播电视工程师
电子信息大类	电子信息类	集成电路设计与集成系统	电子工程师
电子信息大类	电子信息类	汽车智能技术	汽车智能工程师
电子信息大类	电子信息类	声像工程技术	声像工程师
电子信息大类	电子信息类	网络安防系统安装与维护	网络安防工程师
电子信息大类	电子信息类	网络工程	网络工程师
电子信息大类	电子信息类	微电子技术	微电子工程师
电子信息大类	电子信息类	微电子科学与工程	微电子工程师
电子信息大类	电子信息类	物联网应用技术	物联网工程师
电子信息大类	电子信息类	移动互联应用技术	移动通信工程师
电子信息大类	电子信息类	应用电子技术	电子工程师
电子信息大类	电子信息类	应用电子技术教育	电子工程师
电子信息大类	电子信息类	智能产品开发	智能工程师
电子信息大类	电子信息类	智能监控技术应用	智能监控工程师
电子信息大类	电子信息类	智能终端技术与应用	智能工程师
电子信息大类	电子信息类	计算机科学与技术	计算机工程师
电子信息大类	电子信息类	软件工程	软件工程师

电子信息大类	电子信息类	数字媒体技术	数字媒体工程师
电子信息大类	电子信息类	网络工程	网络工程师
电子信息大类	电子信息类	物联网工程	物联网工程师
电子信息大类	电子信息类	信息安全	信息安全工程师
电子信息大类	计算机类	大数据技术与应用	大数据分析师
电子信息大类	计算机类	电子商务及法律	网络营销师
电子信息大类	计算机类	电子商务技术	网络营销师
电子信息大类	计算机类	动漫制作技术	动漫设计师
电子信息大类	计算机类	计算机动漫与游戏制作	游戏设计师
电子信息大类	计算机类	计算机网络技术	网络工程师
电子信息大类	计算机类	计算机系统与维护	计算机工程师
电子信息大类	计算机类	计算机信息管理	信息管理工程师
电子信息大类	计算机类	计算机应用	计算机工程师
电子信息大类	计算机类	计算机应用技术	计算机工程师
电子信息大类	计算机类	计算机与数码产品维修	计算机工程师
电子信息大类	计算机类	空间信息与数字技术	软件工程师
电子信息大类	计算机类	嵌入式技术与应用	软件工程师
电子信息大类	计算机类	软件技术	软件工程师
电子信息大类	计算机类	软件与信息服务	软件工程师
电子信息大类	计算机类	数字媒体技术应用	数字媒体工程师
电子信息大类	计算机类	数字媒体应用技术	数字媒体工程师
电子信息大类	计算机类	数字影像技术	数字媒体工程师
电子信息大类	计算机类	数字展示技术	数字媒体工程师
电子信息大类	计算机类	网站建设与管理	网站工程师
电子信息大类	计算机类	信息安全	信息安全工程师
电子信息大类	计算机类	信息安全与管理	信息安全工程师
电子信息大类	计算机类	移动应用开发	移动通信工程师
电子信息大类	计算机类	云计算技术与应用	云计算工程师
电子信息大类	计算机类	智能科学与技术	智能工程师
电子信息大类	通信类	电信服务与管理	客户服务管理师
电子信息大类	通信类	光通信技术	通信工程师
电子信息大类	通信类	通信工程设计与监理	通信工程师
电子信息大类	通信类	通信技术	通信工程师
电子信息大类	通信类	通信系统工程安装与维护	通信工程师
电子信息大类	通信类	通信系统运行管理	通信工程师
电子信息大类	通信类	通信运营服务	通信工程师
电子信息大类	通信类	物联网工程技术	物联网工程师
电子信息大类	通信类	移动通信技术	移动通信工程师
电子信息大类	通信类	电信工程及管理	通信工程师

表12

医药卫生大类

专业大类	专业小类	专业名称	职位(证书)
医药卫生大类	临床医学类	精神医学	心理咨询师
医药卫生大类	临床医学类	麻醉学	心理咨询师
医药卫生大类	临床医学类	藏医学	养生保健师
医药卫生大类	临床医学类	藏医医疗与藏药	养生保健师
医药卫生大类	临床医学类	傣医学	养生保健师
医药卫生大类	临床医学类	哈医学	养生保健师
医药卫生大类	临床医学类	基础医学	健康管理师
医药卫生大类	临床医学类	口腔医学	口腔美容师
医药卫生大类	临床医学类	临床医学	养生保健师
医药卫生大类	临床医学类	蒙医学	养生保健师
医药卫生大类	临床医学类	蒙医医疗与蒙药	养生保健师
医药卫生大类	临床医学类	维医学	养生保健师
医药卫生大类	临床医学类	维医医疗与维药	养生保健师
医药卫生大类	临床医学类	针灸推拿	针灸推拿师
医药卫生大类	临床医学类	针灸推拿学	针灸推拿师
医药卫生大类	临床医学类	中西医临床医学	养生保健师
医药卫生大类	临床医学类	中医	中医美容师
医药卫生大类	临床医学类	中医骨伤	中医养生保健师
医药卫生大类	临床医学类	中医护理	中医护理管理师
医药卫生大类	临床医学类	中医学	中医养生保健师
医药卫生大类	临床医学类	壮医学	养生保健师
医药卫生大类	护理类	妇幼保健医学	母婴护理师
医药卫生大类	护理类	护理	养生保健师
医药卫生大类	护理类	护理学	护理管理师
医药卫生大类	护理类	人口与计划生育管理	生殖健康咨询师
医药卫生大类	护理类	助产	生殖健康咨询师
医药卫生大类	药学类	藏药学	养生保健师
医药卫生大类	药学类	蒙药学	养生保健师
医药卫生大类	药学类	维药学	养生保健师

医药卫生大类	医学技术类	放射医学	健康管理师
医药卫生大类	医学技术类	放射治疗技术	健康管理师
医药卫生大类	医学技术类	呼吸治疗技术	健康管理师
医药卫生大类	医学技术类	口腔修复工艺	口腔美容师
医药卫生大类	医学技术类	口腔医学技术	口腔美容师
医药卫生大类	医学技术类	卫生检验与检疫技术	卫生检验检疫师
医药卫生大类	医学技术类	眼视光技术	验光配镜师
医药卫生大类	医学技术类	眼视光学	验光配镜师
医药卫生大类	医学技术类	眼视光医学	验光配镜师
医药卫生大类	医学技术类	眼视光与配镜	验光配镜师
医药卫生大类	医学技术类	医学检验技术	卫生检验检疫师
医药卫生大类	医学技术类	医学美容技术	中医美容师
医药卫生大类	医学技术类	医学生物技术	生物工程师
医药卫生大类	医学技术类	医学实验技术	实验工程师
医药卫生大类	医学技术类	医学影像技术	影像工程师
医药卫生大类	医学技术类	医学影像学	影像工程师
医药卫生大类	康复治疗类	康复技术	康复保健师
医药卫生大类	康复治疗类	康复治疗技术	康复保健师
医药卫生大类	康复治疗类	康复治疗学	康复保健师
医药卫生大类	康复治疗类	听力与言语康复学	康复保健师
医药卫生大类	康复治疗类	言语听觉康复技术	康复保健师
医药卫生大类	康复治疗类	运动康复	康复保健师
医药卫生大类	康复治疗类	中医康复保健	中医康复保健师
医药卫生大类	康复治疗类	中医康复技术	中医康复保健师
医药卫生大类	公共卫生与卫生管理类	公共卫生管理	公共卫生管理师
医药卫生大类	公共卫生与卫生管理类	卫生监督	卫生监督管理师
医药卫生大类	公共卫生与卫生管理类	卫生信息管理	卫生信息管理师
医药卫生大类	公共卫生与卫生管理类	行政管理	行政管理师
医药卫生大类	公共卫生与卫生管理类	预防医学	食品营养师
医药卫生大类	人口与计划生育类	计划生育与生殖健康咨询	生殖健康咨询师
医药卫生大类	人口与计划生育类	全球健康学	健康管理师
医药卫生大类	人口与计划生育类	人口与家庭发展服务	婚姻家庭咨询师

医药卫生大类	人口与计划生育类	生殖健康服务与管理	生殖健康咨询师
医药卫生大类	健康管理与促进类	家政学	家政管理师
医药卫生大类	健康管理与促进类	假肢矫形工程	假肢矫形工程师
医药卫生大类	健康管理与促进类	假肢与矫形器技术	假肢矫形工程师
医药卫生大类	健康管理与促进类	健康管理	健康管理师
医药卫生大类	健康管理与促进类	教育学	教育咨询师
医药卫生大类	健康管理与促进类	精密医疗器械技术	医疗器械工程师
医药卫生大类	健康管理与促进类	康复辅助器具技术	康复保健师
医药卫生大类	健康管理与促进类	康复工程技术	康复保健师
医药卫生大类	健康管理与促进类	老年保健与管理	健康照护师
医药卫生大类	健康管理与促进类	生物医学工程	生物医学工程师
医药卫生大类	健康管理与促进类	心理学	心理咨询师
医药卫生大类	健康管理与促进类	心理咨询	心理咨询师
医药卫生大类	健康管理与促进类	休闲体育	休闲健身管理师
医药卫生大类	健康管理与促进类	医疗器械经营与管理	医疗器械经营管理师
医药卫生大类	健康管理与促进类	医疗器械维护与管理	医疗器械经营管理师
医药卫生大类	健康管理与促进类	医疗器械维修与营销	医疗器械经营管理师
医药卫生大类	健康管理与促进类	医疗设备安装与维护	医疗设备工程师
医药卫生大类	健康管理与促进类	医疗设备应用技术	医疗设备工程师
医药卫生大类	健康管理与促进类	医学信息工程	医学信息工程师
医药卫生大类	健康管理与促进类	医学营养	食品营养师
医药卫生大类	健康管理与促进类	应用心理学	心理咨询师
医药卫生大类	健康管理与促进类	中医养生保健	中医养生保健师

表 13 财经商贸大类

专业大类	专业小类	专业名称	职位(证书)
财经商贸大类	财政税务类	财政	财政管理师
财经商贸大类	财政税务类	财政学	财政管理师
财经商贸大类	财政税务类	国民经济管理	经济管理师
财经商贸大类	财政税务类	经济统计学	统计分析师
财经商贸大类	财政税务类	经济学	经济管理师
财经商贸大类	财政税务类	税收学	税务筹划师
财经商贸大类	财政税务类	税务	税务筹划师
财经商贸大类	财政税务类	政府采购管理	采购管理师
财经商贸大类	财政税务类	资产评估与管理	资产管理师
财经商贸大类	财政税务类	资源与环境经济学	生态经济师
财经商贸大类	金融类	保险	保险分析师
财经商贸大类	金融类	保险事务	保险分析师
财经商贸大类	金融类	保险学	保险分析师
财经商贸大类	金融类	国际金融	国际金融分析师
财经商贸大类	金融类	互联网金融	金融分析师
财经商贸大类	金融类	金融工程	金融分析师
财经商贸大类	金融类	金融管理	金融分析师
财经商贸大类	金融类	金融事务	金融分析师
财经商贸大类	金融类	金融数学	金融分析师
财经商贸大类	金融类	金融学	金融分析师
财经商贸大类	金融类	经济与金融	金融分析师
财经商贸大类	金融类	农村金融	金融分析师
财经商贸大类	金融类	投资学	理财规划师
财经商贸大类	金融类	投资与理财	理财规划师
财经商贸大类	金融类	信托事务	信用管理师
财经商贸大类	金融类	信托与租赁	信用管理师
财经商贸大类	金融类	信用管理	信用管理师
财经商贸大类	金融类	证券与期货	证券期货分析师
财经商贸大类	财务会计类	财务管理	财务管理师

财经商贸大类	财务会计类	财务会计教育	财务管理师
财经商贸大类	财务会计类	会计	财务管理师
财经商贸大类	财务会计类	会计电算化	会计电算化师
财经商贸大类	财务会计类	会计信息管理	财务管理师
财经商贸大类	财务会计类	审计	审计管理师
财经商贸大类	统计类	统计事务	统计分析师
财经商贸大类	统计类	统计学	统计分析师
财经商贸大类	统计类	统计与会计核算	统计分析师
财经商贸大类	统计类	信息统计与分析	统计分析师
财经商贸大类	统计类	信息资源管理	信息管理师
财经商贸大类	统计类	应用统计学	统计分析师
财经商贸大类	经济贸易类	报关与国际货运	国际物流师
财经商贸大类	经济贸易类	服务外包	服务外包管理师
财经商贸大类	经济贸易类	国际经济与贸易	国际经济贸易师
财经商贸大类	经济贸易类	国际贸易实务	国际经济贸易师
财经商贸大类	经济贸易类	国际文化贸易	国际文化贸易师
财经商贸大类	经济贸易类	经济信息管理	信息管理师
财经商贸大类	经济贸易类	贸易经济	经济贸易师
财经商贸大类	经济贸易类	商务经纪与代理	商务经纪代理师
财经商贸大类	经济信息管理类	商务经济学	经济管理师
财经商贸大类	工商管理类	产品质量监督检验	质量工程师
财经商贸大类	工商管理类	工商企业管理	工商企业管理师
财经商贸大类	工商管理类	工商行政管理事务	工商行政管理师
财经商贸大类	工商管理类	连锁经营管理	连锁经营管理师
财经商贸大类	工商管理类	连锁经营与管理	连锁经营管理师
财经商贸大类	工商管理类	品牌代理经营	品牌管理师
财经商贸大类	工商管理类	人力资源管理	人力资源管理师
财经商贸大类	工商管理类	人力资源管理事务	人力资源管理师
财经商贸大类	工商管理类	商检技术	商检工程师
财经商贸大类	工商管理类	商品经营	商务管理师
财经商贸大类	工商管理类	商务管理	商务管理师
财经商贸大类	工商管理类	市场管理与服务	市场管理师

财经商贸大类	工商管理类	市场营销	市场营销师
财经商贸大类	工商管理类	中小企业创业与经营	工商企业管理师
财经商贸大类	工商管理类	专卖品经营	品牌管理师
财经商贸大类	市场营销类	茶学	品茶师
财经商贸大类	市场营销类	茶艺与茶叶营销	茶艺师
财经商贸大类	市场营销类	广告策划与营销	广告策划师
财经商贸大类	市场营销类	广告学	广告策划师
财经商贸大类	市场营销类	汽车营销与服务	汽车营销师
财经商贸大类	市场营销类	汽车整车与配件营销	汽车营销师
财经商贸大类	市场营销类	市场营销教育	市场营销师
财经商贸大类	电子商务类	客户信息服务	客户服务管理师
财经商贸大类	电子商务类	商务数据分析与应用	网络营销师
财经商贸大类	电子商务类	网络营销	网络营销师
财经商贸大类	电子商务类	移动商务	网络营销师
财经商贸大类	物流类	采购与供应管理	采购管理师
财经商贸大类	物流类	工程物流管理	物流工程师
财经商贸大类	物流类	冷链物流技术与管理	物流工程师
财经商贸大类	物流类	物流服务与管理	物流工程师
财经商贸大类	物流类	物流工程技术	物流工程师
财经商贸大类	物流类	物流金融管理	物流工程师
财经商贸大类	物流类	物流信息技术	物流工程师

表14 　　　　　　　　　　　　　　　　　　旅游大类

专业大类	专业小类	专业名称	职位(证书)
旅游大类	旅游类	导游	旅游经纪人
旅游大类	旅游类	景区服务与管理	景区管理师
旅游大类	旅游类	景区开发与管理	景区管理师
旅游大类	旅游类	旅行社经营管理	旅行社经营管理师
旅游大类	旅游类	旅游服务与管理	休闲服务管理师
旅游大类	旅游类	休闲服务与管理	休闲服务管理师
旅游大类	餐饮类	餐饮管理	餐饮管理师
旅游大类	餐饮类	高星级饭店运营与管理	旅游酒店管理师
旅游大类	餐饮类	烹调工艺与营养	食品营养师
旅游大类	餐饮类	西餐工艺	西餐工艺师
旅游大类	餐饮类	西餐烹饪	西餐工艺师
旅游大类	餐饮类	营养配餐	食品营养师
旅游大类	餐饮类	中餐烹饪与营养膳食	中餐工艺师
旅游大类	餐饮类	中西面点工艺	中西面点工艺师
旅游大类	会展类	会展策划与管理	会展策划师
旅游大类	会展类	会展服务与管理	会展策划师
旅游大类	会展类	会展经济与管理	会展策划师

表15 文化艺术大类

专业大类	专业小类	专业名称	职位(证书)
文化艺术大类	艺术设计类	包装艺术设计	包装设计师
文化艺术大类	艺术设计类	产品艺术设计	产品艺术设计师
文化艺术大类	艺术设计类	刺绣设计与工艺	刺绣工艺师
文化艺术大类	艺术设计类	雕刻艺术设计	雕刻设计师
文化艺术大类	艺术设计类	雕塑	雕塑设计师
文化艺术大类	艺术设计类	动漫设计	动漫设计师
文化艺术大类	艺术设计类	服装与服饰设计	服装设计师
文化艺术大类	艺术设计类	工艺美术品设计	工艺美术设计师
文化艺术大类	艺术设计类	公共艺术	公共艺术设计师
文化艺术大类	艺术设计类	公共艺术设计	公共艺术设计师
文化艺术大类	艺术设计类	广告设计与制作	广告设计师
文化艺术大类	艺术设计类	环境艺术设计	环境艺术设计师
文化艺术大类	艺术设计类	计算机平面设计	平面设计师
文化艺术大类	艺术设计类	家具艺术设计	家具设计师
文化艺术大类	艺术设计类	美发与形象设计	人物形象设计师
文化艺术大类	艺术设计类	美容美体	美容美体设计师
文化艺术大类	艺术设计类	美容美体艺术	美容美体设计师
文化艺术大类	艺术设计类	美术	工艺美术设计师
文化艺术大类	艺术设计类	美术绘画	工艺美术设计师
文化艺术大类	艺术设计类	美术设计与制作	工艺美术设计师
文化艺术大类	艺术设计类	民族织绣	民族织绣工艺师
文化艺术大类	艺术设计类	皮具艺术设计	皮具设计师
文化艺术大类	艺术设计类	人物形象设计	人物形象设计师
文化艺术大类	艺术设计类	摄影	摄影摄像工程师
文化艺术大类	艺术设计类	摄影与摄像艺术	摄影摄像工程师
文化艺术大类	艺术设计类	视觉传播设计与制作	视觉传播设计师
文化艺术大类	艺术设计类	室内艺术设计	室内设计师
文化艺术大类	艺术设计类	首饰设计与工艺	珠宝首饰设计师
文化艺术大类	艺术设计类	书法学	书法家
文化艺术大类	艺术设计类	数字媒体艺术设计	数字媒体设计师
文化艺术大类	艺术设计类	陶瓷设计与工艺	陶瓷工艺师
文化艺术大类	艺术设计类	网页美术设计	网页设计师
文化艺术大类	艺术设计类	戏剧影视美术设计	戏剧影视美术设计师
文化艺术大类	艺术设计类	艺术设计	艺术设计师

文化艺术大类	艺术设计类	艺术设计学	艺术设计师
文化艺术大类	艺术设计类	游戏设计	游戏设计师
文化艺术大类	艺术设计类	玉器设计与工艺	珠宝玉石工艺师
文化艺术大类	艺术设计类	展示艺术设计	会展设计师
文化艺术大类	艺术设计类	中国画	国画家
文化艺术大类	表演艺术类	表演	表演艺术家
文化艺术大类	表演艺术类	表演艺术	表演艺术家
文化艺术大类	表演艺术类	播音与主持艺术	社交礼仪策划师
文化艺术大类	表演艺术类	服装表演	服装表演师
文化艺术大类	表演艺术类	钢琴伴奏	钢琴演奏师
文化艺术大类	表演艺术类	钢琴调律	钢琴演奏师
文化艺术大类	表演艺术类	歌舞表演	表演艺术家
文化艺术大类	表演艺术类	国际标准舞	国际标准舞教练
文化艺术大类	表演艺术类	计算机音乐制作	计算机音乐制作师
文化艺术大类	表演艺术类	乐器修造	乐器修造工程师
文化艺术大类	表演艺术类	录音艺术	录音师
文化艺术大类	表演艺术类	模特与礼仪	社交礼仪策划师
文化艺术大类	表演艺术类	木偶与皮影表演及制作	木偶皮影艺术家
文化艺术大类	表演艺术类	曲艺表演	曲艺家
文化艺术大类	表演艺术类	舞蹈编导	舞蹈编导
文化艺术大类	表演艺术类	舞蹈表演	表演艺术家
文化艺术大类	表演艺术类	舞蹈学	舞蹈编导
文化艺术大类	表演艺术类	舞台艺术设计与制作	舞台艺术设计师
文化艺术大类	表演艺术类	戏剧表演	表演艺术家
文化艺术大类	表演艺术类	戏剧学	戏剧影视编审
文化艺术大类	表演艺术类	戏剧影视表演	戏剧影视艺术家
文化艺术大类	表演艺术类	戏剧影视导演	戏剧影视导演
文化艺术大类	表演艺术类	戏剧影视文学	戏剧影视编审
文化艺术大类	表演艺术类	戏曲表演	表演艺术家
文化艺术大类	表演艺术类	戏曲导演	戏曲导演
文化艺术大类	表演艺术类	现代流行音乐	表演艺术家
文化艺术大类	表演艺术类	音乐表演	表演艺术家
文化艺术大类	表演艺术类	音乐传播	音乐培训师
文化艺术大类	表演艺术类	音乐剧表演	表演艺术家
文化艺术大类	表演艺术类	音乐学	音乐培训师
文化艺术大类	表演艺术类	音乐制作	音乐制作工程师
文化艺术大类	表演艺术类	杂技与魔术表演	杂技魔术艺术家
文化艺术大类	表演艺术类	作曲技术	作曲工程师

文化艺术大类	表演艺术类	作曲与作曲技术理论	作曲工程师
文化艺术大类	民族文化类	导游服务	旅游经纪人
文化艺术大类	民族文化类	古典文献学	古文培训师
文化艺术大类	民族文化类	绘画	工艺美术设计师
文化艺术大类	民族文化类	民间传统工艺	民族传统工艺师
文化艺术大类	民族文化类	民族表演艺术	民族表演艺术家
文化艺术大类	民族文化类	民族传统技艺	民族传统工艺师
文化艺术大类	民族文化类	民族服装与服饰	民族服装设计师
文化艺术大类	民族文化类	民族工艺品制作	民族工艺美术师
文化艺术大类	民族文化类	民族美术	民族工艺美术师
文化艺术大类	民族文化类	民族民居装饰	民族装饰设计师
文化艺术大类	民族文化类	民族音乐与舞蹈	民族表演艺术家
文化艺术大类	民族文化类	少数民族古籍修复	古籍修复工艺师
文化艺术大类	民族文化类	社会文化艺术	文化产业管理师
文化艺术大类	民族文化类	图书信息管理	图书信息管理师
文化艺术大类	民族文化类	文物保护技术	文物保护工程师
文化艺术大类	民族文化类	中国少数民族语言文化	文化产业管理师
文化艺术大类	民族文化类	中国少数民族语言文学	文化产业管理师
文化艺术大类	文化服务类	档案学	档案管理师
文化艺术大类	文化服务类	公共文化服务与管理	文化产业管理师
文化艺术大类	文化服务类	古生物学	文物保护工程师
文化艺术大类	文化服务类	考古探掘技术	文物保护工程师
文化艺术大类	文化服务类	考古学	文物保护工程师
文化艺术大类	文化服务类	客户服务	客户服务管理师
文化艺术大类	文化服务类	商务助理	职业经理人
文化艺术大类	文化服务类	图书档案管理	图书档案管理师
文化艺术大类	文化服务类	图书馆学	图书档案管理师
文化艺术大类	文化服务类	外国语言与外国历史	文化产业管理师
文化艺术大类	文化服务类	文化产业管理	文化产业管理师
文化艺术大类	文化服务类	文化创意与策划	文化产业管理师
文化艺术大类	文化服务类	文化市场经营管理	文化产业管理师
文化艺术大类	文化服务类	文物博物馆服务与管理	文化产业管理师
文化艺术大类	文化服务类	文物修复与保护	文物保护工程师
文化艺术大类	文化服务类	文物与博物馆学	文化产业管理师
文化艺术大类	文化服务类	艺术史论	文化产业管理师
文化艺术大类	文化服务类	公关礼仪	社交礼仪策划师

表16　　　　　　　　　　　　　　　新闻传播大类

专业大类	专业小类	专业名称	职位(证书)
新闻传播大类	新闻出版类	版面编辑与校对	编辑出版工程师
新闻传播大类	新闻出版类	编辑出版学	编辑出版工程师
新闻传播大类	新闻出版类	出版商务	编辑出版工程师
新闻传播大类	新闻出版类	出版信息管理	出版信息管理师
新闻传播大类	新闻出版类	出版与电脑编辑技术	编辑出版工程师
新闻传播大类	新闻出版类	出版与发行	编辑出版工程师
新闻传播大类	新闻出版类	传播学	文案策划师
新闻传播大类	新闻出版类	电子与计算机工程	计算机工程师
新闻传播大类	新闻出版类	广告学	广告策划师
新闻传播大类	新闻出版类	汉语言文学	文案策划师
新闻传播大类	新闻出版类	数字媒体设备管理	数字媒体设备管理师
新闻传播大类	新闻出版类	图文信息处理	图文信息工程师
新闻传播大类	新闻出版类	网络新闻与传播	网络编辑
新闻传播大类	新闻出版类	新闻学	文案策划师
新闻传播大类	广播影视类	播音与节目主持	社交礼仪策划师
新闻传播大类	广播影视类	播音与主持	社交礼仪策划师
新闻传播大类	广播影视类	传播与策划	文案策划师
新闻传播大类	广播影视类	电影学	文案策划师
新闻传播大类	广播影视类	动画	动画设计师
新闻传播大类	广播影视类	动漫游戏	游戏设计师
新闻传播大类	广播影视类	广播电视编导	广播影视编导
新闻传播大类	广播影视类	广播电视技术	广播电视工程师
新闻传播大类	广播影视类	广播电视学	广播影视编导
新闻传播大类	广播影视类	广播影视节目制作	广播影视编导
新闻传播大类	广播影视类	录音技术与艺术	录音师
新闻传播大类	广播影视类	媒体营销	媒体营销师
新闻传播大类	广播影视类	摄影摄像技术	摄影摄像工程师
新闻传播大类	广播影视类	数字广播电视技术	广播电视工程师
新闻传播大类	广播影视类	新闻采编与制作	文案策划师
新闻传播大类	广播影视类	音像技术	音像工程师
新闻传播大类	广播影视类	影视编导	广播影视编导
新闻传播大类	广播影视类	影视动画	动画设计师
新闻传播大类	广播影视类	影视多媒体技术	影视多媒体工程师
新闻传播大类	广播影视类	影视美术	戏剧影视美术设计师
新闻传播大类	广播影视类	影视摄影与制作	摄影摄像工程师
新闻传播大类	广播影视类	影视照明技术与艺术	影视照明工程师
新闻传播大类	广播影视类	影视制片管理	影视制片管理师
新闻传播大类	广播影视类	影像与影视技术	摄影摄像工程师

表17 教育与体育大类

专业大类	专业小类	专业名称	职位(证书)
教育与体育大类	教育类	地理教育	地理培训师
教育与体育大类	教育类	汉语国际教育	中文培训师
教育与体育大类	教育类	汉语言	文案策划师
教育与体育大类	教育类	华文教育	中文培训师
教育与体育大类	教育类	化学教育	化学培训师
教育与体育大类	教育类	教育技术学	教育技术工程师
教育与体育大类	教育类	教育学	教育咨询师
教育与体育大类	教育类	科学教育	教育咨询师
教育与体育大类	教育类	科学社会主义	行政管理师
教育与体育大类	教育类	历史教育	历史培训师
教育与体育大类	教育类	历史学	行政管理师
教育与体育大类	教育类	伦理学	心理咨询师
教育与体育大类	教育类	逻辑学	文案策划师
教育与体育大类	教育类	美术教育	美术培训师
教育与体育大类	教育类	美术学	工艺美术设计师
教育与体育大类	教育类	人文教育	创新创业指导师
教育与体育大类	教育类	生物教育	生物培训师
教育与体育大类	教育类	世界史	国际文化贸易师
教育与体育大类	教育类	数理基础科学	数学培训师
教育与体育大类	教育类	数学教育	数学培训师
教育与体育大类	教育类	数学与应用数学	统计分析师
教育与体育大类	教育类	思想政治教育	心理咨询师
教育与体育大类	教育类	特殊教育	特殊教育咨询师
教育与体育大类	教育类	体育教育	体育教育咨询师
教育与体育大类	教育类	舞蹈教育	舞蹈教练
教育与体育大类	教育类	物理教育	物理培训师
教育与体育大类	教育类	物理学	物理培训师
教育与体育大类	教育类	现代教育技术	教育技术工程师
教育与体育大类	教育类	小学教育	小学教育咨询师
教育与体育大类	教育类	心理健康教育	心理咨询师
教育与体育大类	教育类	信息与计算机科学	计算机信息管理师
教育与体育大类	教育类	信息与计算科学	计算机信息管理师

教育与体育大类	教育类	学前教育	学前教育咨询师
教育与体育大类	教育类	艺术教育	艺术培训师
教育与体育大类	教育类	音乐教育	音乐培训师
教育与体育大类	教育类	应用语言学	文案策划师
教育与体育大类	教育类	语文教育	中文培训师
教育与体育大类	教育类	早期教育	早期教育咨询师
教育与体育大类	教育类	哲学	心理咨询师
教育与体育大类	教育类	政治学、经济学与哲学	行政管理师
教育与体育大类	教育类	政治学与行政学	行政管理师
教育与体育大类	教育类	中国共产党历史	行政管理师
教育与体育大类	教育类	宗教学	心理咨询师
教育与体育大类	语言类	翻译	翻译
教育与体育大类	语言类	汉语	文案策划师
教育与体育大类	文秘类	办公室文员	行政管理师
教育与体育大类	文秘类	秘书学	文案策划师
教育与体育大类	文秘类	文秘	文秘
教育与体育大类	文秘类	文秘速录	速录师
教育与体育大类	体育类	电子竞技运动与管理	电子竞技管理师
教育与体育大类	体育类	高尔夫球运动与管理	高尔夫球运动管理师
教育与体育大类	体育类	健身指导与管理	健身管理师
教育与体育大类	体育类	健体塑身	健身教练
教育与体育大类	体育类	民族传统体育	健身教练
教育与体育大类	体育类	社会体育	健身管理师
教育与体育大类	体育类	社会体育指导与管理	健身管理师
教育与体育大类	体育类	体育保健与康复	康复保健师
教育与体育大类	体育类	体育经济与管理	健身管理师
教育与体育大类	体育类	体育设施管理与经营	健身管理师
教育与体育大类	体育类	体育艺术表演	瑜伽教练
教育与体育大类	体育类	体育运营与管理	健身管理师
教育与体育大类	体育类	武术与民族传统体育	武术教练
教育与体育大类	体育类	休闲服务	休闲服务管理师
教育与体育大类	体育类	休闲体育服务与管理	休闲健身管理师
教育与体育大类	体育类	运动防护	康复保健师
教育与体育大类	体育类	运动人体科学	康复保健师
教育与体育大类	体育类	运动训练	健身教练

表18		公安与司法大类	
专业大类	**专业小类**	**专业名称**	**职位(证书)**
公安与司法大类	公安管理类	边防管理	边防管理师
公安与司法大类	公安管理类	边防检查	边防管理师
公安与司法大类	公安管理类	边境管理	边防管理师
公安与司法大类	公安管理类	部队后勤管理	后勤管理师
公安与司法大类	公安管理类	部队政治工作	心理咨询师
公安与司法大类	公安管理类	防火管理	消防管理师
公安与司法大类	公安管理类	公安管理学	公共安全管理师
公安与司法大类	公安管理类	公安情报学	计算机信息管理师
公安与司法大类	公安管理类	公共安全管理	公共安全管理师
公安与司法大类	公安管理类	交通管理	交通管理师
公安与司法大类	公安管理类	交通管理工程	交通管理师
公安与司法大类	公安管理类	警察管理	行政管理师
公安与司法大类	公安管理类	森林消防	消防管理师
公安与司法大类	公安管理类	涉外警务	安全保卫师
公安与司法大类	公安管理类	特警	安全保卫师
公安与司法大类	公安管理类	消防指挥	消防管理师
公安与司法大类	公安管理类	信息网络安全监察	网络安全工程师
公安与司法大类	公安管理类	治安管理	治安管理师
公安与司法大类	公安指挥类	边防指挥	边防管理师
公安与司法大类	公安指挥类	参谋业务	行政管理师
公安与司法大类	公安指挥类	船艇指挥	船艇管理师
公安与司法大类	公安指挥类	警察指挥与战术	安全保卫师
公安与司法大类	公安指挥类	警务指挥与战术	安全保卫师
公安与司法大类	公安指挥类	抢险救援	抢险救援工程师
公安与司法大类	公安指挥类	通信指挥	通信工程师
公安与司法大类	公安技术类	警犬技术	警犬训练师
公安与司法大类	公安技术类	刑事科学技术	安全保卫师
公安与司法大类	侦查类	公安视听技术	安全保卫师
公安与司法大类	侦查类	禁毒	安全保卫师
公安与司法大类	侦查类	禁毒学	安全保卫师

公安与司法大类	侦查类	经济犯罪侦查	法律咨询师
公安与司法大类	侦查类	警卫学	安全保卫师
公安与司法大类	侦查类	刑事侦查	安全保卫师
公安与司法大类	侦查类	侦查学	安全保卫师
公安与司法大类	法律实务类	法律事务	法律咨询师
公安与司法大类	法律实务类	法律文秘	法律咨询师
公安与司法大类	法律实务类	法学	法律咨询师
公安与司法大类	法律实务类	检察事务	法律咨询师
公安与司法大类	法律实务类	司法助理	法律咨询师
公安与司法大类	法律执行类	民事执行	法律咨询师
公安与司法大类	法律执行类	社区法律服务	法律咨询师
公安与司法大类	法律执行类	社区矫正	法律咨询师
公安与司法大类	法律执行类	司法警务	安全保卫师
公安与司法大类	法律执行类	刑事执行	安全保卫师
公安与司法大类	法律执行类	行政执行	安全保卫师
公安与司法大类	法律执行类	侦查学	安全保卫师
公安与司法大类	司法技术类	安全防范技术	安全防范工程师
公安与司法大类	司法技术类	保密管理	保密管理师
公安与司法大类	司法技术类	法医学	健康管理师
公安与司法大类	司法技术类	犯罪学	法律咨询师
公安与司法大类	司法技术类	监狱学	监狱管理师
公安与司法大类	司法技术类	戒毒矫治技术	戒毒矫治工程师
公安与司法大类	司法技术类	软件工程	软件工程师
公安与司法大类	司法技术类	司法鉴定技术	司法鉴定工程师
公安与司法大类	司法技术类	司法信息安全	信息管理师
公安与司法大类	司法技术类	司法信息技术	信息管理师
公安与司法大类	司法技术类	网络安全与执法	网络安全工程师
公安与司法大类	司法技术类	刑事侦查技术	安全保卫师
公安与司法大类	司法技术类	职务犯罪预防与控制	心理咨询师
公安与司法大类	司法技术类	治安学	治安管理师
公安与司法大类	司法技术类	罪犯心理测量与矫正技术	心理咨询师

表19	公共管理与服务大类		
专业大类	**专业小类**	**专业名称**	**职位(证书)**
公共管理与服务大类	公共事业类	公共关系	公共事务管理师
公共管理与服务大类	公共事业类	公共关系学	公共事务管理师
公共管理与服务大类	公共事业类	国际事务与国际关系	国际事务管理师
公共管理与服务大类	公共事业类	国际政治	国际事务管理师
公共管理与服务大类	公共事业类	民政服务与管理	民政管理师
公共管理与服务大类	公共事业类	民族学	民政管理师
公共管理与服务大类	公共事业类	女性学	公共事务管理师
公共管理与服务大类	公共事业类	青少年工作与管理	青少年管理师
公共管理与服务大类	公共事业类	人类学	公共事务管理师
公共管理与服务大类	公共事业类	人民武装	人民武装管理师
公共管理与服务大类	公共事业类	社会福利事业管理	公共事务管理师
公共管理与服务大类	公共事业类	社会工作	公共事务管理师
公共管理与服务大类	公共事业类	社区公共事务管理	公共事务管理师
公共管理与服务大类	公共事业类	社区管理与服务	公共事务管理师
公共管理与服务大类	公共事业类	外交学	国际事务管理师
公共管理与服务大类	公共管理类	公共慈善事业管理	公共事务管理师
公共管理与服务大类	公共管理类	公共事务管理	公共事务管理师
公共管理与服务大类	公共管理类	管理科学	管理工程师
公共管理与服务大类	公共管理类	海关管理	海关管理师
公共管理与服务大类	公共管理类	劳动关系	人力资源管理师
公共管理与服务大类	公共管理类	劳动与社会保障	人力资源管理师
公共管理与服务大类	公共管理类	民政管理	民政管理师
公共管理与服务大类	公共管理类	社会保障事务	公共事务管理师
公共管理与服务大类	公共管理类	网络舆情监测	网络安全工程师
公共管理与服务大类	公共管理类	知识产权	知识产权管理师
公共管理与服务大类	公共管理类	知识产权管理	知识产权管理师
公共管理与服务大类	公共管理类	质量管理与认证	质量工程师
公共管理与服务大类	公共服务类	婚庆服务与管理	婚礼策划师
公共管理与服务大类	公共服务类	家政服务与管理	家政管理师
公共管理与服务大类	公共服务类	老年人服务与管理	老年管理师
公共管理与服务大类	公共服务类	社会工作	公共事务管理师
公共管理与服务大类	公共服务类	社会学	公共事务管理师
公共管理与服务大类	公共服务类	社区康复	康复保健师
公共管理与服务大类	公共服务类	现代殡葬技术与管理	殡葬管理师
公共管理与服务大类	公共服务类	幼儿发展与健康管理	幼儿健康管理师

表20		外语		
外语种类	职位(证书)	职位(证书)	水平考试	水平考试
阿尔巴尼亚语	阿尔巴尼亚语培训师	阿尔巴尼亚语翻译	公共阿尔巴尼亚语	应用阿尔巴尼亚语
阿拉伯语	阿拉伯语培训师	阿拉伯语翻译	公共阿拉伯语	应用阿拉伯语
爱尔兰语	爱尔兰语培训师	爱尔兰语翻译	公共爱尔兰语	应用爱尔兰语
爱沙尼亚语	爱沙尼亚语培训师	爱沙尼亚语翻译	公共爱沙尼亚语	应用爱沙尼亚语
保加利亚语	保加利亚语培训师	保加利亚语翻译	公共保加利亚语	应用保加利亚语
冰岛语	冰岛语培训师	冰岛语翻译	公共冰岛语	应用冰岛语
波兰语	波兰语培训师	波兰语翻译	公共波兰语	应用波兰语
波斯语	波斯语培训师	波斯语翻译	公共波斯语	应用波斯语
朝鲜语	朝鲜语培训师	朝鲜语翻译	公共朝鲜语	应用朝鲜语
丹麦语	丹麦语培训师	丹麦语翻译	公共丹麦语	应用丹麦语
德语	德语培训师	德语翻译	公共德语	应用德语
俄语	俄语培训师	俄语翻译	公共俄语	应用俄语
法语	法语培训师	法语翻译	公共法语	应用法语
梵语巴利语	梵语巴利语培训师	梵语巴利语翻译	公共梵语巴利语	应用梵语巴利语
菲律宾语	菲律宾语培训师	菲律宾语翻译	公共菲律宾语	应用菲律宾语
芬兰语	芬兰语培训师	芬兰语翻译	公共芬兰语	应用芬兰语
哈萨克语	哈萨克语培训师	哈萨克语翻译	公共哈萨克语	应用哈萨克语
韩语	韩语培训师	韩语翻译	公共韩语	应用韩语
豪萨语	豪萨语培训师	豪萨语翻译	公共豪萨语	应用豪萨语
荷兰语	荷兰语培训师	荷兰语翻译	公共荷兰语	应用荷兰语
柬埔寨语	柬埔寨语培训师	柬埔寨语翻译	公共柬埔寨语	应用柬埔寨语
捷克语	捷克语培训师	捷克语翻译	公共捷克语	应用捷克语
克罗地亚语	克罗地亚语培训师	克罗地亚语翻译	公共克罗地亚语	应用克罗地亚语
拉丁语	拉丁语培训师	拉丁语翻译	公共拉丁语	应用拉丁语
拉脱维亚语	拉脱维亚语培训师	拉脱维亚语翻译	公共拉脱维亚语	应用拉脱维亚语
老挝语	老挝语培训师	老挝语翻译	公共老挝语	应用老挝语
立陶宛语	立陶宛语培训师	立陶宛语翻译	公共立陶宛语	应用立陶宛语
罗马尼亚语	罗马尼亚语培训师	罗马尼亚语翻译	公共罗马尼亚语	应用罗马尼亚语
马耳他语	马耳他语培训师	马耳他语翻译	公共马耳他语	应用马耳他语

马来语	马来语培训师	马来语翻译	公共马来语	应用马来语
蒙古语	蒙古语培训师	蒙古语翻译	公共蒙古语	应用蒙古语
孟加拉语	孟加拉语培训师	孟加拉语翻译	公共孟加拉语	应用孟加拉语
缅甸语	缅甸语培训师	缅甸语翻译	公共缅甸语	应用缅甸语
尼泊尔语	尼泊尔语培训师	尼泊尔语翻译	公共尼泊尔语	应用尼泊尔语
挪威语	挪威语培训师	挪威语翻译	公共挪威语	应用挪威语
葡萄牙语	葡萄牙语培训师	葡萄牙语翻译	公共葡萄牙语	应用葡萄牙语
普什图语	普什图语培训师	普什图语翻译	公共普什图语	应用普什图语
日语	日语培训师	日语翻译	公共日语	应用日语
瑞典语	瑞典语培训师	瑞典语翻译	公共瑞典语	应用瑞典语
塞尔维亚语	塞尔维亚语培训师	塞尔维亚语翻译	公共塞尔维亚语	应用塞尔维亚语
僧伽罗语	僧伽罗语培训师	僧伽罗语翻译	公共僧伽罗语	应用僧伽罗语
世界语	世界语培训师	世界语翻译	公共世界语	应用世界语
斯洛伐克语	斯洛伐克语培训师	斯洛伐克语翻译	公共斯洛伐克语	应用斯洛伐克语
斯洛文尼亚语	斯洛文尼亚语培训师	斯洛文尼亚语翻译	公共斯洛文尼亚语	应用斯洛文尼亚语
斯瓦希里语	斯瓦希里语培训师	斯瓦希里语翻译	公共斯瓦希里语	应用斯瓦希里语
泰米尔语	泰米尔语培训师	泰米尔语翻译	公共泰米尔语	应用泰米尔语
泰语	泰语培训师	泰语翻译	公共泰语	应用泰语
土耳其语	土耳其语培训师	土耳其语翻译	公共土耳其语	应用土耳其语
乌尔都语	乌尔都语培训师	乌尔都语翻译	公共乌尔都语	应用乌尔都语
乌克兰语	乌克兰语培训师	乌克兰语翻译	公共乌克兰语	应用乌克兰语
乌兹别克语	乌兹别克语培训师	乌兹别克语翻译	公共乌兹别克语	应用乌兹别克语
西班牙语	西班牙语培训师	西班牙语翻译	公共西班牙语	应用西班牙语
希伯来语	希伯来语培训师	希伯来语翻译	公共希伯来语	应用希伯来语
希腊语	希腊语培训师	希腊语翻译	公共希腊语	应用希腊语
匈牙利语	匈牙利语培训师	匈牙利语翻译	公共匈牙利语	应用匈牙利语
意大利语	意大利语培训师	意大利语翻译	公共意大利语	应用意大利语
印地语	印地语培训师	印地语翻译	公共印地语	应用印地语
印度尼西亚语	印度尼西亚语培训师	印度尼西亚语翻译	公共印度尼西亚语	应用印度尼西亚语
英语	英语培训师	英语翻译	公共英语	应用英语
越南语	越南语培训师	越南语翻译	公共越南语	应用越南语
祖鲁语	祖鲁语培训师	祖鲁语翻译	公共祖鲁语	应用祖鲁语

附录二：JYPC 职业资格证书简介

【课程背景】：《国务院关于加快发展现代职业教育的决定》明确了构建现代职业教育体系的目标要求，被认为是我国职业教育发展的一次重大顶层设计。《决定》颁布之后，教育部等六部门在联合颁发的《现代职业教育体系建设规划（2014—2020）》中强调，要"系统构建从中职、专科、本科到专业学位研究生的培养体系，满足各层次技术技能人才的教育需求，服务一线劳动者的职业成长"。职业资格证书课程体系是构建现代职业教育体系的实现载体；现代职业教育课程的理想形态是职业资格证书课程。职业资格证书课程是指直接围绕职业资格证书中职业能力的具体要求而开发设计的课程。职业能力考试指南系列教材，正是在这一背景下研发推出的。旨在抛砖引玉，为我国企业行业职业资格证书体系的建立，做一些有意义的探索。

【证书类别】：职业资格证书分为行政许可类职业资格证书和非行政许可类职业资格证书。近年来，国务院大力推进简政放权工作，高度重视减少政府层面的职业资格许可和认定事项，同时强调水平评价类职业资格要真正市场化，积极推动由企业和行业组织自主开展技能评价，为专业人才搭建市场化的职业发展通道。JYPC 系列职业资格证书，属于非行政许可类职业资格证书，它是对专业人才职业技能的客观评价，是单位招聘、录用、考核、选拔、晋升人才的重要依据。

【行业影响】：JYPC 职业资格证书在全国范围内具有广泛的社会影响力，是企业行业领域内较早设置的专业化的第三方职业资格考试认证机构，迄今已有十多年发展历史。目前，国内所有省、直辖市、自治区，均设有考点。全国约有 500 家本科、专科、中专院校、社会力量办学机构与之合作。全国实行统一标准、统一大纲、统一教材、统一命题、统一考试、统一阅卷、统一发证、统一注册、统一查询。全国每年统考五次，时间为 4 月、6 月、8 月、10 月和 12 月。证书上加盖"JYPC 全国职业资格考试认证中心职业技能鉴定专用章"钢印。

【证书特点】：（1）对应性。鉴定项目与高校专业设置一一对应，填补了高校很多专业无职业资格证书可以报考的空白。（2）先进性。根据职场变化，通过专家论证，可以随时增加新职业新项目，如云计算工程师，机器人工程师、物联网工程师等。（3）针对性。考生以大专生、本科生、研究生学历为主，是白领和金领阶层考取的职业资格证书。（4）统一性。证书可以在职业资格考试网（www.zgks.org）统一查询。

附录三：职业能力考试指南丛书目录

（陆续出版）

一、统考教材

（1）职业素养　　（2）英语　　（3）计算机

二、专业教材

财务管理师	家政管理师	环境艺术设计师	艺术设计师
电子商务师	人力资源管理师	施工工程师	广播电视编导
工商管理师	心理咨询师	市政工程师	自动化工程师
国际商务师	城市轨道工程师	室内设计师	工业设计师
经济管理师	乘务管理师	物业管理师	机电工程师
理财规划师	道路桥梁工程师	园林工程师	机器人工程师
税务筹划师	海事管理师	食品营养师	汽车工程师
统计分析师	铁道工程师	食品检验师	设备工程师
文案策划师	船舶工程师	护理管理师	数控工程师
物流工程师	茶艺师	健康管理师	材料工程师
营销管理师	林业工程师	养生保健师	电力工程师
质量工程师	农业工程师	口腔美容师	能源工程师
档案管理师	渔业工程师	验光配镜师	珠宝玉石鉴定师
计算机工程师	植物工程师	针灸推拿师	地质工程师
软件工程师	纺织工程师	母婴护理师	化学工程师
通信工程师	服装设计师	医疗器械工程师	环境工程师
网络工程师	水利工程师	美容师	气象工程师
物联网工程师	暖通空调工程师	动漫设计师	生物工程师
信息管理师	城市燃气工程师	工艺美术师	法律咨询师
云计算工程师	房地产管理师	印刷工程师	会展策划师
大数据分析师	给排水工程师	家具设计师	旅游酒店管理师
仪器仪表工程师	工程管理师	平面设计师	健身教练
标准化工程师	照明工程师	摄影摄像工程师	瑜伽导师
公共事业管理师	建筑造价工程师	文化产业管理师	教育咨询师
行政管理师	景观设计师	文物鉴赏师	幼儿园园长

更多内容，参见网址：www.zgks.org

后 记

针对职业能力的培养，再也不只是大专和中专院校的任务。教育部等六部门在联合颁发的《现代职业教育体系建设规划（2014-2020年）》中强调，要"系统构建从中职、专科、本科到专业学位研究生的培养体系，满足各层次技术技能人才的教育需求，服务一线劳动者的职业成长。"

我国对专业与职业相衔接的研究较少。高等学校，尤其是本科和硕士，专业课程设置与实际工作需要相脱离，与市场需求相错位，培养出来的学生往往并非企业所需要的劳动者。衔接专业与职业，就要推行职业资格认证，实现学历教育与职业资格证书教育相结合，这就要求必须将职业标准纳入学生培养方案。

职业分为准入和非准入两类，职业资格证书分为行政许可类和非行政许可类两种。行政许可类，具有法律强制性，政府部门直接负责考核发证和管理，从业人员须取得相应的职业资格证书，才能上岗就业。非行政许可类，没有法律强制性，一般由第三方认证机构负责考核发证和管理，例如JYPC，它是对劳动者职业技能的一种客观鉴定和测量。第三方认证，是国际通行的认证体系，它通过竞争取得社会承认和社会地位，有时比政府认证更具有权威性和认可度；第三方认证，往往更加重视质量和信用，更加紧密结合经济与生产的实际需要，更加能够适应职场变化和社会发展。

为进一步转变政府职能，国务院分批对不符合市场原则的法规和规章进行了清理，绝大多数职业不能再采取"准入"的做法。《中华人民共和国职业分类大典》，将职业分为1481项；国家职业资格目录清单，仅仅列入140项，准入类只有39项。这意味着，政府能够颁发的证最多只有140项，多达1341项职业政府不能发证。国家不断取消政府及其所属单位发证，体现了简政放权的决心。但国家并非要取消这些职业，更不是要取消这些职业的培训考试和继续教育，只是将这些职业由"行政许可"变成了"非行政许可"，由"政府认证"变成了"第三方认证"。这是市场经济的必然趋势，也是社会进步的体现。

本书部分插图出自陆一飞主编、西泠印社出版社2015年4月出版的《圆霖法师书画集》。旨在提升读者对于中华传统高雅艺术的鉴赏能力，提高考生良好的文化素养。

职业能力考试指南丛书，主要由高校教师编写，是国内目前较大规模、集中开发的考试用书。它将教学标准与职业标准有效衔接，不仅适合在校中专、专科、本科、研究生使用，也适合已经参加工作的社会人员使用。

JYPC 全国职业资格考试认证中心

2017 年 10 月

雲峯大師法語集聯

不是一番寒徹骨

怎得梅華撲鼻香

佛曆二五三九年春於獅子嶺兜率寺山僧

圓霖 绘